遏止环境恶化、化解生态危机不仅需要诸如政策法律、规章制度等硬约束，
而且需要道德、信念等软约束，
这种"软约束"往往更根本、更持久，是一种自觉自律。
而要把道德规范变为人们内心的自觉自律，则需要加强环境道德教育。

环境道德教育
理论与实践

HUANJING DAODE JIAOYU LILUN YU SHIJIAN

本书从当前所面临的环境问题出发，引出环境道德教育的紧迫性和重要性，逐一阐述环境道德教育的内涵、特点、本质、目的、内容、方法、原则、主客体关系等一系列基本问题，并提出解决现实问题的对策方案。

柴艳萍　王利迁　王维国◎著

人民出版社

责任编辑:杨美艳　雷坤宁

图书在版编目(CIP)数据

环境道德教育理论与实践/柴艳萍 王利迁 王维国 著.
－北京:人民出版社,2015.12
ISBN 978－7－01－015603－3

Ⅰ.①环…　Ⅱ.①柴…②王…③王…　Ⅲ.①环境教育-研究
Ⅳ.①X-4

中国版本图书馆 CIP 数据核字(2015)第 301468 号

环境道德教育理论与实践
HUANJING DAODE JIAOYU LILUN YU SHIJIAN

柴艳萍　王利迁　王维国　著

人民出版社 出版发行
(100706　北京市东城区隆福寺街 99 号)

北京集惠印刷有限责任公司印刷　新华书店经销

2015 年 12 月第 1 版　2015 年 12 月北京第 1 次印刷
开本:880 毫米×1230 毫米 1/32　印张:14
字数:360 千字

ISBN 978－7－01－015603－3　定价:49.00 元

邮购地址　100706　北京市东城区隆福寺街 99 号
人民东方图书销售中心　电话 (010)65250042　65289539

总　序

　　时光荏苒，岁月如梭，河北经贸大学已历经 60 年岁月的洗礼。回首她的发展历程，深深感受到经贸学人秉承"严谨为师、诚信为人、勤奋为学"的校训，孜孜不倦地致力于书山学海的勤奋作风，而"河北经贸大学学术文库"的出版正是经贸师生对她的历史底蕴和学术精神的总结、传承与发展。为其作序，我感到十分骄傲和欣慰。

　　60 年来特别是改革开放以来的三十多年，河北经贸人抓住发展机遇，拼搏进取，一步一个脚印，学校整体办学水平和社会声誉不断提升，1995 年学校成为河北省重点建设的 10 所骨干大学之一，1998 年获得硕士学位授予权，2004 年在教育部本科教学工作水平评估中获得优秀，已成为一所以经济学、管理学、法学为主，兼有文学、理学和工学的多学科性财经类大学。

　　进入新世纪以来，我国社会经济的快速发展，社会各届对高等教育提出了更高的要求，高等教育进入了提升教育质量、注重内涵发展的新时期，不论是从国内还是从国际看，高校间的竞争日趋激烈。面对机遇和挑战，河北经贸人提出了以学科建设为龙头，走内涵发展、特色发展之路，不断提高人才培养质量，不断提升服务社会经济发展的能力和知识创新的能力，把我校建设成高水平大学的奋斗目标和工作思路。

　　高水平的科研成果是学科建设水平的体现。出版"河北经贸大学学术文库"的主要目的是进一步凝练学科方向、推进学科建设。近年来,我校产业经济学、会计学、经济法学、理论经济学、企业管理、财政学、金融学、行政管理、马克思主义中国化研究等重点学科在各自的学科领域不断进取,积累了丰富的研究成果。收入文库的著作有的是教授们长期研究的结晶,有的则是刚刚完成不久的博士学位论文,其作者有的是在本学科具有较大影响力的知名专家,更多的则是年富力强、立志为学的年轻学者,文库的出版对学科梯队的培养、学科特色的加强将起到非常积极的作用。

感谢人民出版社为"河北经贸大学学术文库"的出版所付出的辛勤劳动,人民出版社在出版界的影响力及其严谨务实的工作作风,与河北经贸大学积极推进学科建设的决心相结合,成就了这样一个平台。我相信,借此平台我们的研究将有更多的机会得到来自社会各界特别是研究同行们的关注和指教,这将成为我们学术生涯中的宝贵财富;我也希望我们河北经贸学人能够抓住机会,保持锲而不舍的钻研精神、追求真理的科学精神、勇于探索的创新精神和忧国忧民的人文精神,在河北经贸大学这块学术土壤中勤于耕耘、善于耕耘,不断结出丰硕的果实。

河北经贸大学校长　纪良纲

·目　录·

前　言

　　作为高校教师,作为环境伦理研究者,特别是作为道德教育者,我们一直在思考一个问题:这就是,当前的环境问题和生态破坏已是不争的实事,生态环境的恶化也正严重地威胁着人类的健康甚至生存。按理说,人们应该自觉保护环境、改善环境,这其实也是保护自己的生命健康、改善生存状况。但实际情况却是许多个人和组织仍然无动于衷,并没有行动起来;甚至还有相当多的个人和组织仍然在破坏和污染环境。这是为什么? 为什么明知有害的事还要做? 同理,为什么明知有益的事却不做? 难道人们不知道人与自然之间的密切关系? 难道人们不知道应该如何去做?

　　若果真如此,我们自认为有责任告知。于是一度想揭示人类与自然、人与人之间的伦理关系,并由此推出人与自然相处之道。古希腊哲学家指出,"德是伦理的造诣",伦理关系、秩序就是一种道,即规律、法则。而德从道来,守道循道、按道行动的结果为德。出于此种思考,我们曾想写一部环境伦理著作,从揭示人与自然伦理关系出发,一步步地解释人与自然应该如何相处、如何与他人相处,该遵守什么样的规范、拥有什么样的品德。但是这部设想的"环境伦理学术专著"并没有写出来,原因有两个:在查阅资料的过程中发现中外已经出版了较多的环境伦理著作和文章,从不同角度揭示了自然的价值、人与自然的关系、人类应该遵守什么样的道德规范等问题。还有许多学者从不同角度揭示了人类对自然的破坏并敲响了生态危机的警钟，提醒和呼吁人们应该如何保护环境。我们在想，假如我们再写这类著作还能有什么新意呢？思考再三总觉得是炒冷饭，无力创新，于是暂时搁笔。而促使我们真正停止写这样著作的原因是出于另一种思考。这就是，既然有这么多环境伦理学术专著和文章来阐述这些深刻的道理，可是为什么人们不去遵守？为什么生态破坏仍然在继续？难道人们没有看到这些著作？或者是不懂得这些道理？再或者是道理都懂就是在行动中不执行？也就是知而不行？或者是明知故犯？一定是这样，而且事实正是这样！想到这儿，心中豁然开朗，明白了一个既简单又重要的道理：即人们之所以破坏环境，不是不明白道理，不是不知道要求，而是没有将道理和要求由外在的知识和规范变为内在的修养和信念，即缺乏自律，自然也就难以落实到行动中。而要改变这种状况，加强道德教育比阐述道理更重要、更实用，也更迫切。于是我们产生了一种强烈的愿望，就是写一部"环境道德教育"方面的著作！

主意既定，我们便开始搜集资料，一是查阅此类著述的出版发表情况，二是从中吸取营养。搜集材料，现今最便捷的途径就是通过网络，一是期刊网搜论文，二是百度网搜著作。此举虽不全面，却也能了解大概情况，特别是国内的论文发表和著作出版概况。搜索的结果是，有关环境道德教育的论文数量较多，而相关著作却较少。其中以"环境道德教育"命名的著作有两部，一部是面向学校青少年环境道德建设的《环境道德教育论》，另一部是从全球性生态问题与21世纪德育关系定位环境道德教育的《寻归绿色：环境道德教育》。以"生态道德教育"命名的著作有三部，其中两部是面向青少年的普及读物，另一部是《生态道德教育实现的方法研究》。而以"环境教育"命名的著作也有两部，一部是面向小学生的教案《六年级环境教育教案》，一部是研究基础教育阶段环境教育的《环境教育论》。这样的搜索结果更坚定了我们"写一部自己思考的关于环境道德教育著作"的决心。

决心已下，但写起来却很难。首先要解决的一个问题便是如何定位本书？是定位在理论研究，还是实践应用？理论研究固然重要，但是理论必须应用于实践，才能解决实际问题。于是决定既写理论，也写实践，书名便取"环境道德教育理论与实践"。其次要解决的一个问题就是，如道德教育应该是属于伦理学范畴还是属于教育学范畴一样，这本书是应该定位于环境伦理学著作，还是教育学著作。其实，学科分类无疑便于理论研究，但是未必利于解决实际问题。现实的环境道德教育是复杂的，是多学科的交叉研究和活动，既需要伦理学也需要教育学，还需要其他学科，更需要切实的行动。既然著述之目的不是为学科的理论研究，而是为更好地指导实践，那么又何必在意它属于哪个学科呢，且写出来让读者去评说取舍吧。想到这里，心中便释然了，不再为著作的学科属性所困扰，而是更多地考虑一个更为重要的问题，即该"写什么"。

对一个问题的阐述必然是从这一问题的由来开始的。本书从人与自然的关系以及当前所面临的环境问题出发，引出环境道德教育的紧迫性和重要性，逐一阐述环境道德教育内涵、特点、本质、目的、内容、方法、原则、主客体关系等一系列基本问题，并突出解决对什么人实施教育，如何组织实施，在什么层面、什么范围内组织实施，如何保障实施等众多现实问题。于是这部著作便沿着这样的思路写完了，尽管内容还算丰富，篇章结构还算完整，但由于水平有限，其中有许多不足，敬请读者不吝赐教！

作　者

2015 年 6 月

3

第一章　人与自然环境的
关系及调节

人与外部环境,特别是与生态环境关系密切。生态环境因素的优劣,直接决定着人的健康与幸福,涉及广大人民的福祉,以及社会的可持续发展。但是,地球这个人类赖以生存的家园,自20世纪以来,随着经济和科技的迅速发展,遭到了毁灭性的破坏。森林锐减、水土流失、土壤沙化、酸雨蔓延、资源枯竭、物种灭绝,这些环境问题在全球范围内的蔓延,严重威胁到人类的生存与发展。就中国而言,随着中国新型工业化和城镇化的推进,资源消耗加速,二氧化碳排放增加,环境压力加大,环境问题急待解决。环境问题的解决是个复杂的系统工程,不仅要依靠政策法规等制度的硬约束,同时也离不开道德的软约束,而这种"软约束"往往更根本、更普遍、更深刻、更持久,更能发挥其作用。因此,在应对环境问题的过程中,应在制度保障的基础上,加强环境道德教育,重视道德作用的发挥。

第一节　人与自然环境的关系及演变

自然环境是我们赖以生存的空间,是我们每个人的共同家园,没有自然环境,人类就不可能生存。人类生存和发展所需要的一切均直接或间接地来源于自然界,从这个意义上讲,人类依赖于自然环境。当然,人有意识、有能动性,这种能动性发挥的结果便是对自然环境造成了巨大的影响,形成了与原始自然大不相同的人化自然。

一、环境及其分类

"环境"是被人们广泛使用的一个词汇,那么"环境"的内涵是什么呢? 这似乎是一个不言自明的概念。其实,人们对此概念的理解并不统一,一些著作的解释也不是很明晰。因此,我们有必要对环境的概念进行认真梳理,并对环境进行分类。

在汉语中,"环境"包含三方面的意思。一是周围的地方。《新唐书·王凝传》:"时江南环境为盗区,凝以强弩据采石,张疑帜,遣别将马颖,解和州之围。"①宋洪迈《夷坚甲志·宗本遇异人》:"二月,环境盗起,邑落焚刘无馀。"②清方苞《兵部尚书范公墓表》:"鲁魁山贼二百年为环境害,至是就抚。"③二是环绕所管辖的地区。《元史·余阙传》:"抵官十日而寇至,拒却之,乃集有司与诸将议屯田战守计,环境筑堡寨,选精甲外扞,而耕稼其中。"④清刘大櫆《偃师知县卢君传》:"君之未治偃师,初出为陕之陇西县,寇贼环境。"⑤三是周围的自然条件和社会条件。在英语语境中,英语"environment"(环境)一词由动词"environ"(围绕)加名词后缀"ment"(表示行为的结果或方式)构成。日语"环境"中的"环"字也有围绕的意思。由此看出:"环境"中的"环"具有环

---

① 《新唐书·王凝传》。
② 《夷坚甲志·宗本遇异人》。
③ 《方苞·兵部尚书范公墓表》。
④ 《元史·余阙传》。
⑤ 《刘大櫆·偃师知县卢君传》。

绕的意思,"境"指空间的内容。环境是指围绕着某一事物并对该事物会产生某些影响的所有外界事物,即环境是指相对并相关于某项中心事物的周围事物。

从环境科学角度来看,所谓环境,是人类赖以生存和发展的物质条件的总和,包括自然环境和社会环境。自然环境是指大气、水、土壤等对人类的生存和发展产生直接或间接影响的各种天然形成的物质的总和。由于人类的深刻影响,纯粹意义上的自然环境范围越来越小,而受到人类影响的自然即"人化自然"范围越来越广,自然环境当然也包括"人化自然"。所谓社会环境,是人类在自然环境的基础上,通过长期有意识的社会劳动所创造的城市、乡村、工厂、社区等人工环境,它是人类物质文明和精神文明发展的标志。

1989 年 12 月 26 日第七届全国人民代表大会常务委员会第十一次会议通过,2014 年 4 月 24 日第十二届全国人民代表大会常务委员会第八次会议修订的《中华人民共和国环境保护法》从法学的角度对环境概念进行了阐述。该法在绪论的第二条将环境定义为:"本法所称环境,是指影响人类生存和发展的各种天然的和经过人工改造的自然因素的总体,包括大气、水、海洋、土地、矿藏、森林、草原、湿地、野生生物、自然遗迹、人文遗迹、自然保护区、风景名胜区、城市和乡村等。"①可以看出,在环境法中,"环境"作为法律调整和保护的对象,内涵更具体明确,主要是影响人类生存和发展的物质环境因素。

顾明远在《教育大辞典》(第 1 卷)中将环境定义为:"直接或间接影响人的个体形成和发展的全部外在因素。"②这种环境是指

---

①　《中华人民共和国环境保护法》,2014 年 4 月 25 日,见 http://www.gov.cn/xinwen/2014-04/25/content_2666328.htm。
②　顾明远:《教育大辞典》第 1 卷,上海教育出版社 1990 年版,第 34 页。

个体即一个人所面对的外部客观存在,具体指影响人的身体、心理、思维,特别是人生观、价值观以及道德品质形成和发展的一切外部因素,包括学校环境、家庭环境以及社会环境。这里的环境在范围上有两层界定:首先,是指围绕在教育对象即人周围的客观存在;其次,是指对教育对象的形成和发展有影响的全部外在因素,就影响人的观念而言,更多的是指社会环境。

从哲学的角度上来看,环境是指以一定形式围绕着主体的周围世界。它是一个相对于主体的客体,与主体相互依存,其内容随着主体的不同而不同,也就是说环境是相对于中心事物而言的。与某一中心事物有关的事物,就是这个中心事物的环境。用唯物辩证法的眼光来看,任何事物都不是孤立存在的,当某个事物被当成中心事物时,与它相联系的有关事物就变成了该事物的环境。因为可以作为中心的事物是无限的,所以环境也就具有了多样性和无限性。例如人们常说的就有物质环境、精神环境、自然环境、人文环境、宇宙环境、地球环境、宏观环境、微观环境、战争环境、和平环境、生存环境、家庭环境、工作环境,等等。环境的分类也是个复杂的问题,从不同的角度可以划分出不同的环境类型。如果依据环境属性划分,可以分为自然环境和社会环境;而如果依据环境功能划分,可分为生活环境和生态环境。

自然环境是指未经过人的加工改造而天然存在的环境。自然环境又可分为大气环境、水环境、土壤环境、地质环境和生物环境等,主要就是指地球的五大圈——大气圈、水圈、土壤圈、岩石圈和生物圈。时至今日,这些自然环境圈越来越多地受到了人类活动的影响,纯粹的没有经过人类加工或者未受到影响的自然环境越来越少。社会环境又有广义和狭义之分。广义的社会环境是指人类生存及活动范围内的社会物质、精神条件的总和,包括整个社会经济文化体系。狭义的社会环境仅指人类生活的直接环境,它是人类在自然环境的基础上,为不断提高物质和精神生活水平,经过长期有计划、有目的的发展,逐步创造和建立起来的人工环境。这种社会环境,按所包含的要素性质可以分为:物理社会环境(包括建筑物、道路等)、生物社会环境(包括驯化、驯养的植物和动物等)、心理社会环境(包括人的行为、风俗习惯、法律和语言等);依据环境功能不同,又可以分为:聚落环境(包括院落环境、村落环境和城市环境)、工业环境、农业环境、文化环境、医疗休养环境等。社会环境与自然环境的区别,主要在于社会环境对自然物质的形态做了较大的改变,使其失去了原有的面貌,体现出人类文明。《联合国人类环境宣言》最先采用了环境的这种分类法,我国的《环境保护法》也采用了这一分类方法。社会环境的发展和演替,受自然规律、经济规律以及社会规律的支配和制约,其质量是人类物质文明建设和精神文明建设的反映之一。

生活环境是指与人类生活密切相关的各种自然条件和社会条件的总和。其中与人类生活密切相关的自然条件包括各种天然的因素(如生活范围内的空气、水源、土地、野生动植物等)和经过人工改造过的自然因素(如花草、树木、风景区、公园、绿地、城镇、乡村等)。生态环境就是"由生态关系组成的环境"的简称,是指与人类密切相关的,影响人类生活和生产活动的,由生物群落及非生物自然因素组成的各种生态系统所构成的整体,是各种自然(包括人工干预下形成的第二自然)力量(物质和能量)或作用的总和。生态环境的破坏会导致人类生活环境的恶化,间接地、潜在地、长远地对人类的生存和发展构成威胁。因此,要保护和改善生活环境,就必须保护和改善生态环境。生态环境与自然环境所指很接近,人们往往混用,但严格说来二者又有区别。自然环境比生态环境的外延要广泛,各种天然因素都可以说是自然环境,但只有生态关系即生物群落构成的系统整体如地球系统才能称为生态环境。仅有非生物因素组成的整体如没有生命的星球系统,虽然可以称为自然环境,但并不能叫做生态环境。

本书所谓的环境,并不严格对应于上述语境或分类中的某一种,而是一个大体概念,但是也有相对固定的范围。就自然环境和社会环境之分而言,主要指自然环境,当然也包括人化自然中已经被划分社会环境的那部分,如聚落环境、工农业环境等;就生活环境和生态环境之分而言,主要是指生态环境,当然也包括生活环境中的自然条件。在本书中,环境一词常与自然、自然界、生态环境等术语混用,是直接或间接影响人类生存、生活和发展的各种自然因素和人化自然因素的统称。本书中的环境道德是一个与人伦道德相对应的概念。如果说人伦道德调节的是人与他人、人与集体、人与社会之间关系从而使人伦秩序和谐健康的话,那么环境道德调节的则是人与外界物质环境的关系,目的是人与周围环境关系谐调。这种关系固然包括自身密切相关的生活环境,但更重要的是涉及人类整体和长远的生态环境。因此,本书所谓的环境道德教育,一方面固然要教育人爱护自身生活周围的环境,创造一个安全、舒适、洁净的生活氛围;但另一方面也是更主要的,就是让人树立人与自然和谐相处的观念,转变生产方式和生活方式,尊重生态规律,善待地球上其他生物,合理开发和利用自然资源,保护生态环境,维护生态平衡,实现可持续发展。

二、人与自然环境的关系

"自然界在人类产生之前就已经存在,但是此时并不构成人与自然之间的关系,因为那时人类还没有存在。自从人类出现以后,人与自然的关系也就应然而生。"①这种关系随着人类社会的发展而不断改变,人对自然界的影响和破坏也日益加深,环境问题日益加剧,我们正生活在一个充满生态危机的时代。20世纪,人类不仅经历了两次世界大战,而且因过度干预自然而遭受了许多痛苦:自20世纪三四十年代开始工业发达国家不断出现由环境污染引起的重大公害事件,70年代的能源危机和粮食危机,80年代发生在非洲的触目惊心的大饥荒和不断加重的全球水土流失,90年代日益突出的全球环境恶化,以及仍有占世界1/5的发展中国家人口(超过10亿)处于绝对贫困状态,所有这些都是人类文明史上惨痛的教训。

痛定思痛,人类逐渐认识到:当今世界,尽管科学发展、技术先进,但人与自然的关系却日益紧张。与空前发达的物质文明以及人类对自然的巨大破坏相比,人类对自然的保护以及对自然的适应却很不够,对自身欲望和行为的控制也很不足。这是当今人类行为的显著特点,也是产生种种环境问题的根源,因为这些危机说到底多是由于人类不适当的活动方式和活动强度所引起的。其本质是人类自我失控的危机。基于这种认识,人类要重新审视赖以生存和发展的自然系统,重新审视人与自然的关系。世界上的任何事物都是矛盾统一体,我们面对的现实世界就是由人类和自然构成的矛盾统一体,人类应该正视这一关系。

首先,人是自然界的产物。人是从自然中分化出来的,是自然界的一部分,生活在自然界之中,与自然界不可分离。脱离自然界的人,同脱离人的自然界一样,都是空洞的抽象,现实世界

---

① 柴艳萍:《环境问题的哲学剖析——兼论人与自然、人与人两种基本关系》,《东南大学学报》(哲学社会科学版)2014年第4期。

是人与自然相互作用的产物。恩格斯说："因此我们每走一步都要记住：我们统治自然界，绝不像征服者统治异族人那样，决不是像站在自然界以外的人似的，——相反地，我们连同我们的肉、血和头脑都是属于自然界和存在于自然界之中的；我们对自然界的全部统治力量，就在于我们比其他一切生物强，能够认识和正确运用自然规律。"①早在一个多世纪以前，伟人就已经清楚地认识到人类只不过是大自然系统中的一部分，应该与自然和谐相处。人类之所以能改造自然界并使之为自身服务，是因为人有意识，能够认识和运用规律，但这并不意味着人应该去奴役、征服自然。

其次，自然界是人类社会存在和发展的必要条件。人既是自然界发展进化的结果，又是自然界的一部分，具有自然属性。这就决定了人对自然的永恒依赖，人类不论多么聪明，有多大能力，也不论社会如何发展、科学技术如何进步，都不能脱离自然界。人永远生活在自然界中，自然环境是人类社会存在和发展的物质基础。在影响人类社会存在和发展的自然条件中，不论是对整个人类历史发生永久作用的自然因素（如宇宙现象、地理、气候和生态平衡等），还是在人类历史的不同时期以不同的效能发生作用的自然因素（如矿产、燃料、水资源等），都对人类的生产劳动和日常生活起着重要作用。自然条件首先是以它的过程、现象、力量来影响社会，直接或间接地由它们本身或在人的参与下对社会发生作用。自然界为人类提供所需要的资源，保证人类长期存在和发展，保证社会文明不断提高。在人与自然的相互作用中，积极的一方永远是人，是人以自己的活动决定着这种相互关系的性质。例如，随着现代科学技术的

① 《马克思恩格斯选集》第3卷，人民出版社2012年版，第998页。

进步,人们正按照自己的目的越来越有效地利用太阳能、引力、潮水涨落等各种自然能量,对矿产、燃料、动植物等自然资源的利用程度越来越高。社会的进步是与利用自然的能力和效率的不断提高相联系的。但是,这本身也增加了人对自然条件的依赖,人类对自然的利用能力和效率越高,所需要的资源越多和环境越好,就越依赖于自然界。因而,社会越是进步,人们也就越能更加清醒地意识到自然环境对人类社会长久存在和持续发展的重要性。离开这些必要的自然条件,人类社会便无法生存和发展。

第三,人类极大地改变了自然界。从必要性上讲,人类要发展,首先必须能够生存,而为了生存必须进行物质生产劳动来满足自己的衣食住行等需要。人类从自然界获得自己的生存资料。不过许多重要的资料不是现成的,必须通过改造自然对象的活动,进行物质资料的生产来获得。从可能性上讲,人是自然界唯一具有理性的动物,有理性就能思维,就有自我意识。能思维就能发挥主观能动性和创造性,这使得人类对周围环境不仅仅是适应,而且还进行改造。人类社会越是发展,能动性就越强大,“人化自然”的范围也就越大,对自然的影响也就越深刻。总之,人类自从诞生以来,就一直按照自己的需要改造自然,只是在不同的阶段其方式和结果不同而已。

第四,自然界也对人类产生了巨大影响。人类从自己的主观能动性出发作用和改造自然,自然也会给人以反作用,如果只索取不保护,生态环境就会受到破坏。恶劣的生态环境就会报复人类,给人类带来各种灾难。这种报复不仅早已被思想家们认识到,也已经被事实所证明。比如,过度砍伐造成山体植被覆盖率减低,导致滑坡、泥石流;石油泄漏,工农业、生活用水未经处理排入江河湖海,引发赤潮,导致水生动植物灭绝;温室气体排放使得全球气候变暖,造成海平面上升,淹没岛屿国家;气候异常引起厄尔尼诺现象、拉尼娜现象,等等。这些都给人类的生产、生活带来了巨大的影响与冲击。正如恩格斯曾说,人类对自然的每一次胜利,"在起初确实取得了我们预期的结果,但是往后和再往后却发生完全不同的、出乎预料的影响,常常把最初的结果又消除了。"①

三、人与自然环境关系发展的历程

人与自然的关系是一个悠远而又不断变化的历史过程,它随着人类的诞生而产生,又随着人类的发展而发展。在漫长的人类历史中,人与自然的关系大体经历了三个阶段,即原始社会、农业社会、工业社会。在不同的阶段,人类对大自然的认识和思考不同,处理人与自然关系的方式也不同。

第一个阶段就是原始社会或曰渔猎文明时代。此时自然崇拜盛行,人与自然的关系表现出混沌不清与主客不分的特点,人近乎自愿地敬畏与服从着自然,这是自然控制人类力量最强大的时期。正如马克思所说:"自然界起初是作为一种完全异己的、有无限威力的和不可制服的力量与人们对立的,人们同它的关系完全像动物同它的关系一样,人们就像牲畜一样服从它的权力,因而,这是对自然界的一种纯粹动物式的意识(自然宗教)。"②原始社会主要靠渔猎和采集,石器是主要工具,动力主要是人自身,全部生产过程都由人完成。此时人类的知识与渔猎和采集实践混为一体,科学还未从生产中分离出来,只是以萌芽的形态存在,由于畏惧自然界的力量而产生了自然崇拜。这

---

① 《马克思恩格斯选集》第3卷,人民出版社2012年版,第998页。
② 《马克思恩格斯选集》第1卷,人民出版社2012年版,第161页。

一阶段所带来的主要环境问题是因过度渔猎和采集而造成的一些物种资源丧失。

追溯远古蛮荒的天地之初,文明崛起时,人类形成了听命于自然的图腾文化和自然崇拜。图腾文化产生于旧石器时代中期,它是在采集和狩猎生产的基础上形成和发展起来的。图腾是区别一个氏族或部落与其他氏族或部落的一种标志或象征,它以动物、植物或自然界的其他事物和现象来表示。各个氏族或部落有不同的图腾,比如我国炎帝族以牛为图腾,黄帝族以熊罴为图腾,商族以玄鸟为图腾等。中国人把龙作为自己的图腾,自称龙的传人,这也是一种图腾崇拜。图腾崇拜不仅表现一种信仰,而且也表现人们对自然的态度。自然崇拜也是一种对自然的态度,它开始于新石器时期。此时人类虽然已开始从事农业和畜牧业生产,但生产力仍十分低下,在强大的自然力面前,人类自感力量非常弱小。人类受自然界的支配,对自然界的适应能力很差,对自然界的影响也很微弱。此时的人们对天地万物还谈不上有多少认识。在依赖和服从自然的情况下,便不可避免地产生一种对日、月、星辰、风、雨、雪、电、云、火、山、石、河流等自然界各种现象的崇拜。人们把它们奉若神明,并祈求这些自然神赐予风调雨顺的气候,实现五谷丰登、六畜兴旺,祈求消灾禳祸、健康长寿、合家幸福、天下太平。这种心理在古代中国尤为强烈,是中国历史上极其重要的文化现象,对中国文化发展影响十分重大。数千年来,上至帝王,下至平民百姓,无不在强大的自然力面前俯首称臣,拜倒在自然神脚下,表现了中国人对自然界的尊重。

第二个阶段是农业文明时代,包括奴隶社会和封建社会,此时人类中心主义思想萌芽。农业是这一时期的中心产业,它以青铜器和铁器为主要工具,利用人的体力、畜力、薪材为主要能源,铜、铁、木是社会利用的主要材料。此时人类发明了文字,科学知识也从生产中开始分离出来,但主要以经验的形态存在。土地是农业社会的主要财产,人类通过掠夺土地建设了灿烂的古代文明。人类改造自然的成绩斐然,但自然也开始报复人类,人与自然的关系出现矛盾和冲突。这一阶段的主要环境问题是森林植被的丧失和土地的荒漠化。

进入农业社会以后,社会生产力有了极大的发展,人类逐渐从被动地依赖自然发展到主动地改造自然,但仍没有成为自然的主人。随着农业经济的发展,人口逐渐增加,对自然的改造和控制能力也逐步提高。人类所到之处,砍伐森林,毁烧草原,种植庄稼,灌溉耕地,一个个人工自然群落出现在世界各地,很快便改变了地球原来的面貌。人类逐渐萌生了人定胜天、人类中心主义的思想。

早在奴隶社会,人类中心主义思想便在东西方萌芽。在中国,人类中心说很早就产生了,比如《周易》中的"阴阳五行说"认为,在东西南北中五个方位中,人居于中心。所谓的"五行"即"五材",就是金、木、水、火、土,它们都为人所用。"水火者,百姓之所饮食也;金木者,百姓之所兴作也;土者,万物之所滋生也,是为人用"。也就是说"天生五材,民并用之",这是明确的人类中心观。"阴阳五行说"所表达的以人为中心的思想,显示出人类对自身力量的崇信,象征着人的尊严、奋进和在宇宙中对万物的领导地位。这一思想在荀子那里得到进一步发展。荀子认为人可以利用自然,改造自然,成为自然界的主宰。他提出"天人交相胜"、"天地官而万物役"、"制天命而用之"①的"人定胜天"思想,表现了中国

① 《荀子·天论》。

古代人类中心说对人类能力的肯定。

　　在西方思想史上,古希腊的思想家普罗泰戈拉明确提出人类中心主义命题,他说人是万物的尺度,是存在的事物存在的尺度,也是不存在的事物不存在的尺度。公元前 1 世纪左右,犹太教和基督教在圣经中提出上帝创世纪,认为上帝不光创造了世界,还按照自己的形象造人,并指示人们说:"要生养众多,遍满地面,治理这地。也要管理海里的鱼、空中的鸟和地上各种行动的活物。"圣经中的这一指示,为人类统治和操纵自然提供了依据。公元 2 世纪,托勒密建立地心学说体系,认为地球是宇宙的中心,地球和人类在宇宙中独一无二。此后上帝创世说和地心学说很快结合起来,一起为"上帝—人"统治自然的理论服务。美国历史学家利恩·怀特认为,犹太—基督教传说中上帝创造人和世界的观念本身,也造成了对抗性的人与自然分离的二元论。根据圣经所说,人是上帝按照自己的形象创造出来的,因而人比所有其他创造物的地位都要高,人是上帝任命的生物圈的主宰,并且有权代替上帝统治世界,随意支配世间的一切。这就是人与自然对抗的二元论。

　　实际上犹太—基督教神学世界图景为人与自然的关系创设了一种委托代管意识。在这种意识中,上帝是人和自然的全智全能的主人,上帝创世后把管理尘世活动的权利委托于人;人是上帝与自然的中介,并根据上帝的旨意来管理与照料万事万物。所以严格说来,此时人仍然不是自然的主人,而是自然的代管者。但无论如何,犹太—基督教教义是人类侵害自然环境的思想根源,不过这种思想真正实行起来则是在进入 17 世纪之后。

　　第三个阶段是资本主义社会或工业文明时代,此时人类中心主义思想充分发展。工业革命是人类第二次产业革命,这时以机器系统为主要工具,煤、石油和天然气以及电力、原子能、核能的开发,为社会提供了比农业社会大得无法比拟的动力,驱动工业流水线,现代化的交通、通讯、贸易,以及整个社会的快速运转,各种材料的使用,生产出无比丰富的商品以满足社会需要。这时知识最后从生产中分离,科学完全独立,并以理论和实践的形态存在和发展。科学技术成果在生产中广泛运用,科学技术也成为第一生产力。社会物质生产从掠夺式利用自然资源中积累了巨大的财富,资本成为社会的主要财产。科学和工业帮助人类战胜自然,改变了人在自然界中的地位。人与自然的关系开始倒转,人真正成为自然的主人,自然反倒沦为人的奴仆。人类在征服自然、改造自然的斗争中不断创造奇迹,取得了一个又一个的胜利,人类中心主义日益膨胀。这一阶段的主要环境问题是全球性环境污染和生态破坏。人类疯狂地征服自然的结果,也把自身推向毁灭的边缘。人与自然的关系陷入严重冲突之中。

文艺复兴运动否定宗教教会的存在,否定神的地位,扔掉神学的外衣,大胆地肯定人的作用,真正确立了人的中心地位,彻底改变了人与自然的关系。17世纪以后,人类中心主义无论在理论上还是在实践上都日益完善。培根提出"知识就是力量",认为人类为统治自然必须了解自然,科学就是要了解自然的奥秘,从而为人类征服自然找到一条有效途径。洛克认为,人要有效地从自然的束缚下解放出来,"对自然界的否定就是通往幸福之路"。笛卡尔主张要"借助实践哲学使自己成为自然的主人和统治者"。康德是在理论上完成人类中心主义的思想家,他直接提出"人是目的",人为自然立法,"人是自然界的最高立法者"。人们依据这种思想,应用现代科学,开始大规模地向自然进攻。

人类中心主义的核心是,一切以人为中心,以人的利益为唯一尺度，一切为自己服务。正如英国历史学家汤因比所说，东西方诸历史观的演变，其本质莫不是为了人类本性中的自我中心。美国哲学家胡克也认为，人的实践正是从把自己的特征投射到整个世界中开始的，这使世界相当多地集中于人类，并以与人类的关系去评价世界。人类中心主义是人对自然界胜利的思想总结，表示人类对自己利益的自觉认识，对自身价值和能力的充分肯定。在这一思想指导下，人类发挥巨大的创造力，不断地战天斗地，改变了人从属于自然、依附于自然的地位，实现了人定胜天的理想，创造了具有划时代意义的工业文明。

但是人们在取得空前伟大成就的同时，千万不要忘记恩格斯的警告"但是我们不要过分陶醉于我们人类对自然界的胜利。对于每一次这样的胜利，自然界都对我们进行报复。"①当前全球性环境污染和生态危机的严峻现实恰恰印证了这一真理。人类借助科学技术，一味地利用地球，剥削地球，大举向自然进攻和索取，大大超出它力所能及的范围，结果产生了严重的问题。人与自然矛盾冲突的结果，导致全球性的生态危机：环境污染、资源耗尽、人口爆炸、能源枯竭、粮食短缺、物种灭绝和技术扩张等。这一切对人类的生存和发展构成严重的危险和威胁。一时间在人类生存和发展的进程上危机四伏、阴云密布。严峻的事实表明在人与自然的斗争和较量中，自然界并没有被战胜，它仍然拥有无比强大的力量，对人类的盲目破坏予以还击、报复，并向人类提出严峻的挑战。如何解决和克服人与自然的对抗矛盾，成为人类最重要的问题，如何消除环境污染，保持生态平衡，成为人类所应承担的最重要的任务和责任。

---

① 《马克思恩格斯选集》第3卷，人民出版社2012年版，第998页。

第四个阶段是正在建设的生态文明时代,此时的目标就是人与自然和谐相处。要解决由于人与自然的对抗而造成的一系列重大问题,就必须转变观念,走出人类中心主义,确立一种新的人与自然的关系。德国哲学家海德格尔说:"人不是存在者的主宰,人是存在者的看护者。"①人不要去统治存在者,不要以人为中心,一味地利用现实的东西,人应该维护和保护地球,保护人类的生存条件。为了维护人类在地球上的居住,要反对迄今为止的一切人类中心论。是的,克服人与自然的严重冲突,消除全球性生态危机,需要人类作出深刻的反省和自责,彻底改变对待自然的态度。一方面必须批判人类对自然的征服统治意识,克制人类疯狂膨胀的物质欲望,抛弃片面追求急功近利的狭隘思想,否定那种不顾后果而无限索取的生存态度;另一方面人类又必须确立人与自然和谐共处的关系,把自然界看作是人类生存的根基、家园和母体,自觉预见人类行为对自然所产生的影响,充分考虑生态平衡与自然界的承受能力,建构生态意识和环境道德。这一观念的转变意味着人类的自我批判与自我反思,意味着人类对现实危机的公正评判与对未来生存的严肃思索,意味着人类经过漫长思考,付出沉重的代价之后的觉醒,意味着人类历经磨难之后终于找到了一条崭新的可持续发展道路,也意味着人与自然关系的一个崭新阶段即将来临。

面临当今一系列的全球性问题,人类反思的最大成果就是认识到以往对待大自然态度的错误性,认识到人与自然对抗的危害性,认识到人与自然和谐相处的重要性。中国古人说:"鱼失水则死;水失鱼犹为水也。"②人与自然的关系恰如鱼与水的关系。没

---

① 宋祖良:《海德格尔与当代西方的环保主义》,《哲学研究》1993 年第 2 期。
② 《尸子·君治》。

有人类,地球仍是地球;但是人若离开地球,则必然灭亡。人的生存依赖于自然界,没有绿色植物,没有那些不起眼的昆虫和微生物,人类至多只能存活几个月;没有淡水,人只能活几天。因此人类再也不要试图去统治地球,不要试图去主宰自然,不要试图去消灭其他物种。而应该转变观念,由征服自然变为尊重自然,由索取自然变为爱护自然,把其他生物作为朋友,与它们和谐相处,选择一条可持续发展的绿色道路,建设一个崭新的文明社会即生态文明社会,树立一个崭新的文明观即生态文明观。生态文明是继农业文明、工业文明之后的更高一级的文明,生态化产业(包括生态工业、生态农业、生态林业、生态牧业、生态渔业,以及对于第三产业、城市建设、乡村建设、资源开发、环境保护、文化建设、人民生活等方面的生态设计)将成为继农业革命和工业革命之后的第三次产业革命。在这样高度发达的文明社会中,人们所使用的工具主要是智能机器,利用太阳能与合成材料去开发信息和智慧。此时社会主要财产既不是土地,也不是资本,而是知识。人们对待自然的态度是尊重自然、保护自然,而不是"反自然"。人与自然的关系表现为合理地利用自然。因此,以往各文明时期导致的物种灭绝、土地和植被破坏、环境污染等问题将逐步消失。生态文明社会是一个人与自然共同繁荣、和谐相处、持续发展的文明社会。

第二节　环境问题的产生与表现

环境问题是指由于人与自然关系对抗、人对自然界大规模破坏,人类生存的环境质量下降,生态系统失调,由此而引发的对社会发展、人的身体健康以至生命安全及其他生物产生有害影响的一系列问题,是目前人类生存与发展面临的最主要问题之一。环境问题的表现是多方面的,如果按环境问题产生的原因进行分类,可以分为两类:原生环境问题和次生环境问题。

原生环境问题是指自然界本身的变异所造成的环境破坏,也称第一环境问题。由于自然界固有的不平衡性,诸如自然条件的差异,自然物质分布的不均匀性,太阳辐射变化产生的台风、干旱、暴雨,地球热力和动力作用产生的火山、地震等,以及地球表面化学元素分布的不均匀性,等等,常导致局部地区环境因素变化,这些都可称为原生环境问题。可见,原生环境问题是由自然界本身运动引起的,是人们无法避免的客观事实。但是人为的作用可以加速或延缓原生环境问题的发生,加大或减轻原生灾害的影响和损失。

原生环境问题种类繁多。按其成因可以分为:天文灾害(太阳活动异常,新星爆发,陨击,彗星冲击,电磁异爆,粒子流冲击等)、气象灾害(干旱、暴雨、暴风雪、冰雹、风灾、酷热、寒流、雷电等)、水文灾害(侵蚀、冰川、海啸、陆沉、土壤盐渍化、海岸坍塌、地裂、地陷等)、地貌灾害(泥石流、洪灾、水土流失、雪崩等)、生物灾害(生态突变、物种灭绝、森林火灾、虫灾、鼠害等)。按其表现方式可以分为:骤发性自然灾害(如地震、火山爆发、龙卷风、飓风等)、长期性自然灾害(如沙漠化、水土流失等)。骤发性灾害的特点是猛烈地突然发生、持续的时间很短、灾害影响和危害巨大,灾区地理位置容易确认;长期性自然灾害的特点是缓慢发生、持续时间长、潜在危害大。

次生环境问题指由于人类的社会经济活动造成对自然环境的破坏,改变了原生环境的物理、化学或生物学的状态。次生环境问题包括生态破坏、环境污染等。生态破坏是指人类活动直接作用于自然生态系统,造成生态系统的生产能力显著减少和结构显著改变,从而引起的环境问题,如水土流失、土地荒漠化、土壤盐碱化、气候变暖、臭氧层空间、生物多样生减少,等等。环境污染是指人类活动产生并排入环境的污染物或污染因素超过了环境容量和环境自净能力,使环境的组成或状态发生了改变,环境质量恶化影响和破坏了人类正常的生产和生活。环境污染不仅包括物质造成的直接污染,如工业"三废"和生活"三废",也包括由物质的物理性质和运动性质引起的污染,如热污染、噪声污染、电磁污染和放射性污染。由环境污染还会衍生出许多环境效应,例如二氧化硫造成的大气污染,除了使空气质量下降外,还会造成酸雨。环境污染和生态破坏是伴随着人类经济和社会发展而产生的,特别是与城市化、工业化和农业集约化有着十分密切的关系。

应当注意的是,原生环境问题和次生环境问题往往难以截然分开,它们之间常常存在着某种程度的因果关系和相互作用。同时,既可能单独发生,也可能与其他灾害连锁反应,形成群发性灾害,其影响和危害更为惨重。目前人们所说的环境问题一般是指次生环境问题,本书涉及的环境问题也采用这种用法。

一、环境问题发展历程

环境问题的出现是人与生态环境关系不相协调的结果。它是人与生态环境在一定的时空中相互作用的具体体现,也是随着人类社会和经济发展而发展的。环境问题的发展大致可以分为以下几个阶段。

(一) 原始采集时期的环境问题

人类在诞生以后很长的岁月里,只是天然食物的采集者和捕食者,人类对环境的影响不大。那时"生产"对自然环境的依赖性很强,人类主要是以生活活动、以生理代谢过程与环境进行物质和能量转换,主要是利用环境,而很少有意识地改造环境。"在渔猎文明时代,由于人类力量相对弱小,只能顺应自然,服从自然,甚至崇拜自然,也只能以不破坏或少破坏自然的方式如采集、捕猎攫取能量,或者说是自然界提供什么,人类就攫取什么,而且是在有限的范围内。因此这一时代人与自然的关系与其说是低层次的、不自觉的和谐,不如说是自然对人类的控制。"①所以,相对于以后时期,在原始采集、捕猎阶段,环境基本上是按照自然规律运动变化的,人在很大程度上仍然依附于、受制于自然环境。但即使是在这个时期,人类的活动也给自然环境造成了破坏性的影响,人口增长、生活需要的增加和过度的捕猎、盲目的乱砍滥伐导致了动植物减少甚至物种灭绝等问题发生。

(二)农业文明时期的环境问题

随着农业和畜牧业的出现,人们对自然界的认识进一步提高,改造自然的实践也进一步深化,人类社会开始第一次劳动大分工,人类从完全依赖大自然的恩赐转变到自觉利用土地、生物、陆地水体和海洋等自然资源。人类的生活资料有了较以前稳定得多的来源,人口迅速增长,又导致需要更多的资源于是便扩大物质生产规模,开始出现烧荒、垦荒、兴修水利工程等改造活动,与此同时一些环境问题也开始出现。乱伐森林、破坏草原、刀耕火种、盲目开荒,往往引起严重水土流失、水旱灾害频繁和沙漠化;兴修水利,不合理灌溉,往往引起土壤盐渍化、沼泽化。但此时人类还意识不到这样做的长远后果,一些地区因而发生了严重的环境问题,并产生了

---

① 柴艳萍:《环境问题的哲学剖析——兼论人与自然、人与人两种基本关系》,《东南大学学报》(哲学社会科学版)2014年第4期。

严重的社会后果。历史上,由于农业文明发展不当带来生态环境
恶化,从而使文明衰落的例子屡见不鲜。

诞生于尼罗河流域的古埃及文明是"尼罗河的赐予"。在历
史上,每到夏季,来自上游地区富含无机物矿物质和有机质的淤泥
随着河水的漫溢,都要给埃及留下一层薄薄的沉积层,其数量不至
于堵塞灌渠、影响灌溉和泄洪,但却足以补充从田地中收获的作物
所吸收的养分,近乎完美地满足了农田需要,从而使这块土地能够
生产大量的粮食来养育生于其上的众多人口。历史学家认为,正
是这种无比优越的自然条件造就了埃及漫长而辉煌的文明。然
而,由于尼罗河上游地区的森林不断地遭到砍伐,以及过度放牧、
垦荒等,使水土流失日益加剧,尼罗河中的泥沙逐年增加,埃及再
也得不到那宝贵的沃土,昔日"地中海粮仓"逐渐失去了往日的辉
煌,现已成为地球上的贫困地区之一。

美索不达米亚平原位于幼发拉底河和底格里斯河之间(现伊
拉克境内),是著名的巴比伦文明的发源地。这里曾经是林木葱
郁、沃野千里,富饶的自然环境孕育了辉煌的巴比伦文化,如楔形
文字、《汉穆拉比法典》、60进制计时法等。巴比伦城是当时世界
上最大的城市、西亚著名的商业中心,巴比伦国王为贵妃修建的
"空中花园"被誉为世界七大奇迹之一。然而,巴比伦人在创造灿
烂的文化、发展农业的同时,却由于无休止地垦耕、过度放牧、肆意
砍伐森林等,破坏了生态环境的良性循环,使这片沃土最终沦为风
沙肆虐的贫瘠之地。2000年前的漫漫黄沙使巴比伦王国在地球
上销声匿迹,那座辉煌的巴比伦城直到近代才由考古学家发掘出
来,重新展现在世人面前。

黄河流域是我国古老文明的发祥地。4000多年前,这里森林
茂盛、水草丰富、气候温和、土地肥沃。据记载,周代时,黄土高原

森林覆盖率达到 53%，良好的生态环境，为农业发展提供了优越
条件。但是，自秦汉开始，黄河流域的森林不断遭到大面积砍伐，
使水土流失日益加剧，黄河泥沙含量不断增加。宋代时黄河泥沙
含量就已达到 50%，明代增加到 60%，清代进一步达到 70%，这就
使黄河的河床日趋增高，有些河段竟高出地面很多，形成"悬河"，
遇到暴雨时节，河水便冲决堤坝，泛滥成灾，黄河因此而成为名副
其实的"害河"。与此同时，这一带的沙漠面积日渐地扩大，生态
环境急剧恶化。

从上面的例子中可以看出，在农业社会，生态破坏已经到了相
当严重的程度，并产生了可怕的社会后果。但总的说来，在农业文
明时代，主要的环境问题是生态破坏。由于人类的人口还较少，在
地球上的活动范围还有限，环境问题的规模和影响还不十分突出，
没有达到影响整个生物圈的程度。

（三）工业文明时期的环境问题

此阶段从工业革命开始，工业革命是世界史的一个新起点，此
后的环境问题也开始出现新的特点并日益复杂化和全球化。工业
革命的兴起大幅度地提高了劳动生产率，增强了人类利用和改造
环境的能力，从而也改变了环境中的物质循环系统，带来了新的环
境问题。这一时期的环境问题呈现由工业向城市和农业发展，由
点源向面源（江河湖海）发展，由局部向区域性和全球性发展，导
致了世界上第一次环境问题的高潮。先是由于人口和工业密集，
燃煤量和燃油量剧增，发达国家的城市饱受空气污染之苦，后来这
些国家的城市周围又出现日益严重的水污染和垃圾污染，工业三
废、汽车尾气更是加剧了污染的程度，引发了一系列环境公害事
件。其中的典型就是 20 世纪 30 年代以来的世界八大公害事件：
1930 年 12 月比利时的马斯河谷事件，1948 年 10 月美国的多诺拉

烟雾事件,20 世纪 50 年代初期美国的洛杉矶光化学污染事件,1952 年 12 月英国的伦敦烟雾事件,1955 年日本富山县神通川流域骨痛病事件,1956 年日本熊本县水俣镇水俣病事件,1955 年日本四日市哮喘事件,1968 年 3 月日本爱知县的米糠油事件。20 世纪后半期,发达国家意识到生态破坏的严重后果并花大力气对其进行治理,较好地缓解了国内的环境污染。但是,众多的发展中国家却开始步发达国家的后尘,重走在工业化和城市化过程中先污染后治理的老路,以致环境问题有过之而无不及,生态破坏日益严重。

环境问题仍然是当代人类面临的重要问题。从 1984 年英国科学家发现,1985 年美国科学家证实南极上空出现的"臭氧洞"开始,人类环境问题发展到当代阶段。这一阶段环境问题的特征是:在全球范围内出现了不利于人类生存和发展的征兆,目前这些征兆集中在酸雨、臭氧层破坏和全球变暖三大全球性大气环境问题上。与此同时,城市环境问题和生态破坏特别是在发展中国家日益严重,如水污染、大气污染、垃圾泛滥等;还有土地荒漠化、森林面积减少、水土流失、物种灭绝与生物多样性锐减等一系列问题集中爆发。这一切表明,生物圈这一生命支持系统对人类社会的支撑已接近它的极限,再不改变生态环境,人类必将受到严重的惩罚。实际人,人类已经受到了各种来自自然的报复。

二、全球环境问题透视

全球性环境问题是指在全球化背景下,当代国际社会面临的一系列超越国家和地区界限,由人类活动作用于环境而引发的、关系到整个人类生存和发展的问题。到目前为止已经威胁人类生存并已被人类认识到的环境问题主要有:全球变暖、臭氧层破坏、酸雨、淡水资源危机、能源短缺、森林资源锐减、土地荒漠化、物种加速灭绝、垃圾成灾、有毒化学品污染等众多方面。这些全球性环境问题是人为作用的结果，虽然每一种具体的环境问题有其各自的人为原因，但从整体来看，人类不当的生产方式、消费方式、发展方式、人口快速增长和需要的急剧增加，以及不合理的国际经济秩序等，是全球性环境问题产生的主要原因①。

（一）大气污染与破坏

大气圈又叫大气层，地球就被这一层很厚的大气层包围着。大气层的成分主要有氮气，其次是氧气、氢气；还有少量的二氧化碳、稀有气体如氦气、氖气、氩气、氪气、氙气、氡气等和水蒸气。大气层的空气密度随高度而减小，越高空气越稀薄。大气层的厚度大约在一千千米以上，但没有明显的界线。整个大气层随高度不同表现出不同的特点，分为对流层、平流层、中间层、暖层和散逸层，再上面就是星际空间了。越是离地球近的大气层受到人类活动的影响也就越大，如有些地方臭氧层日益稀薄，也有些地方雾霾日益严重，这都是临近地球表面的大气受到污染的结果。

一是全球变暖。人类的生存和文明的繁荣与气候条件密切相关，气候条件发生的微小变化，都可能会给人类带来严重的灾难性影响。近30年来，地球上的气候发生了异常的变化，全球变暖的步伐突然加快，以致北美出现了历史上少有的热浪，非洲出现了长达7年的干旱，等等。这些气候异常现象及其给人类带来的严重影响，引起了人们的广泛关注。20世纪80年代后，全球气温明显上升。1981—1990年全球平均气温比100年前上升了0.48℃。

---

① 《全球环境问题：责任与协作》，2008年2月14日，见 http://www.china.com.cn/tech/zhuanti/wyh/2008-02/14/content_9799627_2.htm。

地表温度的升高,使得某些地区在短时间内发生急剧气候变化,诸如高温干旱天气、飓风、暴雨之类的极端天气频率增多。地表温度的升高也会导致冰川融化,海平面上升。生态系统、人类健康和社会经济都对气候变化十分敏感。全球气候变化可能对人体健康、水资源、森林、沿海地带、生物物种、农业生产等很多方面产生影响。一些脆弱的生态系统如珊瑚礁正处于海温升高的危险之中。由于气候条件的不利变化,一些候鸟的种群已经有所减少。此外,气候变化很可能通过各种机制对人类健康和生存产生影响。例如,它会对淡水的利用率和粮食产量产生不利影响,对疟疾、登革热和血吸虫病等传染病的分布和季节性传播起到促进作用。

气候变暖的一个重要原因是温室效应增强。由于化石燃料的燃烧和农业生产活动,人类向大气中排放大量温室气体特别是二氧化碳、氯氟烃甲烷、一氧化二氮等,其所产生的温室效应直接影响到地球的辐射,导致地球表面温度升高。联合国政府间气候变化专家委员会(IPCC)发布了多份报告肯定了这些结论,并指出,如果要把大气中的温室气体浓度稳定在目前水平,就必须立即大幅度减少二氧化碳等气体的排放量。世界各国对温室气体的增加都负有责任,但是,工业化程度高和工业生产发达的国家的责任更大,因为他们排放的二氧化碳更多。

二是臭氧层破坏。在地球大气层近地面约二十到三十公里的平流层里存在着一个臭氧层,其中臭氧含量占这一高度气体总量的10万分之一。臭氧含量虽然极微,却具有强烈的吸收紫外线的功能,它能挡住太阳紫外线辐射对地球生物的伤害,保护地球上的生命。据中国环境与发展国际合作委员会2008年的一项报告显示,20世纪70年代后半期以来,科学家发现在南极上空12—23千米的大气平流层内,臭氧含量开始逐渐减少。从地面上观测,高空的臭氧层已极其稀薄,后称臭氧空洞,直径达上千公里。1998年南极上空臭氧空洞面积已达到历史最高纪录,为2720万平方公里,比南极大陆还大约一倍。近年来,美、日、英、俄等国家联合观测后发现,北极上空臭氧层也减少了20%。欧洲和北美上空的臭氧层平均减少了10%—15%,西伯利亚上空甚至减少了35%。中国大气物理及气象学者的观测也发现,被称为世界上"第三极"的青藏高原上空的臭氧正在以每10年2.7%的速度减少。根据全球总臭氧观测的结果表明,除赤道外,各地臭氧层也在逐渐减少。

臭氧层遭到破坏,其吸收紫外线辐射的能力将大大减弱,导致到达地球表面的紫外线强度明显增强。紫外线辐射的增强,会使人体免疫功能下降,皮肤癌、白内障和呼吸病患者增加;同时会导致海洋浮游生物、虾蟹幼体大量死亡,小麦、水稻等农作物减产,气温上升,给人类健康和生态环境带来严重危害。臭氧层的破坏主要是由于制冷剂、发泡剂、推进剂、洗净剂和膨胀剂中所含人工合成的卤碳化合物的大量排放,这些物质被称为臭氧损耗物质(ODS),在对流层中十分稳定,寿命可长达几十年甚至上百年。该化合物随大气团运动上升到平流层后,在强烈的紫外线照射下分解出含氯的自由基。这些自由基与臭氧分子发生反应,使臭氧分子成为普通氧分子,从而导致臭氧层的破坏。

三是酸雨蔓延。酸雨是由于空气中二氧化硫(SO_2)和氮氧化物(NOx)等酸性污染物引起的 PH 值小于 5.6 的酸性降水。受酸雨危害的地区,出现了土壤和湖泊酸化,植被和生态系统遭受破坏,建筑材料、金属结构和文物被腐蚀等等一系列严重的环境问题。酸雨在 20 世纪五六十年代最早出现于北欧及中欧,当时北欧的酸雨是欧洲中部工业酸性废气迁移所致。70 年代以来,许多工业化国家采取各种措施防治城市和工业的大气污染,其中一个重要的措施是增加烟囱的高度,这一措施虽然有效地改变了排放地区的大气环境质量,但大气污染物远距离迁移的问题却更加严重,污染物越过国界进入邻国,甚至飘浮很远的距离,形成了更广泛的跨国酸雨。此外,全世界使用矿物燃料的量有增无减,也使得受酸雨危害的地区进一步扩大。全球受酸雨危害严重的有欧洲、北美及东亚地区。在 80 年代,酸雨主要发生在我国西南地区,到 90 年代中期,已发展到长江以南、青藏高原以东及四川盆地的广大地区。

（二）资源枯竭与污染

水圈是地球外圈中作用最为活跃的一个圈层。它与大气圈、生物圈和地球内圈的相互作用,直接关系到影响人类活动的表层系统的演化。水圈也是外动力地质作用的主要介质,是塑造地球表面最重要的角色。水体存在方式不同,其作用方式也有比较大的差别,按照水体存在的方式可以将水圈划分为:海洋、河流、地下水、冰川、湖泊五种主要类型。目前,世界各地,特别是发展中国家,除冰川外,各种水圈都受到了污染,有些地方出现了严重的水资源危机。

一是水资源枯竭与污染。世界上任何一种生物都离不开水,人们贴切地把水比喻为生命的源泉。然而,随着地球上人口的激增,生产迅速发展,水已经变得比以往任何时候都要珍贵。一些河流和湖泊的枯竭,地下水的耗尽和湿地的消失,不仅给人类生存带来严重威胁,而且许多生物也正随着人类生产和生活造成的河流改道、湿地干化和生态环境恶化而灭绝。地球表面虽然三分之二被水覆盖,但是 97% 为无法饮用的海水,只有不到 3% 是淡水,其中又有 2% 封存于极地冰川之中。在仅有的 1% 淡水中,25% 为工业用水,70% 为农业用水,只有很少的一部分可供饮用和其他生活用途。然而,在这样一个缺水的世界里,水却被大量滥用、浪费和污染。加之,区域分布不均匀,致使世界上缺水现象十分普遍,全球淡水危机日趋严重。据统计,目前世界上一百多个国家和地区缺水,其中 28 个国家被列为严重缺水的国家和地区。预测再过20—30 年,严重缺水的国家和地区将达46—52 个,缺水人口将达28—33 亿人。

在水资源日益减少的同时还面临着污染日益严重的问题,世界主要河流半数以上已经遭到严重的耗竭和污染,河流周围的生态系统受到破坏,威胁着人们的健康和生存。人类生活、工业和农业的发展是造成河流污染的主要原因。城市的发展伴随着严重的水污染问题,如不完备的污水处理系统或未经处理的城市污水给水体带入大量营养物质、金属和有机污染物;工业生产过程中排放的各种污染物,跑冒滴漏及工业生产和运输中发生的事故也会造成水污染;现代农业大量使用农用化学物,如农药、化肥等通过多种途径转移到水体中。海洋污染是一种全球性污染现象,最近几十年来,随着人类开发利用海洋活动的日益加强,海洋污染问题日益严重。造成海洋污染最主要的原因,是石油勘探开发和船舶的海损事故,如油轮搁浅、触礁、船舶碰撞、石油井喷、石油管道破裂等。另外,随着大批港口城市的兴起和扩建,大量有害有毒物质倾泻于近海,超过了近海自身的净化能力,使优美纯净的海洋环境及海洋资源受到严重污染。海洋石油污染给海洋生态带来了一系列的有害影响,如使海洋产氧量减少,影响藻类以及其他海洋生物的生长与繁殖,从而对整个海洋生态系统产生影响;对浮游生物、甲壳类动物、鱼苗的生长等产生影响;降低海洋生产力,从而对人类产生影响等。

二是能源短缺,矿产、森林资源减少。当前,世界上资源和能源短缺问题已经在许多国家甚至全球范围内出现。这种现象的出现,主要是人类无计划、不合理地大规模开采所致。20世纪90年代全世界消耗能源总数约一百亿吨标准煤,预计到2020年能源消耗量将翻两番。从目前石油、煤、水利和核能发展的情况来看,要满足这种需求量是十分困难的。因此,在新能源(如太阳能、快中子反应堆电站、核聚变电站等)开发利用尚未取得较大突破之前,世界能源供应将日趋紧张。此外,其他不可再生性矿产资源的储量也在日益减少,这些资源终究会被消耗殆尽。

地球上的植被资源特别是森林也在锐减。森林是人类赖以生存的生态系统的重要组成部分。由于世界人口的增长,对耕地、牧场、木材的需求量日益增加,导致对森林的过度采伐和开垦,使森林受到前所未有的破坏。据统计,全世界每年约有一千二百万公顷的森林消失,其中绝大多数是对全球生态平衡至关重要的热带雨林。对热带雨林的破坏主要发生在热带地区的发展中国家,尤以巴西的亚马逊情况最为严重。亚马逊热带雨林的面积居世界热带雨林之首,但是,到20世纪90年代初期这一地区的森林覆盖率比原来减少了11%,相当于70万平方公里,平均每5秒钟就有一片约有足球场大小的森林消失。此外,亚太地区、非洲地区的热带雨林也在遭到破坏。

三是土地退化,可耕地减少。土地是动植物生命的支持系统和工农业生产的基础。土地是初级原料的存储地、固态和液态废物的堆放地以及人类居住和交通活动的基础。土地退化是指土地生产力的衰减或丧失,其表现形式有土壤侵蚀、土地沙化、土壤次生盐渍化和次生潜育化、土地污染等。土地退化的影响范围不仅涉及耕地,而且也涉及林土、牧地等所有具有一定生产能力的土地。土地退化的主要原因是不当的人类活动,如不可持续的农业土地利用、落后的土壤和水资源管理方式、森林砍伐、自然植被破坏、大量使用重型机械、过度放牧及落后的轮作方式和灌溉方式、农药化肥的使用等。

当前，因各种不合理的人类活动所引起的土壤和土地退化问题，已严重威胁着世界农业发展的可持续性。据统计，全球土壤退化面积达1965万平方千米。就地区分布来看，地处热带亚热带地区的亚洲、非洲土壤退化尤为突出，约300万平方千米的严重退化土壤中有120万平方千米分布在非洲，110万平方千米分布于亚洲；就土壤退化类型来看，土壤侵蚀退化占总退化面积的84%，是造成土壤退化的最主要原因之一；就退化等级来看，土壤退化以中度、严重和极严重退化为主，轻度退化仅占总退化面积的38%。自1972年以来，不断增长的食物生产一直是造成土地资源压力的主要因素。发展中国家的农业土地在稳步增长，而发达国家并没有出现这种现象。发达国家农业土地削减的主要原因包括：居住区建造过多、农业生产价格降低等一些经济因素。另外，政策失效和农业活动不规范、杀虫剂的盲目使用以及灌溉活动等也加重了土地压力。

四是生物多样性锐减。生物圈是指地球上有生命活动的领域及其居住环境的整体。它也是人类诞生和生存的空间。它在地面以上达到大致23千米的高度，在地面以下延伸至12千米的深处。但绝大多数生物通常生存于地球陆地之上和海洋表面之下各约100米厚的范围内。生物圈是结合所有生物以及它们之间的关系的全球性的生态系统，包括生物与岩石圈、水圈和空气的相互作用，是一个封闭且能自我调控的系统，是地球上最大的生态系统。其最大的特点是有生物存在，而且也是目前已知的唯一一个有生命存在的地方。当前生物圈面临的最大危机就是生物多样性遭到破坏。生物多样性是指所有来源的形形色色的生物体,这些来源包括陆地、海洋和其他水生生态系统及其所构成的生态综合体,包括物种内部(遗传多样性)、物种之间(物种多样性)和生态系统的多样性。世界上到底有多少物种,人类至今也还不甚清楚。英国博物学家罗曼·密尔认为,有500—1000万种生物;根据联合国环境规划署提供的资料表明,地球上的物种有一千四百多万;还有人估计可能更多。现存的生物能提供多种环境服务,如调节大气中的气体组成、保护海岸带、调节水循环和气候、形成并保护肥沃土壤、分散和分解废弃物、吸收污染物等。生物多样性也为食物和农业提供遗传资源,构成了世界食物安全的生物基础并维持人类的生计。因此,生物多样性对于人类社会经济的发展具有历史的、现实的和未来的价值。

一般来说物种灭绝速度与物种生成的速度应是平衡的。但是,由于人类活动破坏了这种平衡,使物种灭绝速度加快,全球生物多样性正在以空前的速度发生改变。这种改变的主要驱动力,是土地植被覆盖的变化、气候改变、环境污染、对自然资源的掠夺性获取以及外来物种的侵入。近代工业革命以来的两百多年间,特别是过去数十年间,物种多样性的减少和灭绝的速度加快,大量的物种灭绝或濒临灭绝。引起物种减少的最重要因素是栖息地环境的破坏和污染。例如,森林、草原和湿地是大多数物种生存的主要环境,但是随着这些地方被开垦或破坏,一方面直接导致一部分生物灭绝,另一方面又导致了一些生物生存环境和生态链的改变,使得生物多样性锐减。这不仅会使生物基因多样性丧失,而且还将威胁到人类的食物供应,木材、医药和能源的来源,娱乐与旅游的机会;干扰生态的基本作用,如调整水流量、水土保持、消化污染物、净化水质以及碳和营养物的循环等。生物多样性的破坏将对人类造成严重的后果。

（三）科技发展带来潜在的危害

由于科学发展水平和人类认识水平的局限,对环境问题的认识可以分为两类。一类是已被科学证实的环境问题,另一类是还没有被科学所证实但可能会发生的环境问题。通常,人们将后者称为潜在的环境问题。由于潜在的环境问题在短期内不会暴露并且具有不可预知性,各种效应的长期积累可能会成为影响人类健康或者导致环境严重退化的问题。如不及早采取预防措施,一旦环境问题真正发生,再去考虑应对措施,不仅将要付出高昂的代价,或许也为时已晚。基于此,这类环境问题目前已经受到国际社会的广泛关注。

一是挥发性有机化合物的潜在危害。人们追求快捷、舒适甚至豪华生活的同时,也带来了一系列的严重问题。其中最重要的就是引起空气品质劣化而导致的各种"现代病"的挥发性有机化合物。在室外,挥发性有机化合物主要来自燃料燃烧和交通运输;在室内,它们主要来自燃煤和天然气等燃烧产物,吸烟、采暖和烹调等产生的烟雾,建筑和装饰材料、家具、家用电器、清洁剂和人体本身的排放等,有近千种之多。在室内装饰过程中,挥发性有机化合物主要来自油漆、涂料和胶粘剂。当居室中的挥发性有机化合物超过一定浓度时,短时间内人们会感到头痛、恶心、呕吐、四肢乏力。如不及时离开现场,会感到以上症状加剧,严重时会抽搐、昏迷,导致记忆力减退。挥发性有机化合物伤害人的肝脏、肾脏、大脑和神经系统,甚至会导致人体血液出现问题,患上白血病等严重的疾病。

二是环境激素的潜在危害。科学研究证明,在正常情况下,人和其他生物具有共同的特点,即根据个体生长阶段所需要的物质,合成各种激素,并世代相传。近些年来,产业化浪潮给人类带来了物质文明。人们发现了一些存在于生物机体之外的激素,并广泛应用于农业生产和日常生活中。然而,人类在获取暂时利益的同时,也蒙受了巨大危害。为了使牛、羊多长肉、多产奶,人们给这些牲畜体内注射了大量雌激素;为了让池塘里的鱼虾迅速生长,养殖户添加了"催生"的激素饲料;为了促使蔬菜、瓜果成熟,提前进入市场,菜农和果农们不惜喷洒或注射一定浓度的乙烯利、脱落酸等"催生剂"。这种来自外部环境的合成化学物质,被科学界称为环境激素,又称环境荷尔蒙,也叫"第三类损害物"。环境激素并不直接作为有毒物质给机体带来异常影响,而是通过影响机体内天然激素的合成、分泌、转运、代谢或清除,与相应的受体结合并在细胞内产生效应,模拟或干扰天然激素的生理、生化作用。专家们已经筛选出 70 种化学品为环境激素类物质,其中有 7 种最危险的物质多用来制造人们日常用的涂料、洗衣剂、树脂、可塑剂等。环境激素不易分解,可在食物链中循环,也可四处传播。因此,不管其原生地在哪里,环境激素都会形成区域性或全球性的威胁。环境激素的六大来源如下:农药残留、防腐剂、化妆品和日常用品、某些人工合成药物、工业化学制品、日用家化产品。

　　三是纳米技术的潜在危害。纳米是一个长度计量单位,是一米的 10 亿分之一。纳米技术就是指在纳米尺度范围内,通过操纵原子、分子、原子团和分子团,使其重新排列组合成新物质的技术。纳米技术的最终目标是直接以原子、分子的变化,使物质在纳米尺度上表现出新颖的物理、化学和生物学特性,制造出具有特定功能的产品。纳米技术主要包括纳米材料、纳米动力学、纳米生物学和药物学以及纳米电子学四个方面。有人曾经预言说,20 世纪 70 年代研究微米技术的国家,现在已成为发达国家;现在从事纳米技术研究的国家,将是 21 世纪的先进国家。然而,纳米技术对环境和健康有没有影响,到目前为止人们还是知之甚少。有研究发现,纳米材料的前景不容乐观,滥用纳米技术也必然会大量消耗有限的地球资源,给环境和人类健康造成负面影响,甚至会带来生态灾难。比如,2003 年 3 月,杜邦公司和约翰逊航天控制中心的研究人员发现,纳米对大脑、肺部、血液、皮肤都有不良影响。

四是转基因食品的潜在危害。转基因食品就是利用现代分子生物技术,将某些生物的基因转移到其他物种中去,改造生物的遗传物质,使其在性状、营养品质、消费品质等方面向人们所需要的目标转变。转基因生物直接食用,或者作为加工原料生产出的食品,统称为"转基因食品"。转基因食品的种类主要包括植物性转基因食品、动物性转基因食品、转基因微生物食品和转基因特殊食品。转基因食品会对人类健康造成一定的威胁。生物学专家强调,人们至少应该关注转基因食品的两个问题:一是转基因食品过敏反应的可能性;二是细菌生活在人的肠内可能对抗生素产生抗性,主要是由转入转基因食品中的抗性标记基因引起的。而且,转基因食品可能引起跨物种感染。跨物种感染的一个重要问题是动物身上的病毒或细菌传染给人,使人得病。转基因动物会提高疾病传染的风险。例如,如果一头生产药物牛奶的牛感染了病毒,这种病毒就可能通过牛奶感染病人。一旦出现上述情况,后果不堪设想。转基因食品还会对生态环境造成一定的危害,因为在研究与发展转基因作物食品的过程中,它可能给生态环境和生物多样性带来的潜在危害。2001 年发表在《自然》(*Nature*)上的一篇论文认为,墨西哥偏僻的瓦哈卡山区的野生玉米受到了转基因玉米的污染。据推测,当地农民将没有标识的转基因玉米种到地里,导致野生玉米受到污染。这主要是由于"基因漂流"造成的,这个过程是很难人为控制的,其后果也很难预料。"基因污染"对生态环境的危害是不可逆的,人类可能面临灭顶之灾。

五是克隆技术的潜在危害。"克隆"作为一项新生的科学技术手段,是科学发展到一定阶段的必然产物,它标志着人类科学技术术新的发展阶段的到来,为人类探索生命的奥秘,研究生命的发生、发展的规律提供了一项重要的技术手段。但是,克隆技术仍存在许多潜在的危害。克隆将减少遗传变异,通过克隆产生的个体具有同样的遗传基因,同样的疾病敏感性,一种疾病就可以毁灭整个由克隆产生的群体。可以设想,如果一个国家的牛群都是同一个克隆产物,一种并不严重的病毒就可能毁灭全国的畜牧业。克隆技术的使用将使人们倾向于大量繁殖现有种群中最有利用价值的个体,而不是按自然规律促进整个种群的优胜劣汰。从这个意义上说,克隆技术干扰了自然进化过程。

克隆技术应用于人,这是很多伦理学家所不能接受的。克隆技术将导致对后代遗传性状的人工控制,也可用来创造"超人",或拥有健壮的体格却智力低下的人。而且,如果克隆技术能够在人类中有效运用,男性也就失去了遗传上的意义。克隆技术对家庭关系带来的影响也将是巨大的。一个由父亲的 DNA 克隆生成的孩子可以看作父亲的双胞胎兄弟,只不过延迟了几十年出生而已。很难设想,当一个人发现自己只不过是另外一个人的完全复制品,他(她)会有什么感受?

此外,当前还面临着其他环境问题,如垃圾、危险废物增多,并不断被转移和扩散;噪音污染,光污染;粮食紧张,特别是人口急增及其生存和发展的需要是当今最大的环境问题。

三、中国环境问题现状

环境问题具体说可分为两个层次,即全球共同的环境问题和地区性环境问题。全球性环境问题必定同时是区域性的、地方性的,而在区域、地方有所表现的环境问题即使会引起全球的关切却未必都是全球性的。中国的环境问题也有其特殊性,2015 年 3 月 8 日,环保部部长陈吉宁在全国两会上指出:"中国的环境形势仍然十分严峻,主要表现在三个方面:一是环境质量差。如雾霾、水体富营养化、地下水污染、城市黑臭水体等问题。二是生态损失比较严重,特别是水体的生态损失。三是由于产业布局不合理,大量重化工企业沿河、沿湖、沿江的布局带来较高的环境风险。"①环境问题已经成为我们实现全面小康的瓶颈问题。具体而言,我国的环境问题具有如下特点:

一是世界性环境问题在中国均有爆发。中国环境问题是世界环境问题的缩影,各种世界性的环境问题在中国多有发生,而且影响深远。比如,全世界三大酸雨区,其中之一就在我国的长江以南地区,而全国酸雨面积占国土资源的 30%;温室效应的主要祸首是二氧化碳,我国就是世界第二大排放国,而目前二氧化硫的排放已是世界第一;土地沙漠化,世界上沙漠正以每年 600 万公顷的速度侵蚀土地,而我国每天都有 500 公顷的土地被沙漠吞食;森林面积减少,全世界每年有 1200 万公顷的森林消失,而我国年均消失天然林 40 万公顷,且按近十年的平均采伐和毁坏森林的速度,到 2055 年将失去全部森林;水资源危机,作为世界 21 个贫水国之一的中国,全国六百多座城市中,缺水的就有三百多座;水土流失面

① 陈吉宁:《用水滴石穿久久为功的毅力解决生态环境问题》,2015 年 3 月 7 日,见 http://news. xinhuanet. com/politics/2015lh/2015 - 03/07/c _ 1114557654.htm。

积已达 367 万平方公里,每年至少有五十亿吨沃土付之东流;与日俱增的工业垃圾、生活垃圾已包围了我国三分之二的城市;大气污染已使我国六百多座城市的大气质量符合国家标准的不到 1%。

二是众多人口对环境构成极大压力。中国是世界上人口最多的国家,却不是国土最大、资源最多、能耗最低的国家,所以人口与环境之间的矛盾更加尖锐,人口对环境的压力更加巨大。以世界人均耕地计算,中国人口以 4 亿为合适;按人均粮食 1000 斤/年计,中国人口以 6 亿为适度;按水资源来估算,中国人口可为 7 亿。综合起来考虑,中国理想人口数量应在 6.5 亿左右。可惜这个数字在 1963 年就被突破了。庞大的人口对环境产生了愈来愈大的压力与冲击,中国诸多环境问题都直接或间接地与人口众多有关。目前中国人均土地、森林和水分别为世界人均占有量的 36%、13%和 25%。尽管中国实现了用世界 7%的耕地养活世界 22%的人口的伟大目标,但食物供应仍是个不敢稍加懈怠的大问题。而且由于土地沙化、土地工业污染和农药污染、大量使用化肥造成的土壤板结和地力下降、城镇发展征用土地等问题,使得中国环境承受着世界其他各国罕见的压力,结果必然导致毁林开荒、毁牧垦殖、超载放牧、过度捕捞、毁塘垦殖等等,这又使本来就很脆弱的生态环境受到直接的冲击和破坏。

三是各种污染严重。目前中国各种废物废气、有毒有害物质,如污水、有害气体、生活垃圾、工业废物等排放严重,回收利用率低,已经形成严重的污染和危害。不仅制约着我国经济发展、环境改善,还深刻影响到了人们的日常生活,甚至影响到了居民的健康和生命。根据环保部《2013 年环境统计年报》统计显示:全国废水排放总量 695.4 亿吨。其中,工业废水排放量 209.8 亿吨、城镇生活污水排放量 485.1 亿吨。废水中化学需氧量排放量 2352.7 万吨,其中,工业源化学需氧量排放量为 319.5 万吨、农业源化学需氧量排放量为 1125.8 万吨、城镇生活化学需氧量排放量为 889.8 万吨。废水中氨氮排放量 245.7 万吨。其中,工业源氨氮排放量为 24.6 万吨、农业源氨氮排放量为 77.9 万吨、城镇生活氨氮排放量为 141.4 万吨。全国废气中二氧化硫排放量 2043.9 万吨。其中,工业二氧化硫排放量为 1835.2 万吨、城镇生活二氧化硫排放量为 208.5 万吨。全国废气中氮氧化物排放量 2227.4 万吨。其中,工业氮氧化物排放量为 1545.6 万吨、城镇生活氮氧化物排放量为 40.7 万吨、机动车氮氧化物排放量为 640.6 万吨。全国废气中烟(粉)尘排放量 1278.1 万吨。其中,工业烟(粉)尘排放量为 1094.6 万吨、城镇生活烟尘排放量为 123.9 万吨、机动车烟(粉)尘排放量为 59.4 万吨。全国一般工业固体废物产生量 32.8 亿吨,综合利用量 20.6 亿吨,贮存量 4.3 亿吨,处置量 8.3 亿吨,倾倒丢弃量 129.3 万吨,全国一般工业固体废物综合利用率为 62.2%。全国工业危险废物产生量 3156.9 万吨,综合利用量 1700.1 万吨,贮存量 810.8 万吨,处置量 701.2 万吨,全国工业危险废物综合利用处置率为 74.8%。

四是矿物资源紧张。世界经济的现代化得益于化石能源,如石油、天然气、煤炭与核能的广泛投入应用。因而它是建筑在化石能源基础之上的一种经济。然而,由于这一经济的资源载体将在 21 世纪迅速地接近枯竭,世界各地特别是中国面临矿物资源紧张甚至枯竭的局面。就我国而言,矿产资源可以说是最能体现我国同时作为资源大国与资源小国的特点。我国累计发现矿床种类 162 种,其中探明一定储量的 148 种,发现矿床和矿化点 20 多万处,探明储量的矿区 1.4 万多处。中国无疑是世界上拥有矿种比较齐全、探明储量比较丰富的少数国家之一,而且矿产的总量也多,45 种主要矿产保有储量的价值排到了世界第三位。虽然如此,但若按人均拥有量计算,我们却还是无法脱掉"贫矿"的帽子。如我国的原油人均占有量仅为世界平均水平的 13%,煤为 99.3%,铁为 34%,铜为 24%,铅为 35.3%,锌为 58.4%,镍为 29%,钴为 62.5%,铝为 13.9%,锰为 18.3%,金为 19% 等。除煤、锌以外,均不足世界平均水平的 50%,在世界上排行第 80 位。总之,我国资源总量是丰富的,从绝对数上说,在世界上是一个资源大国。但由于我国人口众多,人均资源低于世界平均水平,因此,从相对数来看,我国在世界上又是一个资源小国。随着经济的迅猛发展,中国当前正处于能源高消耗期,对矿物资源需求越来越大,这更加剧了矿物资源的紧张。

五是环境保护滞后于经济发展。在经济建设和社会发展中治理环境污染和破坏,需要付出很大的经济代价。投入不足,一直是制约中国有效治理环境问题、导致环境问题总体上呈加剧趋势的重要原因。环境污染治理投资包括老工业污染源治理、建设项目"三同时"(即一切建设项目需要配套建设的防治污染和其他公害的环境保护设施,必须与主体工程同时设计、同时施工、同时投产使用。)、城市环境基础设施建设三个部分。根据环保部《2013 年环境统计年报》统计显示:2013 年,我国环境污染治理投资总额为 9037.2 亿元,占国内生产总值(GDP)的 1.59%,占全社会固定资产投资总额的 2.02%,比上年增加 9.5%。其中,城市环境基础设施建设投资 5223.0 亿元,老工业污染源治理投资 849.7 亿元,建设项目"三同时"投资 2964.5 亿元,分别占环境污染治理投资总额的 57.8%、9.4%、32.8%。可以看出,改革开放以来,国家加大了对环境污染防治的直接投入,并逐年增加,为环境保护提供了重要的物质保障,但与我国解决环境问题的现实需要相比,仍有不小差距。同时,一些地方因发展经济而忽视环境保护,有些单位单纯追求利润而无视社会责任,环境保护执法不严、处罚过轻、违法成本低,公众环境意识有待提高,这些突出问题进一步造成了我国环境保护滞后于经济发展。

四、现代环境问题特征

现代环境问题与古代或近代环境问题相比,无论是类型、性质、范围和程度都不可同日而语。而要解决好现代环境问题,应当了解其基本特征①。

全球性。早期环境问题,虽然在不同地区不同程度地存在着,但多具点源性质,也只是危害局部特定区域,有其特殊性和局限性,并未对全球环境构成威胁。现代科技的进步、工业的发展、都市的星罗棋布、人口数量的猛增、交往的频繁等,终于使现代环境问题以前所未有的规模暴露在人类面前。目前,不仅各国普遍都有环境问题发生,而且出现了关系全球的环境问题。诸如酸雨、温室效应、臭氧层破坏、生物多样性减少、能源紧张、土地荒漠化等问题,影响范围广,危害性大。即使是某些局部性污染,也会因大气、水体的运动而扩散到其他地区,如海洋石油污染,会随洋流危害有关海域和国家。因此,正如《人类环境宣言》中所说:"保护和改善人类环境是关系到全世界各国人民的幸福和经济发展的重要问题,也是全世界各国人民的迫切希望和各国政府的责任。"②全球性环境问题的解决,必须依靠世界各国的通力合作和协同治理。

严峻性。一方面,全球环境问题不同于人类在生存发展过程

---

① 参见晁卫华:《现代环境问题的五大特征》,《地理教育》1998 年第 3 期。
② 万以诚、万峋:《新文明的路标——人类绿色运动史上的经典文献》,吉林人民出版社 2000 年版,第 1 页。

中遇到的一般环境问题,它从根本上威胁到人类的生存和可持续发展。随着新科技革命和信息社会的来临,本应享有更佳生活条件的人类却遇到了前所未有的环境和生存危机。"矿物的燃烧将二氧化碳排入大气之中,造成了全球气候逐渐变暖,这种'温室效应'可能将全球平均气温提高到足以改变农业生产区域、提高海平面使沿海城市被淹以及损害国民经济的程度;其他工业气体有耗竭地球臭氧保护层的危险,它将使人和牲畜的癌症发病率急剧提高,海洋的食物链将遭到破坏;工农业将有毒物质排入人工食物链以及地下水层,并达到无法清除的地步。"[①]所有这些环境问题都会导致人类文明的毁灭。正因为全球环境问题具有这种整体的,是根本意义上的生存挑战,所以才受到当代人类的密切关注。另一方面,全球环境问题的严重挑战性不仅在于问题性质、内容给人类生存带来严重威胁,而且还在于解决问题的时间异常紧迫。

综合性。从前的环境问题,单一性强,污染对象只是农田、草场和森林等,危害的也不过是鱼类的生存或人体的健康。而现代环境问题的影响往往是多方面的。现代科技的发展,空前增强了人类征服和改造自然的力量,同时也空前壮大了人类破坏和污染环境的力量。于是,在种种不利的人为因素影响下,同一地区可能同时出现森林锐减、草原退化、沙漠扩大、土壤肥力丧失、物种濒临灭绝,乃至工业"三废"污染,城市噪声加剧等多种环境问题其危害涉及生态、资源、人口、经济、政治、社会等各方面。撒哈拉以南非洲的人口、粮食与环境问题,巴西热带雨林的危机,笼罩在墨西哥城上空的黄色烟雾都莫不如此。可见,现代环境问题的综合化

---

① 世界环境与发展委员会:《我们共同的未来》,吉林人民出版社1997年版,第3页。

已日趋严重了。所以,解决现代环境问题远不止治理工业污染,还要从其他方面入手,把被破坏和污染的区域视为复合的大系统,在全面规划、统一行动中进行综合整治。过去那种头痛医头、脚痛医脚、治标不治本的治理方法是无济于事的。

政治性。环境问题,原先只是工业问题、经济问题、科技问题,后来因其蔓延和恶化而形成社会问题。广泛而严峻的社会问题,必然导致政治问题。这是现代环境问题的又一显著特征。例如,20世纪50年代,环境污染公害如水俣事件、富山事件、四日事件、米糠油事件在日本猖獗之时,公民们就愤怒地举行了大规模游行示威,喊出了"还我蓝天"、"还我列岛"的口号,以致形成一场波澜壮阔的政治运动。当时一些政治家在竞选中,也打出了解决环境问题的政治旗号,日本前首相田中角荣就曾以他的"日本列岛改造论"赢得不少选票。一些国家的公民,往往把环境问题作为评价元首和政党政绩的标准。当今一些发达国家对发展中国家所进行的资源掠夺、污染输出等,其实质就是两者之间的政治问题。因此,保护和改善现代环境,关系到社会的进步和经济的发展,是人民的迫切愿望,也是各国政府应尽的政治责任。各国应本着全球伙伴精神,为保存、保护和恢复地球生态系统的健康和完整而加强广泛的"南南合作",进行深入的"南北对话",从而使现代环境问题的政治化得到合理解决。

高科技性。随着经济的不断发展,当代社会越来越需要高新科技。然而,科学技术是把"双刃剑",由于人类在生产和生活中使用了某些高新科技手段,所产生的现代环境问题往往更加严重。许多现代化的高新科技产品,在生产和使用过程中,会产生如电磁辐射等新的污染。近年来,由于无线电广播、电视以及微波等技术的蓬勃发展,某些射频设备的功率成倍提高,地面上的电磁辐射大幅度增强,已达到直接威胁人体健康的程度。就污染物质的危害性而言,放射性物质可能是各种污染物中危险性最大者。所以,美国三哩岛核泄漏事故、前苏联切尔诺贝利核电站事故、英国温德斯格尔工厂火灾、俄罗斯联邦托木斯克事故、俄罗斯核潜艇事故、日本地震福岛核电站泄漏事故等至今仍令人心有余悸。

第三节　环境问题诸种解决方式及局限性

　　面对环境问题这个威胁整个人类的敌人,不同的领域、不同的学科都在寻求疗救解决之道。但从总体上看,人们主要是从科技、经济、政治、法律和国际合作等视角来谋求应对之策的。确切地说,科技方法对于解决具体的环境问题是一种有效手段,行政手段对于环境问题特别是区域性环境问题的解决有直接帮助,法律对于规范人们的环境行为有着明显作用,经济刺激的手段也能达到立竿见影的效果,国际合作在解决现代环境问题中的作用也越来越明显。但是,科技、经济、政治、法律和国际合作等手段也各有其自身的局限性。

一、科技手段及其局限性

　　"科学技术是第一生产力",现代科技革命促进了人类生产力的发展,造就了发达的物质文明和精神文明。科技的发展给了我们战胜和征服自然的力量,使我们免于自然的暴戾,也给予了我们富裕的生活,从而给了我们更多的物质上和精神上的自由。科技在经济的发展和人类社会的进步当中扮演了举足轻重的角色,科学技术的应用对于环境问题的解决具有积极的推进作用。但不容否认的是,科技不是万能的,科学技术的工具性价值,使得它在解决环境问题的过程中,具有局限性。

第一,资源消耗总量并不一定随科技进步减少。有人认为,随着科技的进步,劳动生产率的提高,单位资源的利用率必将大大提高,对资源的消耗必将大大减少。信息技术的进步必将增加人类对知识信息的应用,从而减少对物质和能量资源的消耗。这些必将使得人类对资源的消耗大大减少。真的是这样吗?答案并非如此。现在人类仍然处于自然资源经济时代,对自然资源的大量消耗不可避免。谁占有的自然资源越多,谁开发的自然资源越多,谁的经济就越发达。知识的进步增强了人们认识和改造世界的能力,也使人类开发利用资源的力度、广度、深度、速度加强了,资源消耗增加了。此外世界人口的增长,经济的发展,生活质量的提高,消费社会的兴起也使人类消耗的资源日趋增多。

第二,科技进步并不能使有限资源无限化。知识在生产中的贡献日趋增大,只是意味着资源的利用率在增强,利用同样多的资源和能源能够生产出比过去多的产品,并不意味着各国对农作物及矿产资源的需求下降,地缘政治也不会消失。今天,向信息社会过渡,需要采用尖端科学和保护能源的技术,这有助于能源的节约。但是,科学技术的应用不会"使有限的资源无限化"。目前节约资源、有利于保护环境的技术主要应用于信息领域,而信息领域需要冶金、采矿、化学等传统工业部门的产品。加之,在人类所经受的一切巨大变化中,农田、森林、水和渔业资源的退化和衰竭将是未来几十年内社会动荡的最主要根源。自然资源的减少会造成巨大的恶果,不仅使现有的许多问题存在下去,而且会产生许多新的问题。对这些问题,科学技术的发展恐将无法彻底解决。

第三,科技进步不能满足高消费对资源的消耗。随着科学技术的进步,资本的扩张、全球化的推进,消费主义的理念在全球得到迅速地传播和发扬,由此导致全球消费浪潮的兴起,全球人均资源的消耗量有增无减。人均资源消耗的增加必然导致世界范围内资源消耗总量的增加。虽然科技的进步可以延缓不可再生资源的使用年限,可以寻找到替代的新资源,可以增加可再生资源的数量,但是不能改变人类对资源需求量的日益增长,不能改变人类对资源的日益强烈的需求渴望。科技的进步所减少的资源消耗量远远不能弥补人类出于物欲对资源需求的增加量。地球承担不起全民消费社会的消耗。

第四,科技进步不能解决由其他问题引起的环境问题。引发环境问题的原因有人口、政治、经济、文化伦理、科学技术等多种。由非科技因素引起的环境问题固然可以由科技进步来得以缓解,但是,单纯依靠科技进步并不能完全解决由其他因素引起的环境问题。在此以人口为例,对这一问题加以分析。人类可以找到一些资源的替代品,从而在一定程度上缓解资源危机。例如针对能源的减少、石油的短缺,我们可以利用能源保护和建造更有效的机械设备去提高资源的利用率,也可以找出可替换、可更新的能源去弥补。但是,只要世界人口继续以指数增长,那么,单靠技术进步并不能彻底解决资源问题。这也表明:由其他因素如人口、政治经济、文化价值观念等引发的环境问题不能用科技完全解决。

第五,科技应用对环境影响还有延迟效应。所谓延迟效应,就是事物的产生与其影响显露之间总会间隔一段时间。这种现象广泛存在于科技应用对自然的破坏上。如 DDT 是于 1874 年被合成的,1939 年发现它具有杀虫特性,1942 年投入生产使用。在很长一段时间里,它对环境和人类的消极影响没有表现出来。直到 20世纪 50 年代,人们才发现它对环境和人类会产生危害。这种延迟效应一方面使人不可能在科技应用的短时间内就意识到它的环境危害,增加了人们认识科技应用所产生的环境负效应的难度;另一方面也增加了在意识到这种危害后采取各种措施控制环境破坏的难度。

第六,环境科技应用的成本增加。科技能否解决环境问题还与科技改造自然和保护自然的成本有关。随着人们生活水平的提高,污染总量的加大,对环境标准的要求将会越来越严格,从而使治污成本上升很快。况且,从污染物的总量看,如相对于一个城市的大气质量,应该有一个相对确定的有利于人类和生态的标准。对该城市中的人类活动排放到大气中的污染物的总量应该有一个限定。如针对汽车尾气的排放,当汽车的数量增加一倍时,就必须把每辆汽车排放的污染物减少一半才能保持以前的空气标准;如果汽车数量翻两番,那么,需要减少75%的污染;而如果要翻三番,则需要减少87.5%的污染。而这时的减少污染的成本就非常高了。这也是科技进步不能完全解决环境问题的一个重要原因。

第七,科技应用受到其他因素限制。科技在解决环境问题的过程中仅仅是工具,它们能否应用于环境保护,怎样应用于环境保护,是由社会的政治、经济、文化价值观念决定的。有什么样的政治、经济、文化价值观念,人们就会开发出什么样的科技,或将已经开发出来的科技用于什么样的目的。从这一角度看,如果人类仍然抱着征服自然的态度,在一个资源有限的星球上进行无限的物理扩张,就必将导致生态环境危机。同时,在市场经济条件下,资本的内在逻辑是追求利润最大化。不过,在现实中,可持续技术并不是依据市场经济逻辑开发的,往往在经济上并没有优势,不容易被产品生产者采纳。不仅如此,价值观念对科学技术的发展也起着选择、限制和规范的作用,科学技术是多种多样的,对此必须进行价值选择。对于那些对环境有巨大的破坏性作用的科学技术,即使其经济效益再好,也应加以禁止;对于那些在环境的承受力之内对环境造成较小危害的,又产生了比较大的经济效益的科学技术可以发展;对于那些既能产生较好的生态效益又能产生较好的经济效益的科学技术应该大力发展;对于那些技术方面尚未完全成熟的或尚不明确其在实际应用中可能会出现的各种问题的科研成果,对于那些在实际应用过程中出现各种问题且对环境的破坏较大的科研成果,科学家以及公众的道德良心将会促使他们采取措施,暂停此科技项目的继续研究或禁止它的使用①。

二、经济手段及其局限性

　　20 世纪 70 年代初,联合国根据 40 多个国家提供的资料,由芭芭拉·沃德、勒内·杜博斯执笔,为联合国 1972 年 6 月斯德哥尔摩人类环境会议提供的实际背景材料和概念性的基础意见而撰写的《只有一个地球》一书中提出:环境问题不仅是工程技术问题,更主要的是社会经济问题。环境问题越来越表现为社会利益结构、利益冲突和利益均衡,这就要求环境问题的解决应遵循市场经济规律,采用经济手段②。有关经济手段的确立,具有里程碑的性质的事件是世界环境与发展委员会在关于能源和原料利用的讨论中,呼吁采用全部成本(包括环境和资源成本)的定价政策。此后召开的联合国环境与发展大会在《里约宣言》和《21 世纪议程》中都认同了污染者付费原则、环境变化的预警办法以及经济手段的应用。20 世纪 80 年代后,对环境保护领域的经济手段的研究

---

① 《科技解决环境问题的限度》,2004 年 9 月 10 日,见 http://www.yzhbw.net/news/shownews-23_251.html。
② [英]芭芭拉·沃德、[美]勒内·杜博斯:《只有一个地球》,《国外公害丛书》编委会译,吉林人民出版社 1997 年版,第 57 页。

和探索在西方各国兴起并日渐成熟。美国、芬兰、瑞典等国在法律中对环境经济作出了相应的规定并在实践中切实地改善了环境质量。

此后,世界各国都在逐渐增加经济手段在环境问题治理中所占的比重,政府运用环境税(费)、可交易的许可证等经济手段进行间接管理,充分发挥市场的调节作用,使经济个体能够普遍能动地对经济倾向做出反应。尽管经济手段具有诸多优越性,但是,无论对环境管理者还是环境问题制造者来讲,经济手段也还有许多局限。

第一,导致"地区环境歧视"。按照环境正义的要求,对于同样的环境保护标准或环境质量,人人皆享有同等的权利。在经济手段下,污染者的排污量只要不超过国家强制标准和总量控制的限额,则污染者对其排污行为不承担法律责任。污染者的排污量更多地取决于污染者对自身经济因素的考虑。这就造成,在排放总量符合要求的情况下,特定区域的环境状况极有可能已经威胁到了人体健康和生态平衡。以某区域的工业三废排放为例,虽然该地区总体的排放量没有超过国家强制标准和总量控制的限额。但是对于该区域工业聚集地来讲,污染问题却可能非常严重,只是这种污染被区域整体给稀释了,在排污量未超过国家强制标准和总量控制限额的情况下,污染者对其排污行为可以免受处罚。这种环境质量的地区差异已经引起人们的注意,甚至有学者将其称为"地区环境歧视"。

第二,导致第三方受害。在经济手段下,企业出于自身经济利益的考虑,可以采取购买排污量的方式使其免除环境责任。但是,排污权交易给第三方所带来的收益和损害往往难以量化。譬如,假定 A 公司购买了继续向河流排放 100 吨污染物的排污权,那么污染物的排放可能会有几种情况：一是继续污染饮用水，对饮用该水域的人们健康状况造成了负面影响，并使得他们承担清洁该水质的相应成本。二是影响了该水域中的鱼类，使得以该河流为生的人们必须承担由此而产生的健康和经济负面影响。三是对该河流的观光者构成负面健康影响，如果该河流未受污染，把其作为休闲度假之地本可获得一定经济收益。四是导致河流中的植物或有机物的数量减少，对生态健康或经济状况产生不良影响①。

第三，导致对环境非经济价值的漠视。环境不是商品，公众对环境问题的关注恰恰是因为环境的非经济价值。比如，河流污染问题除了产生经济负面影响之外，更对人们的身心健康，对河流中及沿岸的生物造成危害，也不利于这一带的风光等。这些负面影响特别是健康影响很难用经济学术语加以量化，结果便是这诸多负面影响在经济考虑中被忽视或者被低估。经济手段将环境作为商品并加以消费，极易导致对环境非经济价值的漠视和危害。在经济手段下，环境质量的等级也是依据个人愿意支付的代价来确定的。较低的环境质量往往由低收入群体来承担。比如，英国"地球之友"发布的一项研究报告指出："收入低于 5000 英镑的家庭比收入高于 6 万英镑的家庭受重污染企业干扰的比率高出两倍，伦敦 90% 以上的重污染企业坐落于低收入社区。"②这种将环境市场化、商品化的行为是有违环境道德的。

第四，导致价值评判的偏差。环境问题治理过程中经济手段的大量运用，会造成环境保护价值判断的缺失。比如，在对环境问

① ［美］Stephen M.Johnson：《以市场为基础的环保改革是否加剧了环境非正义?》，《环境经济》2009 年第 6 期。
② ［美］Stephen M.Johnson：《经济手段 VS 环境正义：欧盟的视角》，《环境经济》2009 年第 10 期。

题的经济处罚中,给人的暗示是"你可以污染,只要你付钱",还会使污染者产生"我付费了,我也就没有愧疚感了"的想法。这种价值评判的偏差和错误认识会对环境治理带来巨大危害。因此,经济手段的施行,应有明确的价值导向,即应明确"污染是错的,即使你付钱",污染行为并不因为污染者付费而具备合理性乃至合法性。

第五,经济手段的不确定性。环境问题是一个极为复杂的课题,因此手段的选择除效率的理性计算外,会有更多的社会实务必须予以考虑。经济手段尽管具有理论上的效率优势,但实施效果因为影响因素众多而存在相当多的不确定性。对于公民而言,公民可以监督政府行为并要求其制定相关环境规范,而在经济手段中,公民无力干预。对于国家环境问题的管理者而言,为了将不确定性最小化,也对经济手段的运用有所节制。针对经济手段的不确定性,企业可能宁愿选择贵的但可确定的,也不选择有利但不确定的。在某种意义上说,经济手段自身的缺点限制了其在更大范围上的应用①。

三、行政手段及其局限性

行政手段是指各级管理者依据国家和当地的环境政策、环境法律法规和标准,采取带强制性的行政命令、指示、规定等措施,对作为被管理主体的企业、农户、社会团体和公民个人等开发、利用环境资源的活动及其相应后果进行干预的制度安排和行动的总称。行政手段具有权威性、强制性、垂直性等特征,是环境保护的

---

① 周小光:《环境保护经济刺激手段的缺失与重构——以法律经济学为分析理路》,《环境法治与建设和谐社会——2007年全国环境资源法学研讨会(年会)论文集(第四册)》,2007年。

重要手段,特别是对于处理紧急性、偶发性的环境事件,具有其他手段无法比拟的优势。首先,行政手段能维持行政管理系统的集中统一,便于充分发挥行政组织的环境管理功能。各级行政机关,通过各种命令、指示、规定、决定和严格的组织纪律,以及计划、组织、指挥、协调、监督、控制等活动,可以保证整个国家环境管理系统及其环境管理活动,朝着一个共同的目标前进,并逐步达到既定目的。其次,它具有一定弹性,能比较灵活地处理各种特殊问题。行政领导者可以根据环境管理过程中出现的新情况、新问题,比较灵活地、有针对性地发布指示、命令等,及时处理问题。在处理特殊问题上,它比法律方法灵活;在排除管理故障上,它比经济方法和思想教育方法及时有效。再次,有利于政府直接领导、协调和控制关系国计民生的重大环境治理的发展。

当然,在环境问题的治理中行政手段也具有局限性,片面强调采用行政手段,不仅容易造成与行政相对方的争执与摩擦,降低环境治理的社会认同感,而且也会消耗过多的行政管理资源,不能有效吸收社会资源参与环境治理。

第一,信息不对称导致治理效率低下。控制污染的费用在不同企业间,甚至在同一企业内部都是不一样的。对某一企业而言,付费给另一企业让其代为完成减排量,可能比由该企业自己来实现减排会更为经济。行政手段下,政府往往不会考虑各个企业减轻污染的费用,而只是简单地通过强制性命令的方式为被规制企业设定其应达到的污染控制目标,并监督企业采取相应措施以达到该目标,从而实现环境监督的目的。此外,倘若真要区分不同企业的防治责任,主管机关势必要广泛收集信息,以了解各个污染源的控制污染成本和污染损害成本。但在面临众多污染源、排污者和资源有限条件下,管理者很难获得足够信息,尤其在机构庞大、层次繁多的情况下,则信息传递必然拖延、失真,从而导致治理效率低下。

第二,难以促进污染防治技术的进步与更新。在行政手段下,企业确实也会寻求最廉价的方式去符合规范的要求,但是当达到标准时,就不会再有动力去进一步减少污染物的排放,更不会去投资研发新的污染防治技术。因为任何技术的提高,都因为"最佳可得技术"规则,而在将来成为整个行业所需遵循的新技术标准,那些进行技术革新的企业丝毫不能从中获取任何利益。这样,企业就不会费尽心思去革新技术,从而不利于整个社会排污技术的进步。

第三,政府主导导致治理成本增加。行政手段的实施主体是政府,其环境管理成本必然要由政府来承担。"这种成本的主要形式包括组建机构、增加人员、购买装备、召开会议、执行制度、检查工作、环境监测等费用。"①这需要投入大量的人力、物力和财力。面临日益增加且地域和空间分散的污染源时,环境管理成本必将不断攀升。

第四,可能产生委托代理问题。行政手段的实施是中央政府委托地方政府行使,当地方政府更注重短期经济增长,解决地方就业和增加地方财政收益等目标时,就可能忽视中央政府更为关注的远期生态环境效益,加剧环境破坏。比如,有的地方以优化经济发展环境为由,禁止环保部门开展执法检查监督。他们通过制定和实行"绿卡"、"进厂审签"、"预约执法"、"挂牌"等为企业提供便利的土政策,不少地方党政领导还采取打电话、批条子、开协调

① 姜爱林、钟京涛、张志辉:《城市环境治理模式若干问题研究》,《湖南文理学院学报》(社会科学版)2008年第2期。

会议甚至直接下文等方式为地方企业提供特殊保护,不准或禁止环保等有关执法部门到企业进行正常的监督管理和执法检查,造成了环保部门在环保执法中的盲区,阻碍了环境问题治理的进程。

第五,不利于调动各方面的积极性。一是不利于发挥环境管理部门下级单位的积极性、主动性和创造性。不适当地单纯运用行政手段,就会形成权力过分集中于上级,下级有职无权,养成对上级的依赖,执行上级指示的被动习惯和消极意识。同时,片面强调行政手段会限制企业、社会组织和公民参与环境治理的作用,不能引导社会资源投入环境治理,致使环境治理效率不高。

第六,容易导致形式主义。一方面,由于国内严峻的环境状况和国际社会的驱动,我们不得不推动环境治理;另一方面,由于发展经济、改善人民生活、提升国家实力的现实需求,我们又不得不扩大资源开发,加速经济增长,从而不可避免地加大环境压力。在这种困境下,中国环境治理的行政手段就不可避免地具有某种程度的象征性、形式性,突出体现为搞运动式的环境治理、边治理边污染等方面。在这种环境治理实践背后,实际存在着"有比没有好""搞比不搞好"的无奈心态。此外,在环境治理实践中,诸如"中央重视,地方不重视""会上重视,会下不重视""纸上重视,实际工作不重视""说起来重视,做起来不重视"等现象,也都可以说是中国环境治理形式性的重要体现。对于这种形式化的环境治理,我们很难预期其有很好的实际效果。

第七,治理手段的脆弱与无力。在一定程度上可以说,以上分析最终指向了环境问题行政手段的脆弱性。虽然行政手段天生就有强制性、权威性等特点,但就环境治理的行政手段而言,却具有一定的脆弱性。这突出表现在:环境问题行政手段的实施主体——环境保护部门是政府机构中的弱势部门(尽管最近一段时间情况似乎正在发生一些变化),中国环境保护工作缺乏强有力的手段(特别是与破坏环境的强大力量与高效手段相比,更是如此),中国破坏环境的各种行为难以受到有效的责任追究(特别是对政府主导的环境破坏,很难追究其实际责任)等方面①。

四、法律手段及其局限性

法律是一种硬性强制性手段,解决现在环境问题,必须加强环境法体系建设。环境法是当代法律制度的重要组成部分,它的一个显著特点是用法律的形式规范人们在环境事务方面的权利和义务。传统法律虽然也涉及了保护环境和资源的内容,但并没有形成独立的环境法。世界各国对于环境的保护不但在一般法律中有所规定,而且形成了独立的环境法律体系。这个体系包括有关保护和改善环境与自然资源、防治环境污染和其他公害的各种法律规范文件。它们之间层次分明,界定准确,相互关联,相辅相成。

"制度对社会和个人的存在和发展都具有重要的积极作用,同时,它也有自身的局限性,对制度的把握应坚持辩证的观点。"②作为制度的重要表现形式,在环境问题治理中,法律手段亦具有局限性。从1972年斯德哥尔摩世界环境大会开始,国际性及地方性的环境法规不断出现,现今,这些法规几乎已遍及了人类生存活动的所有领域。但环境问题仍是一个令人不容乐观的问题,这充分说明法律手段在解决环境问题过程中的局限性。

第一,环境法律创制过程中的局限性。环境法律的创制是立法者为分配和协调社会中的各种利益而对人们的环境权利义务进

① 参见洪大用:《试论改进中国环境治理的新方向》,《湖南社会科学》2008年第3期。
② 徐斌:《制度的功能及局限性》,《共产党员》2013年第4期。

行设定的一种活动。由于立法者认识能力有限,不可能预见将来的所有事情,即使预见到将来的一些事情,立法者也可能由于表现手段有限而不能把它们完全纳入法律规范。这种不周延性使得本应受法律调整的人与自然关系,却没有能够完全被法律调整,也就使得有些环境问题不能进入法律。再者,环境法的制定还带有自上而下、自外而内的强制性特点,有时并不是源于社会内部的,也可能并不是自下而上的诱致性制度变迁。这就使得有些环境法律可能游离于社会经济体制之外而自说自话,特别是如果没有被真正纳入地方部门的经济、社会发展计划之中,当然也就起不到有效的作用。

第二,环境法律自身属性的局限性。法律具有稳定性,这也导致了法律的滞后性和僵化性,使得法律往往落后于现实。环境法律也不例外,因为环境法律所调整的人与自然中的各种利益关系却是不断发展的,现实社会中的各种环境新问题也是层出不穷的,因此即使不断完善和健全环境法律,也跟不上时时变化的社会实践,以致有些环境问题没有相应的法律规定。况且,法律只是由一些抽象、概括的术语所表达的行为规则,这就使得法律在形式结构上表现出僵化性。它只能规定一般的适用条件、行为模式和法律后果。法律是普遍的,然而法律所解决的却是特殊的、具体的案件,用概括的法律规范去处理解决各种具体的、千差万别的行为、事件、关系,本身就具有局限性,共性与个性、变化多端的事实关系与法律关系一直是司法操作中一个大难题。

第三,环境法律运行过程中的局限性。环境法律的运行过程就是法律功能的发挥过程,由于自身属性上的局限以及社会系统结构对法律功能的决定,在法律运行过程中,环境法律的行为规范功能往往受到限制,从而也表现出一定的局限性。一则法律法只是调整人与自然关系方法的一种,而不是唯一方法。虽然环境法的作用涉及人与自然关系和人们认识自然、改造自然活动的许多领域,但仍然有许多方面是不适宜用法律调整的,或者不是最经济、最有效的调整方法。二则法律作用的范围不是无限的。它只要求人们的行为符合法律规定,并不过问该行为的出发点,对那些形式上合法而内心却并没有接受它的人,法律并不予追究。因此,人与自然关系中的很多问题是环境法律所无法调整的,比如未列入法律但确实又对环境构成威胁的行为。三则法律以事实为依据。事实需要证据来固定,因此当找不到确切证据的时候,法律便无法认定。再有,环境法律的实现最终也得通过人来完成,还得以强制力作为保障实施的后盾。这种对权力和对人的依赖,不可避免地会使环境法律的实际运行效果与其预期目的之间产生巨大差距,甚至出现相互背离现象。因为这种以强力为后盾进行运行的法律即可以是为"性善者"所掌控而成为维护人与自然和谐的"善法",亦可以为"性恶者"所操纵而成为破坏环境的"恶法"。

第四,环境法律语言及成文规则的局限性。尽管环境法律是统一的行为尺度,但它存在许多不能作具体、确定规定的地方。环境法律语言的概括性,使得它有许多自由裁量的余地,给适用带来标准难以统一的问题。比如,《水污染防治法》中有"违反本法规定,建设项目的水污染防治设施未建成、未经验收或者验收不合格,主体工程即投入生产或者使用的,由县级以上人民政府环境保护主管部门责令停止生产或者使用,直至验收合格,处五万元以上五十万元以下的罚款"的内容。类似这样的规定,就需要进行自由裁量,不同的执法者对于同一种情况可能就有不同的处决结果。

五、国际合作手段及其局限性

自 20 世纪 80 年代以来,随着经济的发展,不仅发生了区域性的环境污染和大规模的生态破坏,而且出现了温室效应、臭氧层破坏、全球气候变化、酸雨、物种灭绝、土地沙漠化、森林锐减、越境污染、海洋污染、热带雨林减少、土壤侵蚀等大范围的和全球性的环境危机,严重威胁着人类的生存和发展。全球性环境问题单靠一国之力是难以解决的,它迫切需要国际间的协同治理与卓有成效的合作。《联合国气候变化框架公约》及其补充条款《京都议定书》、《关于消耗臭氧层物质的蒙特利尔议定书》、《关于在国际贸易中对某些危险化学品和农药采用事先知情同意程序的鹿特丹公约》、《关于持久性有机污染物的斯德哥尔摩公约》、《生物多样性公约》、《生物多样性公约〈卡塔赫纳生物安全议定书〉》和《联合国防治荒漠化公约》等五十多项涉及环境保护的国际条约,就是全球合作解决环境问题的成果。但是,在环境问题领域,国际合作也存在一些问题。

传统的国家主权观念的局限性制约了全球环境问题的解决。当代社会,日益加深的全球生态环境危机使人类社会面临着前所未有的巨大挑战,同时,其具有跨国性的特点,即不论其原因还是后果都是跨国性的,甚至是全球性的。由于政府行为受到传统国家主权和国家利益的限制,在国际合作中会产生很多分歧。

近年来,科学家提醒我们注意"核冬天"现象。该理论认为,核战争将严重影响植物,特别是农作物的生存,使战争的幸存者赖以生存的粮食生产遭到破坏。同时它还可能造成大规模的环境紊乱。所有拥有核武器的国家必须不遗余力地努力签署一项禁止所有核武器试验的有效协定。但是,世界各国禁止核试验情况并不乐观。因此,在传统的国际政治制度下,要实现多国协作往往难度较大。

一方面,大家都想获得本国利益最大化,而力图降低自己在国际生态环境保护中的责任和承担的成本。例如,在《联合国气候变化框架公约》签订过程中,全球气候变化的责任问题一直是发达国家与发展中国家谈判的焦点。在公约筹备谈判中,有些发达国家坚持要求写下各国"共同的责任",坚持了一年以上都不肯放弃;发展中国家则认为"有区别的责任"是对历史和现实的尊重。直到1992年"政府间谈判委员会"最后一次会议,双方才在公约正文的"原则"中确立了"共同但有区别责任"的提法。《京都议定书》亦是如此,美国曾于1998年签署了议定书,但2001年布什政府却以"减少温室气体排放将会影响美国经济发展"和"发展中国家也应该承担减排和限排温室气体的义务"为借口,宣布拒绝执行《京都议定书》,致使该协议遭到重大挫折。显而易见,作为全球温室气体头号排放大国美国的退出,纯粹是经济利益和政治意图的驱使。

同时,由于全球环境问题的影响是全球性的、长期性的,而各国政府又可以从损害环境的各种活动中短期受益(例如巴西加快开发亚马逊热带雨林可以使其获得巨大的经济利益,同时又可减轻国内压力,但这势必会加剧雨林消失的速度,从而影响全球环境)。所以,各国政府在国际场所处理环境问题时,往往会采用滥用资源政策推动经济短期内迅速增长,对生态环境保护采取漠视、推诿、规避责任的态度,并不积极配合全球生态环境保护行动,以期以明显经济成果赢得选民支持等。

另一方面,大国政治、强权政治的存在,使协作谈判一开始便出现对小国、弱国不利的局面,从而引起国家间的不公平,导致协议不易达成。同样是在《京都议定书》的谈判过程中,以美国为首的经济发达国家不顾"共同而有区别的责任"原则,在自身不承诺减排数额的条件下却极力要求中国、印度等发展中国家大幅减排温室气体,自然会遭到发展中国家的一致反对,致使该协议的签订出现了不应有的挫折①。

综上所述,技术手段、经济手段、行政手段、法律手段和国际合作在解决环境问题中,都存在一定的局限性。而道德作为一种软性力量,其作用往往更普遍、更深刻、更持久,更能发挥作用。就当代中国而言,我国有着先进的伦理导向、丰富的德治经验、深厚的道德根基。积极发挥伦理道德作用,不断探索伦理道德在解决环境问题中的作用路径,是创新环境治理、提高环境治理水平的必然要求。基于此,本书着眼于解决环境问题的理论与实践需要,深入探讨环境道德、环境道德教育等相关议题,以期为当前的环境治理提供一定的理论资源和对策建议。

---

① 王宏斌:《论全球环境问题与环境 NGO 的兴起》,《河北师范大学学报》2005年第 6 期。

第二章　环境道德教育的
提出及定位

对于如何解决全球环境问题,技术手段、经济手段、行政手段、法律手段和国际合作都可以作出贡献。但是,从现实情况来看,又各有其局限性,单纯依靠上述手段来解决环境问题,只能治标不能治本。这是因为,"如果缺少新的价值观念的塑造,欠缺新的生存理念的培植,缺乏新的伦理素质的养成,环境问题也许能在一时一地解决,却不可能最终普遍解决。"①要根治环境问题,就必须深化对人与自然关系的认识,树立新观念特别是环境道德观,并以此指导行动,养成环保行为习惯。但是,环境道德和环保习惯并非自然而来,需要内在的道德修养和外在的道德教育。在全球性环境问题和生态危机日益突出的今天,强化环境道德教育尤其显得重要。

第一节　环境道德教育的提出

联合国环境署 1997 年发表的《关于环境伦理的汉城宣言》指出:"我们必须认识到,现在全球环境危机,是由于我们的贪婪、过度利己主义以及认为科学技术可以解决一切的盲目自满造成的,

---

①　曾建平:《环境哲学的求索》,中央编译出版社 2004 年版,第 252 页。

换一句话说,是我们的价值体系导致了这场危机。如果我们再不对我们的价值观和信仰进行反思,其结果将是环境质量的进一步恶化,甚至最终导致全球生命支持系统的崩溃。"可以说,我们面临的种种环境危机,本质上还是生态意识的危机,或说是道德观、价值观的危机。因此,人类要想全面、彻底地破解环境难题,不仅需要发挥技术、经济、法律、政治、国际合作的作用,更需要重新审视人与自然之间的关系,重新审视人类原有的思维方式、发展模式、意识形态、道德观、价值观。把道德关怀扩展到人之外的自然存在物,用道德来调节人与自然的关系,从伦理的角度来反思环境问题并寻求出路。

一、道德解决环境问题的方式

解决环境问题必须有道德的参与。与其他方式相比,"道德作为个体的能动品质,即使没有外在的具体规范、制度约束,人们也能够自主地选择或做出正确的行为。在制度缺位或失范时,道德也可能引导个体自主地寻求和实现应有的道德价值。这就是说,德性能够超越既有的规范、制度的局限。"①从而使其成为解决环境问题的重要途径。具体而言,道德通过如下方式来解决环境问题。

（一）道德通过非制度性的方式来解决环境问题

"非制度性"就是"非正式制度性"。非正式制度概念源于新制度经济学,美国经济学家道格拉斯·C.诺斯认为:"正规制约与非正规制约的差距只是一个程度上的问题,对从禁忌、习俗和传统

① 李俊伟:《论道德和制度在社会治理中的合理分野》,《中共中央党校学报》2008 年第 5 期。

延续到成文宪法的展望则是问题的另一方面。从非成文的传统向
成文法的漫长而不平稳的运动绝不是单向性的。"①在诺斯的论述
中，"正规约束"是指正式制度，"非正规约束"就是非正式制度。
就本文而言，环境治理中的"制度"指的是政治规范、法律规范、行
政规范等环境治理领域的正式制度。因此，可以说"政治规范、法
律规范是制度化的规范，是经国家、政治团体或阶级以宪法、章程、
司法机构等形式表现出来的意志，是特殊的社会制度"②。环境治
理中的非正式制度"主要包括价值观念、社会习俗、文化传统、道
德伦理和意识形态等"③。其中，道德在环境治理非正式制度中占
有重要地位，"伦理道德是非正式制度中的一项重要内容。人们
的伦理道德规定着制度，制度是人们依据价值观念与伦理道德蓝
图建构的"④。环境治理的伦理规范不是被颁布、制订或规定出来
的，而是人们在长期的环境治理过程中逐渐积累形成的要求、秩序
和理念。

　　因此，道德在环境治理中发挥作用表现出明显的非制度性倾
向。这种非制度性倾向也给道德在环境治理中发挥作用带来了新
的特点：首先是渗透性治理。道德在环境治理中发挥作用具有广
泛的渗透性。它贯穿于人类环境治理的各个历史阶段，与人类社
会共存亡；它又遍及环境治理的各个领域，具有广泛使用性。其次
是移情性治理。道德情感对环境治理起着诱发定向、固化调节、裁

---

① ［美］道格拉斯·C·诺斯：《制度、制度变迁与经济绩效》，刘守英译，生
　　活·读书·新知三联书店 1994 年版，第 63 页。
② 罗国杰：《伦理学》，人民出版社 2014 年版，第 53 页。
③ 伍装：《非正式制度论》，上海财经大学出版社 2011 年版，第 3 页。
④ 王文贵：《互动与耦合——非正式制度与经济发展》，中国社会科学出版社
　　2007 年版，第 37 页。

判激励等重要作用,没有道德情感的认可,环境治理的道德规范与
原则就不会被人们所认同,更谈不上去自觉、自愿地践行。① 道德
在环境治理中发生作用的一个重要路径就是通过道德教育提高人
们对环境治理的道德认知,形成正确的环境治理道德情感。再次
是灵活性治理。环境治理的制度路径需要专门的实施机构、执行
人员、既定的治理程序等,这种制度性治理容易造成社会管理者只
按条文办事,缺乏灵活性。而道德可以不受上述条框的限制,具有
十分明显的灵活性特点。"道德规范的形成不需要经过特定、严
格的法定程序,实施制裁便捷也不需要专门机构,只需个人具有道
德意识,能够认识、评价自己和周围人的行为即可。"②

(二)道德通过非强制性性的方式来解决环境问题

必须指出,环境治理是以强制性为背景或实施基础的,具有明
显的权威性与不可抗拒性,这种权威性与不可抗拒性在法律法规、
行政规章等强制性治理方式中体现得最为明显。法律法规、行政
规章要求环境治理参与者必须严格遵守这些规章条例,如果违背
了这些规定,必然会受到制裁。与制度性环境治理方式相比,道德
有一个显著的特点,就是它是一种自发形成的非成文行为规则,是
一种约定俗成的规则,具有非强制性的特点。"任何可被用来维
护法律权利的强制执行制度是无力适用于纯粹道德要求的。"③道
德在环境治理中更强调"自我",是对环境治理参与者的内在约束

① 参见贺更行、曾钊新:《论道德移情》,《湖南师范大学社会科学学报》1997
年第 1 期。
② 吴勇:《生产负外部性的道德约束研究》,硕士学位论文,苏州科技学院,
2012 年,第 27 页。
③ [美]E.博登海默:《法理学:法律哲学与法律方法》,邓正来译,中国政法大
学出版社 2004 年版,第 392 页。

力,是一种"自我立法"。马克思更明确地指出:"道德的基础是人类精神的自律。"①可以说,道德是环境治理的一种"心灵法制",它通过社会舆论、社会风俗与内心信念来规范约束人类的行为,而不需要外力的强制执行。因此,从一定意义上说,道德方式相对于行政手段、法律手段,它是一种内在治理、柔性治理与自我治理。这种治理虽无形,但却更加广泛与深刻,也更加有力量。

(三)道德通过内化方式来解决环境问题

对环境治理主体有强制约束力的制度是外化的行为规范,无论人们是否真正认同、自愿遵守这些行为规范,都必须落实这些规范。与制度不同,道德在环境治理中是一种内化性的规范。它只有在被环境治理主体真心诚意地接受,并转化为他们的道德情感、道德意志和道德信念时,才能产生合德的环境行为,才能给予善的道德评价。那种迫于外界压力而循规蹈矩的人,可以是制度意义上的好公民,但不一定是道德意义上的好人。因此,道德作为一种内化性的规范,它与主体的道德情感、道德信念、道德意志等内在因素有着密切联系,一旦成为主体的内在自觉,就会变成巨大的精神力量,发挥着制度无法起到的重要作用。

道德的内化性治理主要是通过良心来实现的。良心形成特定的环境行为动机、意图和目的,并促使主体去遵守各种环境伦理规范。费尔巴哈曾经把良心区分为"行为之前的良心、伴随行为的良心和行为之后的良心",②良心在环境治理中的作用亦可从这三方面进行考察。其一是在环境行为实施前良心对其动机进行制约。人类的环境行为总是要从某种动机出发,这时良心便能根据

① 《马克思恩格斯全集》第1卷,人民出版社1995年版,第119页。
② [德]路德维希·安德列斯·费尔巴哈:《费尔巴哈哲学著作选集》上卷,荣振华等译,商务印书馆1984年版,第585页。

道德的要求,对其动机进行自我检查。其二是在环境行为进行中对其进行监督。对于符合环境道德要求的情感、意志、信念以及行动方式和手段,良心给予鼓励与强化,否则,便给予纠正。其三是在环境行为实施后对其后果进行道德评价。当环境行为符合道德要求并产生良好影响与结果后,它会使主体感到满意与欣慰。反之,就会引起他们的羞耻感。

(四)道德通过导向性方式来解决环境问题

环境治理不是纯粹的"事实"活动,而是主观见之于客观的目的性活动。在具体环境治理实践中,人的情感、思想、观念必然渗透其中。也就是说,环境治理必然包含某些"道德因子",这些"道德因子"在环境治理中具有重要作用。"道德是以推动人们的行为从现有到应有的转化为目标的,所以它本身就是对人们行为的一种价值导向"①。道德通过社会舆论、道德评价等方式,启迪主体的道德觉悟,使其认清自己同环境的价值关系,并以特有的感召力引导人们在环境行为中扬善抑恶、趋荣避辱。因此,道德不但为环境治理提供精神动力和道德规范,而且还为其定向定位。从某种意义上讲,道德对社会的治理是一种导向性治理。

道德对环境的导向性治理有着深刻的内在依据,那就是道德的应然性特质。环境道德应然性表明的是环境治理的理想状态,因而是对环境行为主体提出的理想道德要求。环境道德不仅是对现实环境治理实践的反映,更是对未来美好环境的憧憬。道德的导向性正是源于环境道德本身所蕴含着的理想成分。道德这种特性使其在发挥环境治理导向功能时,尽管是一种准则性的东西,也

---

① 唐凯麟:《伦理学》,高等教育出版社 2001 年版,第 57 页。

依然用"应当"或"不应当"的道德劝谕来感化、说服环境行为主体，唤起他们的道德良知，而不像法律法规、行政规章等制度性约束那样，采用"必须"或"不必须"的命令式语句。简言之，道德在环境治理中的作用，是靠主体对它的认同与敬仰，并在此基础上的自觉践行来实现的。它在环境治理中之所以能产生如此巨大的作用，与它自身的应然性特征密不可分。

二、环境道德的兴起及特征

随着人类赖以生存的自然环境遭到愈来愈严重的破坏和环境危机的日益加剧，人们愈来愈清楚地意识到，解决环境污染和生态失衡问题，还需要诉诸伦理道德。前苏联环境伦理学者佩德里茨金说过："道德地对待自然界的规范一旦变成人的内在需要，它就会在解决环境问题中起到重要作用。"[①]一定要在人生观和价值观上解决人与自然环境的关系问题，协调好人与人之间的关系后才有可能解决环境问题。当前人类所面临的环境问题及其解决，实质上就是一个环境道德问题。人类要想全面地、彻底地解决目前的环境问题，必须从人类自身出发，及时从伦理角度反思并寻求出路，重新认识自然所具有的内在价值，重新构建人与自然和谐共生的平等关系，形成尊重自然、爱护自然的环境道德规范和行为。

（一）环境道德的兴起

环境道德意识从古代原始先民时就开始产生了。但作为一种严格科学意义上的环境道德，是近年来在环境问题凸显的情况下才引起人们的重视并逐渐形成和完善起来的，这也是对传统道德

---

① 转引自鲁洁：《试述德育的自然性功能》，《教育研究与实验》1994 年第 2 期。

的一种突破。传统道德主要关注人与人之间行为及其关系的调节。像人类社会形态一样，人与人之间行为的道德关系也是一个历史过程，经历了由低级到高级、由简单到复杂的发展变化阶段。尽管传统道德的表现形式、规范、原则因时空范围不同有所差异，但其主要功能都是始终如一的，即保障、调节、规范、激励、沟通人与人之间关系的作用始终没有变。今天，传统道德的局限性日益明显，因为它只限于调节人与人的关系，而人类社会能否继续生存和发展，及每前进一步，都已和自然环境发生了越来越尖锐的矛盾，也可以说是越来越密切的关系。所以调节人类和生存环境的关系，使人与自然和谐相处的环境道德的提出已经非常迫切。因此，以往只局限于调节人际关系的道德视野必须拓宽，密切关注生态环境，环境道德应运而生。正是在这一点上，环境道德是对传统道德的突破。

环境道德作为一个热门话题是近几十年来的事情。以往，由于环境问题还不突出，道德更多地涉及的是人与人的关系，至于人与自然的关系，虽然有涉及，但不是主要内容。过去自然环境只是作为人类活动的空间条件或满足人类目的的手段而存在。长期以来，在人们观念中，人与自然环境的关系是改造与被改造的关系。人是改造的主体，自然环境是被改造的客体。主体的人根据人类生存和发展的需要，通过劳动作用于自然界，改变它的面貌，创造有利于人类生活的自然环境和人类需要的物质财富。同时，人类主体的力量通过改造自然环境的客体而体现出来。但是，当人类按自己的愿望，利用先进的科学技术无限制地开发自然，展示人类智慧力量产生辉煌成果的同时，也遭到自然的报复，产生了一系列环境问题，人类所处的生存环境日益恶化，自然界向人类亮起了一连串红灯。正如恩格斯所指出的："我们不要过分陶醉于我们人类对自然界的胜利。对于每一次这样的胜利,自然界都对我们进行报复。"①

环境道德提出了重新审视人与自然的关系,提出了如何对待环境的问题。反思过去的环境观念,那种把自然仅仅看作被改造对象的观点显然是片面的。那种观念错误地把人与自然的关系对立起来,忽视了人类无法改变的自然生态发展变化的"客观规律",因而也忽视了自然环境存在的道德价值。要转变人对自然环境的态度,就要树立"人是自然之友"的新观念,重建人与自然环境的关系。人作为自然界中唯一有理性的生物,理应反思并善待环境,保护环境,对自然负起道德责任。

正是基于这样的认识,从20世纪70年代起,国际上兴起了环境伦理学和环境道德热。20世纪80年代开始的可持续发展研究,进一步推动了环境道德理论研究和实践推广。可持续发展理论从跨时空视角,把发展理论建立在环境伦理基础上,提出了人类在发展中不仅要追求经济效率,而且要关注生态平衡和社会公平。具体说,在空间上,要实现人口、经济、社会、资源和环境等五大要素的协调发展;在时间上,既要考虑当代人发展的需要,又要考虑后代人发展的需要,不以牺牲后代人的利益来满足当代人的利益。可持续发展的理论深刻揭示了人与自然矛盾上所蕴涵的代际关系,从而确认了人与自然的伦理关系,肯定了环境道德对人类发展的重要意义②。

(二)环境道德的特征

所谓环境道德,是指"人们在环境保护、改造、发展和建设的

① 《马克思恩格斯选集》第3卷,人民出版社2012年版,第998页。
② 参见余玉花:《环境道德及其教育问题》,《社会科学》1999年第11期。

实践中,对自己所依存的生态环境的一种自觉反映形式和所持的态度,是人在思考与处理环境问题时必须遵循的道德行为准则"①。环境道德具有如下特征:

历史性。任何道德的存在方式都是历史的,一定的生产方式形成一定的道德,环境道德正是随着人类社会的发展而产生、发展的。人类与环境的关系是动态关系,在人类社会早期还没有环境道德,但人类出于生存的需要,逐渐摸索出一套保护自然的经验,形成某种习俗,直接或间接地保护了环境。当然,当时人口少,生产力低下,对自然的破坏力较小,不存在大量的环境问题。近代以来,人类对自然的开发力量大增,一定程度上破坏了地表植被,导致水土流失。特别是进入工业社会时期以后,人口膨胀和工业化步伐加快,环境问题凸显。掠夺性的开发、自然资源的滥用严重污染了环境,不仅侵犯了他人的利益和自由,更重要的是影响到了整个人类的生存和发展,环境问题日益受到关注并成为一个重要的道德问题。今天随着人类所赖以生存的生态系统遭到越来越严重的破坏,环境危机日益加深,人们愈加清楚地认识到,环境污染和生态失衡问题的解决不能仅仅依赖经济、法律手段,还必须诉诸道德,以道德手段来规范人与人、人与社会、国与国之间的利益冲突。

利益性。道德都建立在利益基础上,并调节利益关系。完全排斥利益的纯粹道德必然因为失去现实的依托而流于形式。尽管道德更多地依赖道德主体的自觉,但道德也不仅仅是用来审视自我、提升自我的内省力量。道德的关键在于通过规范人的行为进行利益分配,环境道德也不例外,它总是和经济利益相联系。环境

---

① 王云梅、陈伟华:《环境道德培育机制与路径研究》,《人民论坛·中旬刊》2010年第4期。

问题实际上是人与自然的矛盾掩盖下的人与人之间的利益冲突，根本的还是经济利益冲突，或者说是生存权和发展权之争。环境道德要求人们从自然环境获取最大利益的同时，一定要合乎某种规范，合乎自然规律。其实环境道德与经济利益是一致的，两者并不矛盾，强调任何一方并不是否定另一方。在社会可持续发展中经济利益与环境道德的方向是一致的，特别是应该看到解决现实环保问题、提倡和普及环境道德在很大程度上依赖于经济的发展。

复杂性。环境道德是一个十分复杂的综合性问题。它的复杂性不仅在于人们同时追求经济利益和道德伦理之间的矛盾性，还在于解决该矛盾时受到社会整体发展状况尤其是经济技术发展状况的制约，而且关键在于人与自然关系的多样性和复杂性。当代环境问题是人对自然的价值取向、立场态度和行为方式不正确所导致的，要解决这些问题，站在不同的立场上会有不同的解释。再加上各地区的环境状况不同，经济发展水平差异，所形成的环境道德肯定是不同的。

三、开展环境道德教育归因分析

联合国可持续发展《二十一世纪议程》指出，教育是促进可持续发展和提高人们解决环境与发展问题的能力的关键。教育对于改变人们的态度是不可或缺的，对于培养环境意识和道德意识、对于培养符合可持续发展和公众有效参与决策的价值观与态度、技术和行为也是必不可少的。环境道德理念的传播、个体环境道德素养的提高、社会环境道德整体水平的提升都离不开环境道德教育。环境道德教育不是一般意义上的"公德"教育，而是保护环境、实施可持续发展战略、迈向生态文明的道德观、价值观教育。人类社会的生态化发展趋势要求社会加强环境道德教育，将环境保护和可持续发展理念融入道德教育中去,使保护环境不仅成为一种社会道德规范,而且还要成为人们的一种生活习惯,确立一种人与自然和谐相处的生活方式,从而实现人类社会与自然环境的和谐相处和可持续发展。基于环境道德教育的重要地位,在社会各阶层、各群体开展环境道德教育便成为一个理论上可行、现实上必要的重大课题。

第一,个体环境道德素质养成的艰巨性。个体的环境道德观念、环境道德意识和环境道德行为不是自发产生的,它通过环境道德评价、激励等形成一定的社会舆论环境,并对人类的环境行为产生外在的制约。然后这种外在制约又通过道德行为主体头脑内部机制的自我调节过程,升华为自律性的环境道德行为,而最终体现为个体环境道德素养的提高和生态人格的形成。从而实现人们生存心态的净化和超越,使保护生态环境成为一种自觉的行为,一种生命需要和习惯,这是一个艰巨的、不断反复的教育过程。

第二,良好环境道德风尚形成的困难性。环境道德的教育功能比传统道德教育功能的实施具有更大的阻抗性,因为环境道德风尚的形成对人们环境行为的制约具有更为直接得多的物质利益关系。环境道德中的“应当”和“不应当”是直接制约人们经济行为的,因此在明知不应当的情况下,受人类追求物欲的诱惑和阻抗,破坏环境的行为仍要继续,环境道德的风尚也就较难形成。这就是为什么作为人类思想意识形态之一的环境道德意识在经过了数千年人类文明的进步之后,到20世纪后半期才逐渐形成为人类普遍共识的原因之一。但直到今天,环境道德风尚和激励作用事实上还没有在全人类中普遍形成一种道德力量。破坏环境的不道德行为,如果不直接和当事人有关,往往不会像传统的不道德行为那样遭到更多人的共同鄙弃和制止。现实生活中关于环境的宣传教育已经达到铺天盖地之势,而破坏环境的现象仍然俯拾即是就是一个证明。

第三,现代环境问题的危险性。人际关系道德约定俗成,已有几千年历史,虽然也有滑坡及不尽如人意的地方,但起码它不会马上达到导致社会环境系统崩溃的境地。但人类生存的环境系统,由于非环保行为所引起的破坏,当前已达到了直接影响人类继续生存发展的危险境地。问题的事实表明,人类如果还不行动起来,加强环境道德教育,充分发挥环境道德的约束作用,协调人类与生存环境的关系,那么,生存环境将继续恶化,人类的发展将难以为继。

第四,当前环境教育的局限性。环境教育是以人类与环境的关系为核心,以解决环境问题和实现可持续发展为目的,以提高人们的环境意识和有效参与能力、普及环境保护知识与技能、培养环境保护人才为任务,以教育为手段而展开的一种社会实践活动。环境教育的内容包括:环境科学知识、环境法律法规知识和环境道德知识等教育。受"环境问题主要源于人们的无知和不关心"的影响,我国环境教育的内容,仍太注重于理论认识方面,而情感方面如价值观、态度等仍然很少,甚至没有得到应有的注意。环境教育长期保持知识本位的倾向,这对于普及环境及其各要素之间的基本概念、基本知识和基本关系非常重要。但对科学知识传授的偏重,往往会忽略环境教育中的情感、态度与价值观因素等环境素质的培养。显然,偏离或遗弃环境价值观念和环境道德教育,环境教育必然行而不远。基于此,我们必须将环境道德从环境教育中单列出来,切实加强环境道德的教育与引导,培养人们的环保意识,并帮助其养成环保行为习惯。

第五,传统道德教育的片面性。尽管在东西方伦理思想发展史上,关于道德的诠释和界定,众说纷纭,莫衷一是,但是,对道德问题的讨论始终是在人与人的关系范围内展开的。这种状况导致了在人与自然的关系上存在着一个道德空白地带,从而使道德发展的历史成为自然被漠视、被冷落的历史。而且,传统的惯性不断强化着这样的道德观念:道德只存在于社会中,它只须处理人与人之间的关系。这是以往道德的最大缺陷。人们对道德范畴这种认识直接规定了道德教育的任务和目标:培养受教育者调节人类社会中个人与他人、个人与家庭、个人与集体、个人与国家、个人与社会等人际关系的能力是道德教育中占主导地位的任务,使受教育者能够协调处理个人与他人、个人与家庭、个人与集体、个人与国家、个人与社会等人际关系是道德教育的首要目标。环境道德教育则拓展了道德教育的视野,它不仅要使受教育者协调处理人与自然之间的关系,也要协调处理人与人之间的环境利益关系。

　　第六,环境道德教育的空场性。虽然古代教育中存在与生态保护有密切关系的思想及规范,而且在客观上对自然环境起到了重要的保护作用,但是真正意义上的环境道德教育在古代并未产生。即使是进入工业社会以后,真正意义上的环境道德教育还是缺位。长期以来,环境道德思想作为伦理学的一个分支,在大多数的情况下,还仅仅是作为一种形而上的理性思考在学术研究领域存在,并没有向普及性的大众教育领域延伸。即使是现在,环境道德教育也还处于起步阶段,相对于环境道德思想的百家争鸣,环境道德教育的发展明显滞后。从理论上来看,环境道德教育尚处于理论探索和研究的早期阶段,大多数环境道德教育理论单就环境道德教育的重要性、环境道德教育的理论框架进行了探讨,然而这些研究大多是纲领性、建议性和介绍性的,还没有形成独立而系统的理论体系。从实践上来看,环境道德教育没有得到足够的重视和广泛的开展,即使是在学术氛围相对来说比较浓厚的大学中,环境道德教育通常情况下也只是作为道德教育中的一个具有时代特色的内容而点缀性地存在,在道德教育的某个章节中被几笔带过。现有的环境道德教育理论不系统,教育内容较为狭隘,教育手段较为单一,教育效果更是有限。环境道德规范的灌输难以很好地培养人们的生态感知能力,难以激发人们的生态责任感和义务感,不利于环保观念的培养和习惯的形成。从总体上来看,在家庭、学校、社会的各个领域中,环境道德教育实质上还一直处于空场状态①。

因此,以环境道德理论为基础,构建丰富和完善的环境道德教育理论,从而有效地指导环境道德教育实践,通过环境道德教育将环境伦理从思想转化为环保行动,是历史和现实的共同要求。

第二节　环境道德教育特点及分类

与传统道德教育重在教育人们处理好各种人际关系及社会关系不同,环境道德教育重在教育人们处理好人与自然关系,摆正人在自然中的位置,树立环保观念,养成环保习惯,确立与自然和谐相处的生产方式和生活方式。这些观点的培养和行为习惯的养成既要靠学校正规教育,又要靠社会非正规教育。

一、环境道德教育的含义
传统中外思想史中虽然有一些关于环境保护的思想,道德教

---

① 参见戴尊红:《生态道德教育与理性生态人的培养》,硕士学位论文,山东师范大学,2003 年,第 27 页。

育中也有一些关于爱护环境、节约资源等方面的内容,但是并没有形成现代意义上的环境道德教育概念。环境道德教育是 20 世纪后半期伴随着环境问题日益加剧、环境伦理学日益兴起而逐渐形成并受到重视的问题,但是关于这一概念学界至今还没有一个确定的定义。

　　环境道德教育与环境教育密切相关,国内外许多重要的国际会议都强调过。早在 1977 年第比利斯政府间环境教育会议就已强调过,要"帮助社会群体和个人获得一系列有关环境的价值观和态度,培养主动参与环境改善和保护所需的动机"①。1992 年在里约热内卢联合国环境与发展大会上通过的《21 世纪议程》中也提出,要培养与可持续发展相一致的环境意识和道德意识。美国也曾在 1970 年颁布的《环境教育法》中提出,环境道德教育是这样一个过程:它要使学生环绕着人类周围的自然环境同人类的关系,认识人口、污染、资源的分配与枯竭、自然保护、冶金、运输、技术、城乡的开发结合等问题,对于人类环境有着怎样的关系和影响。但是,关于环境道德教育至今还没有一个统一的界定。在国外,环境道德教育并没有被作为一个独立的研究领域,而是包含在环境伦理学和环境教育的研究中,所以环境道德教育没有被单独的界定。

　　中国传统文化里自古就有"天人合一"的自然保护思想,但真正现代意义上的环境保护思想和环境教育则起步于 1972 年"联合国人类环境会议"以后。1973 年第一次全国环境保护工作会议拉开了中国环境教育事业的帷幕,环境道德正式进入起

---

① 《第比利斯政府间环境教育会议》,2005 年 11 月 18 日,见 http://xjs.mep.gov.cn/xjwx/200511/t20051118_71827.htm。

步阶段。会后,国务院批准的《关于保护和改善环境的若干决定》中明确提出"有关大专院校要设置环境保护的专业和课程,培养技术人才"这一环境保护教育的思想,这标志着中国环境教育事业的开端。之后,以清华大学、北京大学为首的部分高校先后设立环保专业,开始了环境保护宣传教育工作。1983年,我国召开第二次环保会议,将"环境保护"列为一项基本国策。同年,中国环境科学学会环境教育委员会第三次会议在河南郑州召开。会议建议有关部门要加强人才预测和计划、培训师资;努力发展环保专科学校;中小学应普及环境教育,加强中小学环境教育师资培训;要重视青少年的课外环境教育;通过多种形式加强成年人的环境教育;加强环境教育教材建设,逐步统一各类院校的环境教育教材。环境保护基本国策的确立以及此次会议的召开,标志着我国环境教育步入了成长阶段,也进一步推动了我国基础环境教育的发展。

1992年,里约热内卢召开了联合国环境与发展大会,我国政府派团参加,并积极响应大会号召实施可持续发展战略。中共中央、国务院还批准了《环境与发展十大对策》,指出应加强环境教育,不断提高全民族的环境意识。同年,在江苏苏州召开的全国首次环境教育工作会议标志着我国环境教育进入一个新时期,初步形成了我国环境教育的框架体系。1996年的全国第四次环境保护会议之后,开始强调环境教育在可持续发展战略中不可忽视的重要作用,重视环境教育与可持续发展教育的结合。2003年,教育部先后正式颁布《中小学生环境教育专题教育大纲》和中国第一份国家级环境教育指导文件——《中小学环境教育实施指南(试行)》,这对中小学环境教育的有效实施起到了极大的推动和促进作用。2004年,环境教育开始被正式纳入全国基础教育新课程。与此同时,中国政府和国家领导人针对我国经济社会发展的关键时期所面临的资源、环境、生态、人口等问题,首次正式提出了"科学发展观"概念;并系统地阐明了科学发展观的背景、目标和任务。科学发展观的确立和贯彻落实将全面推动和促进我国环境教育进入可持续发展教育阶段。

从我国环境教育的演变历程可以看出,中国现代环境教育在国际环境教育的影响下经历了从萌芽、发展到成熟完善的轨迹,并被政府、社会团体和民众广泛接受。环境教育的概念也从最初的了解关于生物和自然界的知识到后来的处理人与环境之间关系的教育,再到强调全球视角和可持续发展,其内涵也是在不断地更新。但是,有关环境道德教育的概念,学界还未形成普遍的共识,众多专家学者从不同角度进行不同的概括和解释,主要有以下几种表述方式。

"环境道德教育是指通过一定的社会机构,为推动人类社会的繁荣富强、文明进步、环境优美,为促进人与自然和谐,为实现社会的环境公正而有组织、有计划地对全体社会成员传播环境道德知识和培养环境道德素质的活动。"[1]

"环境道德教育是指教育者从人与自然相互依存、和睦相处的环境道德观点出发,引导受教育者为了人类的长远利益和更好地享受自然、享受生活,自觉养成爱护自然环境及生态系统的生态保护意识、思想觉悟和相应的道德文明行为习惯。"[2]"环境道德教育是对公民进行有关环境的德性、人格、良心养成的教育。"[3]

[1] 于飞、伍进:《论和谐社会视野下的环境道德教育》,《经济研究导刊》2008年第13期。
[2] 尤海舟:《生态旅游中的环境教育》,《四川林业科技》2010年第3期。
[3] 曾建平:《试论环境道德教育的重要地位》,《道德与文明》2003年第2期。

　　"环境道德教育是通过教育手段,提高全民环境道德意识、思想观念、感情和意志,自觉应用环境道德准则规范自己的环境道德行为,善待人类生存环境,能动地协调人与环境的关系,实现环境保护目的,使人类和环境同时获得可持续发展的教育,它是环境教育的最高层次,是实现其他环境教育的根本措施和保证。"①

　　"环境道德教育是指教育者从人与自然相互依存、和睦相处的环境伦理观出发,借助于各种教育手段,使受教育者树立正确的环境道德观,掌握丰富的环境保护知识和技能,形成良好的行为习惯,并积极参与促进人与自然和谐相处与发展的各类行动。"②

　　"所谓环境道德教育是运用生态学的原理和方法教育人们正确认识人和自然的关系,上升到伦理的角度来改变自己的价值观念,改变不适当的生活方式,走可持续的良性发展道路,以最终实现人与自然的和谐统一。"③

　　通过对环境道德教育概念的梳理,我们可以得出结论:学者对环境道德教育含义的理解各有侧重点。有的从目标的角度进行表述。这种表述方式,侧重于环境道德教育目标的达成,但在具体的目标定位上也存在一些细微的差异;或者是定位于社会目标,或者是定位于个体目标。有的从内容构成的角度进行表述,还有研究者尝试从生态学的角度进行表述。我们在综合上述相关概念的基础上,把"环境道德教育"界定为:所谓环境道德教育,是指在人与自然环境关系日益紧张的现代,教育主体从人与自然的伦理关系出发,根据一定的环境道德原则与规范,系统发挥其应有的教育职

①　石慧:《生态德育观与德育生态观之辨》,《当代教育论坛》2007 年第 6 期。
②　管宁、彭雨:《大学生环境伦理教育存在的问题分析与对策探讨》,《中国科技信息》2005 年第 19 期。
③　何小英:《天人合一:思想与当代生态伦理教育》,《船山学刊》2004 年第 3 期。

能,借助各种教育手段,有计划、有组织地对教育客体施加影响的一种教育行为。其目的是提高教育客体的环境道德认知、陶冶他们的环境道德情感、锻炼环境道德意志、确立环境道德信念、最终形成环境道德行为和习惯,从而能动地协调人与环境的关系,实现人与自然和谐共生和可持续发展。环境道德教育是环境道德由理念转化为现实形态的桥梁,是道德教育在环境领域的具体实践,是环境教育的最高层次,其核心是环境价值观教育。

二、环境道德教育的特点

环境道德教育环节具有兼进性。作为科学研究,把环境道德教育各个环节分别抽取出来,置于特定条件下加以考察,揭示各个环节的连贯性,是完全必要的。但是,在实际环境道德教育过程中。则往往需要使各个环节兼行并进。如果单纯地从某一环节施加教育,或者不问具体情况,机械地按照认识、情感、意志、信念和行为习惯的顺序来施行教育,是难以收到应有的效果的,甚至是根本不能奏效的。

环境道德教育的起点具有多端性。提高道德认识是整个道德教育过程的前提和起点。但并不意味着任何时候任何情况下的环境道德教育,都必须从阐述环境道德的基本概念、原则和规范等开始。就整个社会来看,由于人与自然关系的复杂性和变化性,各个时期各个领域的环境状况是纷繁复杂的。就不同社会成员来看,由于一个人所处的社会环境、所受的社会影响及生活经验不同,个人原有的环境道德品质构成也不尽相同。因此,在不同时期对不同类型的人进行环境道德教育,应该是在调查研究基础上,根据具体情况,选择最急切需要解决又最能奏效的方面,作为当时环境道德教育的开端。

环境道德教育的进程具有重复性。环境道德教育由于不仅仅是传授知识,而且就形成人们完善的环境道德品质来说,重要的是培养人们良好的环境道德信念和相应的环保行为习惯。因此,比起其他单纯的知识教育、健身教育以至审美教育来,环境道德教育更艰巨、更困难、更复杂。没有连贯的、反复的教育,是不会收到良好效果的,或是不能巩固良好效果。

环境道德教育功能的发挥具有实践性。当代中国环境道德教育要发挥其功能,更需要注重实践。这里所说的实践性,包括两重涵义,一是指环境道德教育必须适应当时环境实践的客观情况和要求;二是指环境道德教育必须注重引导人们去进行环保活动,真正参与到环境保护的生产实践和生活实践中来。

环境道德教育的效果具有渐进性。人的环境道德品质是可以通过道德教育来培养和改变的,但决不能认为,一经教育就能立即显现出重大的变化。环境道德教育的效果,只能是受教育者日积月累其环保道德观念和行为、循序渐进的结果。只有如此,人们才能最后形成能够促进人与自然和谐的环境道德品质。

环境道德教育的发展具有动态性。环境道德教育是一个不断协调、不断优化的动态过程。其影响因素是复杂的,背后有经济、政治、文化、道德等诸多社会因素,此外,还受心理、性格、兴趣爱好等个体因素的影响。由于影响因素不同,从而使环境道德教育具有动态性,它不是一种僵化的、一成不变的和谐状态,而是随社会的发展而发展。受政治制度、经济发展水平、文化历史传统等多方面因素的制约,在不同社会、不同时期,环境道德教育具有不同的内容。

三、环境道德教育的分类

环境道德教育的实践是多方面的,环境道德教育的分类也是复杂的。就教育对象的身份来看,可分为公务员环境道德教育、工人环境道德教育、企业环境道德教育、农民环境道德教育、学生道德教育等,并且可以继续细分。比如学生道德教育又可以分为幼儿、小学生、中学生、大学生几个阶段的环境道德教育。就教育过程而言,可以分为环境道德认知教育、环境道德情感教育、环境道德意志教育、环境道德信念教育、环境道德行为和习惯教育。就教育的自觉性而言,可以分为自发环境道德教育、自觉环境道德教育和自主环境道德教育。就与社会要求的符合程度而言,可以分为过时环境道德教育、应时环境道德教育和趋时环境道德教育,凡此等等。只有从不同角度、侧面采用不同的方式进行分类,才能有一个全面认识,从而指导人们去考察各种类型环境道德教育的特点与发展规律,考察各种环境道德教育的具体原则与方法,指导人们正确开展环境道德教育,提高个体的环境道德素养和社会的环境道德水平。

不过,环境道德教育主要是依靠学校正规教育与社会非正规教育两种途径来完成,因此这里主要论述正规教育和非正规教育。这两种教育各有所长,也各有其功效,在具体实施的过程中,要将这两种形式结合起来,进行全社会、全方位的环境道德教育。

（一）正规环境道德教育

所谓正规环境道德教育,就是在各阶段的正规学校开设环境道德教育课或者将环境道德教育内容融入相关的相关课程之中。这种教育形式具有制度化、系统化、计划性、阶段性等特点,各阶段都有各自的教学要求和内容。完整的正规教育形态包括小学教育、初中教育、中等教育和高等教育及继续教育。

对于中小学生,在课堂教学中可根据现有的课程进行融入教育,即将环境道德教育融入相关课程的教学中。由任课教师将环境道德要求、环保知识、环保活动渗透到品德、语文、自然、化学、生物、地理、社会体验等科目的教学活动之中，引导学生了解人类与自然环境的关系，认识自然环境的重要价值以及保护环境的重要性。同时，丰富第二课堂，采用互动式教学，以学生为主体，教师起着促进作用，组织学生参与讨论、辩论、角色扮演、体验环境等活动向学生灌输有关环境保护知识，提高学生环保意识，培养学生的环境道德行为。近些年来，国内很重视体验式教学，可根据中小学生活泼好动、好奇心强、易于接受新鲜事物等特点，组织学生到野外郊游、采集动植物标本、进行环境污染调查等课外活动和社会实践。可组织高年级的同学建立环保志愿小组，以松散的或相对稳定的形式，在课余时间开展以环保为主题的社会实践活动，通过实地体验、调查、采访、分析和研究，不仅增强自身的环保观念，而且还可以提出各种形式的意见和建议，呼吁政府和公众保护环境。

到了高等教育阶段，要进行符合环保的价值观、发展观、生产观、消费观、生活观等教育，使学生深刻理解环境道德对于保护环境的重要性，树立良好的环境道德观念，自觉参与环境保护和建设。根据环境道德教育的目的和任务，我们将大学环境道德教育分为以下两个层次。

一是面向全体大学生的环境道德教育。要在《思想道德修养与法律基础》等思想政治理论课中强化环境道德和法律教育；在选修课中开设环境伦理、生态知识、环境保护等方面的课程；同时还要在其他相关课程如哲学、经济学、管理学、生态学、环境科学等科目教学中渗透环境道德教育。还要在实践环节中组织各种有关环保方面的报告会、研讨会、调研考察体验等活动。其目的就是要在加强环境知识的基础上，重点培养大学生的环保价值观念和道德观念。考虑到这个阶段的学生已经具备了较强的认知能力和实践能力,可多引导他们积极参与社会实践活动,增强他们对自然的亲切感以及获得环保实践的切身体验。当前,我国大学生大体分为两类:一类是医、农、理工科大学生,即俗称的理科生;另一类是人文、社科类的大学生,即俗称的文科生。对于第一类学生,大多数高校从20世纪80年代末开始关注他们环境意识的培养。许多院还开设了传播环境知识和理论的选修课。例如,为化学系的学生开设诸如环境化学、污染化学等课程;为生物系的学生开设诸如污染与生物、环境卫生等课程。或者将环境道德教育融入基础课程中,例如,在分析化学课中教师会解释如何防止离子危害人体和环境,在自然地理课中教师会介绍自然资源问题及资源保护问题。而第二类大学生也就是对人文、社科类学生的环境道德教育还偏弱,特别是专门的课程和有针对性的教育更有待强化。

二是环境、资源以及伦理学等专业的本科生、硕士生、博士生的培养。目前,环境保护和可持续发展理论已经向高等学校全面渗透,从20世纪90年代中后期开始影响到高等学校关于培养方向、专业设置、课程安排的全面调整。各种类型的与环境、资源、生态、可持续发展有关的专业、院所相继成立,特别是不少学校成立了环境科学、环境伦理学研究所、室(中心),这些调整成为高校改革的重要组成部分。这些专业的学生未来所从事的职业与生态环境有着密切的关系,而在大学中通过正规教育接受到的观念将直接影响他们今后的工作与生活。因此在这个阶段在必须强化环境道德教育,培养他们保护环境的价值观,尤其应加强他们的职业规范教育,使他们在以后的工作中不仅能自觉做出正确抉择,还能积极倡导环保理念,影响更多的人。

在上述正规教育中,教育的方式方法、内容难易不一样,但目标只有一个,即维护人与自然的和谐,保护地球家园。在这个共同目标下,各层次各环节的学校环境道德教育之间要保持协调、连贯,不能前后不一、矛盾对立。否则,环境道德教育的作用就会被削弱,甚至互相抵消。因此,环境道德教育要有系统、有计划、有目的、有层次地渐次推进,不能使教育链条脱节中断。这是一个有组织、有秩序、连贯统一、协调一致的教育工程。

（二）非正规环境道德教育

所谓非正规环境道德教育是指对学校教育系统之外的人实行的环境道德教育。非正规教育涉及社会各群体,教育方法多样,具有较强的灵活性和广泛性,主要包括媒体教育、社区教育以及职业教育等。

一是媒体教育,主要是通过媒体介入进行环境道德教育。各种媒体在环境道德教育的发展过程中发挥着舆论导向的作用,是公众接受环境知识、环保价值观的主要渠道,也是社会实施环境道德教育的重要载体。媒体形式多种多样,包括广播、电视、互联网、报纸、书刊、杂志等。近些年来,随着经济社会、文化教育的发展,媒体介入的方式已经越来越普遍,并广泛为公众所接受。媒体教育不受空间限制,影响范围也非常广泛,尤其适合进行面向公众的社会教育。环境道德教育中要充分发挥媒体的宣传、教育作用,通过各种媒体形式向公众普及环境知识,探讨环境问题及解决方法,培养公众环境道德意识,使公众在潜移默化中受到教育。尤其是随着信息技术的迅速发展,网络教育日益受到人们的青睐。网络教育具有以下特点:信息资源丰富,个别化学习可得到充分体现,可进行双方或者多方交流等。网络可使更多的人接受到有关环境保护方面的信息和知识、技能;也可以进行远程的环境道德教育;人们还能在网络论坛上进行有关环境问题的探讨和交流,促进问题的解决。

二是社区教育,主要是针对城市和农村社区居民进行的环境道德教育。社区是一个特殊的生活圈,它并不仅仅是人们休养生息的地方,也是人们终身接受教育、终生学习的地方。通过社区环境道德教育可以向社区居民普及环境知识,提高环境意识,宣传社区环境问题及提供解决途径,使他们能自觉规范环境行为,采取与环境友好的方式进行生产、生活、娱乐等活动;还可增强居民环境权益意识,使他们能积极参与到社区的环境决策、管理与保护中来,为社区发展贡献力量。社区环境道德教育的内容主要包括:介绍社区的环境状况,使人们了解当地的环境;介绍社区主要的环境问题及其原因和所带来的危害,使人们了解到这些环境问题与社区居民的关系,唤起人们对环境问题的重视;让社区居民学习环境规范和有效的应对措施,使社区居民能通过约束自身环境行为,减少或者杜绝环境问题的发生,同时对可能发生的环境问题能采取一定的措施加以防范;向社区居民介绍环保技术和方法,使居民改变有害于环境的生产、生活方式,采用绿色生产、绿色消费的新型方式,在维护好环境的同时也能提高当地居民的生活水平,促进社区的全面发展。

社区环境道德教育可以通过多种形式进行,如社区培训、文艺表演、知识竞赛、征文比赛、宣传手册发放等。社区培训主要是邀请有关专家或者志愿者对社区居民进行培训。主要包括普及环境知识,提供处理环境问题的方法。另外,还可以对当地居民进行技术培训,提供致富之路,使他们放弃不经济且危害环境的谋生途径。文艺表演主要是利用表演等各种娱乐方式向人们进行环境保护的宣传、教育,这种形式寓教于乐,可以使各个年龄层次的人发生兴趣,并易于为广大群众所接受。在社区环境道德教育中还可以组织有关环境保护的知识竞赛和征文比赛，如在社区中组织街头咨询、图片展览、发放环境道德和环保保护的宣传手册等。这种形式参与性较强，影响范围较广，容易收到效果。

三是企业教育，主要是企业针对职工所进行的环境道德教育。上述教育对象与普通公众不同，他们的职业行为将直接影响企业对环境的影响，不当的企业行为可以给环境带来巨大的危害。当前的环境破坏固然有天然的不可抗拒的因素，也有人们生活的污染，但更主要的却是因为企业的破坏。因此加强企业环境道德教育、转变企业生产方式和经营方式、让企业承担环保责任对于环境保护尤其重要。对于企业管理层，由于他们处于决策和管理地位，在教育中要注重培养他们的环保意识，强化其环保责任，提高绿色理论水平，促使其引导企业在追求经济效益的同时兼顾生态效益。对于企业职工，要加强职业规范教育，使他们在生产经营中能自觉履行环境保护的各项法规，安全生产、环保生产；同时还应该培养其自觉反对企业破坏环境行为的意识，这一点更加重要。企业环境道德教育可采用经验介绍、规章制度、员工培训等多种方式。如请环保专家、法律专家来企业进行讲座，请典型企业家进行经验介绍，请企业员工讲述进行现场感受，请企业附近居民讲述所受环境危害等。

第三节　环境道德教育的指导思想与原则

指导思想是方向，是指引，任何教育活动的开展都必须有正确的指导思想，反之则会误入歧途，环境道德教育亦不例外。就当代中国而言，马克思主义环境道德观是我们开展环境道德教育的指导思想。在这一思想指导下,开展环境道德教育还需坚持如下基本原则的有机结合,即科学性与人本性原则相结合,主体主导与客体参与原则相结合,整体性与层次性原则相结合,普适性与具体性原则相结合,地域性与国际性原则相结合,继承性与创新性原则相结合。

一、环境道德教育的指导思想

当前,我们说环境道德教育有科学的理论做指导,其内容就是马克思主义环境道德思想的正确指导,其基础就是马克思恩格斯的环境伦理思想,其核心就是用中国化的马克思主义环境道德思想做指导。

（一）马克思恩格斯环境伦理思想

马克思、恩格斯一系列著作中,包含着丰富而深刻的环境伦理思想。他们在唯物主义基础上提出的关于环境伦理的基本理念、基本原则及基本规范,在当代仍然具有重要理论价值和实践意义,是我们开展环境道德教育的理论基础。

第一,马克思、恩格斯关于人与自然和谐共生的思想是开展环境道德教育的基本理念。在他们看来,在人与自然的关系上,人类是自然界的产物,人与自然是一种相互依存的关系,自然界"是人的无机的身体。人靠自然界生活"[1]。人类的生存和进步离不开自然界,人类具有自然性,同时又对自然具有天然的依赖性。"没有自然界,没有感性的外部世界,工人什么也不能创造"[2]。马克思和恩格斯提出的环境伦理理念,体现了在人与自然关系上所持

---

[1]　《马克思恩格斯选集》第 1 卷,人民出版社 2012 年版,第 55 页。

[2]　《马克思恩格斯全集》第 42 卷,人民出版社 1979 年版,第 92 页。

的基本价值立场和善恶判断。他们主张在人与自然的交互作用中,应确认并实现人的价值及福利,同时确认和实现自然万物本身价值,要求保护自然万物。由此,他们明确提出了人的价值包含人本身的价值和人对自然界的效用价值,充分肯定自然界的价值和尊严,明确提出了自然界具有本身的价值的重要命题,自然生命物具有生存权利的重要观点。

第二,马克思、恩格斯关于"人的实现了的自然主义"与"自然界的实现了的人道主义"相统一的论述成为开展环境道德教育的伦理原则。他们认为,"社会是人同自然界的完成了的本质的统一,是自然界的真正的复活,是人的实现了的自然主义和自然界的实现了的人道主义。"①在他们看来,理想社会是万物一体、物我同类的社会,人与自然内在地融为一体,人与自然和合共生,人实现全面发展,自然界复活再生;人的自然主义以自然界的复活和新生为价值取向,它显现的是人对自然的尊重、关爱、善待、护育的伦理道德品性。马克思、恩格斯将自然界的为人的品格,称为自然界的人道主义。自然界的人道主义的实现,以人的自然主义的实现为前提和基础;自然主义的贯彻,以生态劳动实践为基础。由此,他们详尽地阐述了生态型劳动实践理论,生态型劳动实践既是人利用自然的基本方式,也是自然系统实现稳定、平稳及进化的机制。

第三,马克思、恩格斯阐明了环境道德规范。一是善待自然。马克思、恩格斯批判了蔑视和贬低自然界的观念和行为,否定了荒谬的、虚置的人对自然具有所有权的观念,提出要恢复人与自然之间的温情脉脉关系。二是依从物道。马克思和恩格斯提出人对自

---

① 《马克思恩格斯文集》第 1 卷,人民出版社 2009 年版,第 187 页。

然的利用,既应贯彻人的内在尺度,又应贯彻物的外在尺度,"离了人,自然界就失去了价值,反过来,离开自然界,人也无法生存"①。三是保护资源。马克思、恩格斯提出,自然界是人的无机身体,人应该像关爱自己的有机身体那样,仁爱善待自己的无机身体。他们主张应将土地改良后传给后代,人对自然的利用中,保护自然界处在优先位置。四是循环生产。首先要节约资源,"要做到一点也不损失,一点也不浪费,要做到生产资料只按生产本身的要求的方式来消耗"②。其次要利用和减少废料。马克思在《资本论》中指出:"原料的日益昂贵,自然成为废物利用的刺激。"③"所谓的废料,几乎在每一种产业中都起着重要的作用。"④他认为减少废料是发展循环经济的内在途经,"应该把这种通过生产排泄物的再利用而造成的节约和由于废料的减少而造成的节约区别开来,后一种节约是把生产排泄物减少到最低限度和把一切进入生产中去的原料和辅助材料的直接利用提到最高限度"⑤。五是节制消费。马克思、恩格斯批判了近代工业社会中的浪费现象,否决了拥有、所有式的生产观念和消费观念。他们提出自然万物不仅是人们利用的对象,而且是与人共生一体的存在,人应该合理地消费⑥。

（二）中国特色社会主义生态文明观

在当代中国,用马克思主义指导环境道德教育,其核心就是

---

① 《马克思恩格斯选集》第 1 卷,人民出版社 1995 年版,第 57 页。
② 《马克思恩格斯文集》第 7 卷,人民出版社 2009 年版,第 98 页。
③ 《马克思恩格斯文集》第 7 卷,人民出版社 2009 年版,第 115 页。
④ 《马克思恩格斯文集》第 7 卷,人民出版社 2009 年版,第 116 页。
⑤ 《马克思恩格斯文集》第 7 卷,人民出版社 2009 年版,第 117 页。
⑥ 参见宋周尧:《马克思的环境伦理思想及其现实价值》《山东理工大学学报》（社会科学版)2010 年第 4 期

用马克思主义环境道德思想最新理论成果做指导，即把习近平同志关于美丽中国和生态文明建设的思想作为开展环境道德教育基本遵循。中国共产党人一直将生态文明作为进行社会主义建设的重要内容，无论是毛泽东、邓小平，还是江泽民、胡锦涛，都对生态文明、环境道德有着丰富并十分深刻的论述，这与习近平同志关于美丽中国和生态文明建设思想是一脉相承的。

　　在长期的革命和建设实践中，毛泽东逐渐形成了自己的环境道德思想。一方面他要求保护和改善环境，实现自然界持续发展，并提出了一系列关于保护环境的思想。这些思想为建国初期我国生态建设的工作提供了理论指导，也成为当时环境道德教育的指导思想。他强调植树造林，要求"一切能够植树造林的地方都要努力植树造林，逐步绿化我们的国家，美化我国人民劳动、工作、学习和生活的环境"①。还重视兴修水利，改善环境，强调要全面进行水利规划。要求发展可再生资源，美化生活环境。还倡导勤俭节约，认为"节约是一切工作机关都要注意的，经济和财政工作机关尤其要注意"②。要求"一切从事国家工作、党务工作和人民团体工作的党员，利用职权实行贪污和实行浪费，都是严重的犯罪行为"③。强调，"要严格地节约，反浪费。现在城市里头大反浪费，乡村里头也反浪费。要提倡勤俭持家，勤俭办社，勤俭建国。我们的国家一要勤，二要俭，不要懒，不要豪华。懒则衰，就不好"④。

　　改革开放以来，邓小平以保护生态环境为目的提出了一系列

① 《建国以来毛泽东文稿》，中央文献出版社 1997 年版，第 234 页。
② 《毛泽东选集》第三卷，人民出版社 1991 年版，第 896 页。
③ 《毛泽东文集》第六卷，人民出版社 1999 年版，第 208 页。
④ 《厉行节约　反对浪费—重要论述摘编》，人民出版社 2013 年版，第 17—18 页。

更加系统的环境道德思想。一是提出"植树造林,绿化祖国,造福后代"的思想。邓小平倡导人们要坚持植树造林,并在第五届全国人民代表大会第四次会议上通过了《关于开展全民义务植树运动的决议》,这一举措有力促进了我国生态文明建设。二是提出人口与环境协调发展的思想。他多次提到,我国目前状况是"人口多,耕地少","我们算是一个大国,这个大国又是小国。大是地多人多,地多还不如说是山多,可耕地面积并不多"。① 因此,针对我国的具体国情,邓小平提出一方面要加大环境保护力度,保持生态系统的良性循环;另一方面要出台相应的政策制度,保持与经济发展相适应的人口规模。三是提出生态环境建设的法制化、制度化思想。一方面,要制定并实施关于环境保护的各项法律,使生态环境建设有法律保障;另一方面,要完善生态环境保护相关的规章制度,建立专门部门严格监察相关企业行为。

江泽民同志十分重视环境问题,他在结合不断变化的历史条件基础上,深刻地揭示了经济发展和生态环境之间的和谐统一关系,强调走可持续发展道路的重要作用,并且提出多方面的措施努力推进我国生态环境建设,使人民拥有美好的生存环境。具体来说,江泽民关于环境道德的基本观点主要有以下几点:一是提出促进人与自然的协调与和谐的思想。江泽民继承了邓小平关于通过计划生育以减轻环境压力的理念,他指出:"我们必须把控制人口、节约资源、保护环境放在重要位置,使子孙后代的可持续发展有一个良好的环境。"② 二是提出保护环境就是保护生产力的思想。江泽民强调,若是在社会经济发展过程中不注重对资源和环

---

① 钱易:《环境保护与可持续发展》,《教育与经济》2000 年第 5 期。
② 闻韵:《江泽民同志理论论述大事纪要》(上),中共中央党校出版社 1998 年版,第 208 页。

境的保护,等到自然资源浪费殆尽生态环境严重破坏以后重新努力治理生态环境,那就必然要付出几倍甚至几十倍的投入,治理的效果也不一定就好。因此,在经济快速发展社会不断进步的过程中,绝对不能以破坏、浪费资源为代价。三是提出实施可持续发展战略的思想。江泽民指出,实施可持续发展战略既是我国的必然选择,也是全人类的共同战略期许。只有全球各个国家都坚持可持续发展,才能真正实现全人类的永续发展。在党的十四届五中全会上,江泽民强调:"在现代化建设中,必须把实现可持续发展作为一个重大战略。"①

　　进入 21 世纪,我国经济持续稳定增长,代之而来的却是日益严重的生态环境问题。怎样在继续保持经济发展良好势头的前提下,解决日趋严重的环境问题成为关系国计民生的重大议题。鉴于此,胡锦涛同志多次强调要大力建设生态文明。具体来说,胡锦涛的环境道德思想主要有以下几点:一是在党的"十七大"报告中首次提出了"建设生态文明"的重要理论。这是一项重大的战略决策,对于我国全面建设小康社会具有重要的意义。二是提出建设资源节约型、环境友好型社会的重要思想。建设资源节约型、环境友好型社会既是政府的责任,也是全民的义务。三是提出了各个领域具体的环境道德要求。在生产方式方面,要改变高投入、高耗能、高排放、低效率的粗放型生产方式,努力实现节约发展、清洁发展、安全发展和可持续发展。在政府管理方面,要严格资源管理,加大环境保护力度,采取严格有力的措施,切实解决影响经济社会发展特别是严重危害人民健康的突出问题。在生活方式方面,要改变传统的消费习惯,提倡绿色消费;倡导绿色出行,减少碳

---

① 《江泽民文选》第一卷,人民出版社 2006 年版,第 463 页。

排放量;提倡节俭的生活方式,节约粮食,节约资源;积极参加环保活动,美化自然环境。

党的十八大以后,习近平同志立足当前社会实际,针对促进我国生态文明建设发展系统提出了更加丰富、更加明确的整体布局和战略要求,就生态文明建设过程中出现的重大理论问题和实践方向进行了系统、深刻的解答。这不仅为生态文明建设指明了前进方向,提出了基本方针,也指引着当前的环境道德教育朝着正确的方向前进。

习近平同志深刻阐述了生态文明建设的重大意义。他指出,建设生态文明,关系人民福祉,关乎民族未来。这一重要论断,深刻阐释了推进生态文明建设的重大意义,表明了我们党加强生态文明建设的坚定意志和坚强决心。其一,生态文明建设是经济持续健康发展的关键保障。2013年5月24日,习近平同志在中央政治局第六次集体学习时指出,"牢固树立保护生态环境就是保护生产力、改善生态环境就是发展生产力的理念"。这一重要论述,深刻阐明了生态环境与生产力之间的关系,揭示了正确处理好经济发展同生态环境保护关系的极端重要性,这也是对马克思主义生产力理论的重大发展。其二,生态文明建设是民意所在民心所向。习近平同志2013年4月在海南考察时指出,"良好生态环境是最公平的公共产品,是最普惠的民生福祉"。头顶着蓝天白云,在清洁的河道里畅快游泳,田地里盛产安全的瓜果蔬菜……这些是人民群众对生态文明最朴素的理解和对环境保护最起码的诉求。其三,生态文明建设是党提高执政能力的重要体现。2013年9月23日至25日,习近平在参加河北省委常委班子专题民主生活会时指出,"高耗能、高污染、高排放问题如此严重,导致河北生态环境恶化趋势没有扭转。这些年,北京雾霾严重,可以说是高天滚滚粉尘急,严重影响人民群众身体健康,严重影响党和政府形象。"因此,面对可持续发展的时代潮流,面对绿色、循环、低碳发展的新趋向,面对人民群众对环境保护的期待和诉求,必须把生态文明建设作为增强党的执政能力、巩固党的执政基础的一项战略任务,持之以恒加以推进,不断抓出成效。

习近平同志结合中国经济社会发展新的实践需要,对推进生态文明建设提出了更加丰富、更加系统、更加明确的指导思想和总体要求。一是对生态文明建设进行总体部署。他在致生态文明贵阳国际论坛 2013 年年会的贺信中指出:"走向生态文明新时代,建设美丽中国,是实现中华民族伟大复兴的中国梦的重要内容。"他一再强调,推进生态文明建设,必须树立尊重自然、顺应自然、保护自然的生态文明理念,坚持节约资源和保护环境的基本国策,坚持节约优先、保护优先、自然恢复为主的方针,着力树立生态观念、完善生态制度、维护生态安全、优化生态环境,形成节约资源和保护环境的空间格局、产业结构、生产方式、生活方式。这是指导生态文明建设的总方向、总要求、总措施。二是要牢固树立生态红线观念。习近平在中央政治局第六次集体学习时指出:"要牢固树立生态红线的观念。在生态环境保护问题上,就是要不能越雷池一步,否则就应该受到惩罚。"三是要探索环境保护新路。还是第六次集体学习时,习近平同志又特别强调:"要完善经济社会发展考核评价体系,把资源消耗、环境损害、生态效益等体现生态文明建设状况的指标纳入经济社会发展评价体系,使之成为推进生态文明建设的重要导向和约束。一定要彻底转变观念,再不以 GDP 增长率论英雄。如果生态环境指标很差,一个地方一个部门的表面成绩再好看也不行,不说一票否决,但这一票一定要占很大的权重。"四是要着力解决损害群众健康的突出环境问题。2014 年 2 月 25 日,习近平近日在北京考察工作时强调:"应对雾霾污染、改善空气质量的首要任务是控制 PM2.5。虽然说按国际标准控制 PM2.5 对整个中国来说提得早了,超越了我们发展阶段,但要看到这个问题引起了广大干部群众高度关注,国际社会也关注,所以我们必须处置。民有所呼,我有所应!"

二、环境道德教育原则

道德教育原则是在环境道德教育活动中所必须遵循的最基本的要求和指导原理。恩格斯曾指出:"原则不是研究的出发点,而是它的最终结果;这些原则不是被应用于自然界和人类历史,而是从它们中抽象出来的;不是自然界和人类去适应的原则,而是原则只有在适合于自然界和历史的情况下才是正确的。"①因此,环境道德教育的原则绝不是为了培养人们的环境道德素质而在头脑中臆想出来的要求,而是根据人与环境关系的客观要求制定出来的准则,目的是使环境道德教育过程更为有效适切,它具有科学的理论根据和客观必然性。一般而言,我们在环境道德教育实践过程中,必须遵循以下基本原则:

第一,科学性与人本性原则相结合。环境道德教育有着相对稳定的内容和规律,它既要符合生态规律和环保要求,又要体现社会道德要求,为政治经济服务,还要合乎教育过程的规律和特点,与教育客体的接受能力和发展水平相适应。因此,环境道德教育具有科学性。同时,环境道德教育不仅要按照社会的要求培养人,将社会所需要的环境道德价值观念传递给教育客体,使之社会化,

---

① 《马克思恩格斯选集》第 3 卷,人民出版社 1995 年版,第 374 页。

而且还要培养教育客体的主体意识,让学生在实践中自我教育,注重自我发展与自我完善以及自我价值的实现,从而具有人本性。"以人为本"的环境道德教育要使教育客体明白,不论是资源的开发和利用,还是环境的污染和保护,都涉及他们的生活世界,关系着他们的切身利益;不论是社会的可持续发展,还是自然的可持续发展,都关系着他们的子孙后代,因此环境保护是直接关系自身生存的"自个儿"的事。受教育者这个理念的转变是环境道德教育目标实现的关键。

第二,主体主导与客体参与原则相结合。在环境道德教育过程中,教育主体始终是教育活动的总体设计者、执行者和引导者。因此,在环境道德教育活动中需要教师以身作则,对自身提出更高的要求,真正起到榜样作用。但是环境道德教育目标的实现不仅需要教育者的努力,更需要受教育者的接受和行动。环境道德教育是一种行动教育,那种囿于环境道德知识的讲授不能达到教育目的,只有在教育实践中贯彻实践性原则,让教育客体和主体共同感受环境现状和参与环保实践,解决现实问题,学以致用,才能激发人们培养热爱环境的情感、解决环境问题的愿望,实现环境道德教育目的。环境道德教育的参与性原则是与环境道德的实践性本质相吻合的。没有对一定道德情境的感性体验,没有对相应的道德知识和理性认识,没有实际的环保行动,就不会培养真正的符合环境道德要求的"生态人"。当然,较之传统道德教育而言,环境道德教育更强调人对改造自然活动的合理参与。

第三,整体性与层次性原则相结合。环境道德教育的着眼点不仅仅看学生的环境道德素养某一方面的发展,而且要通过环境道德教育促使其全面发展;不只看他现有一时某种环保行为,而且要着眼于他未来一生的环保习惯和行为选择;也不是看某个人或者某些人的环保意识的提高和行动的落实,而是要达到人人觉悟、人人行动。因此,整体性原则是环境道德教育的最基本原则。人的环境道德素养,由于知识水平、成长经历、社会环境的不同而表现为不同的层次性。因而实施环境道德教育应当遵循分层次进行的规律,针对不同的社会群体和对象,提出不同的道德要求,进行不同层次的道德教育。尤其对大多数群体而言,首先应进行低层次的教育,夯实教育的基础,这样才能谈得上更高层次的道德教育。

第四,普适性与具体性原则相结合。非环保行为具有普遍性,当今环境问题的集中爆发正是许多人破坏环境的结果。同样,环境污染和环境破坏具有普遍性和不可选择性,危害大,范围广。因此,环境道德已经成为一种全人类必须共同遵守的行为准则,甚至有人把它称为全球伦理,或全球道德,这是十分正确的。所以每个人都负有接受环境道德教育、提高环境道德素养、养成环保习惯的责任。环境道德教育具有普遍性,同时又具有具体性,在解决实际问题时就要具体问题具体分析。要结合教育客体的具体实际,让他们关心自己周围的环境,从切身感受出发强化教育,并落实在具体行动中,从当前做起、从自我做起。

第五,地域性与国际性原则相结合。环境道德教育必须结合自身所处的环境即本地区、本国家的环境状况,才能做到有的放矢,也才能增强人们的环保意识,有效激发人们的环保责任感和环境危机感,因此它具有地域性。但是,环境问题还是个国际性问题,“它跨越地域,不仅危及使用地,也漂流、飘越人为划定的领地、领海、领空;它跨越人际,不仅危及当代人也祸及后代人;它跨越人的外在与内在的界面,不仅给人的生理也对人的心理、精神造成损害;它跨越种际,不仅对人而且对其他生物、动物带来灾难。"①所以需要跨国界、跨民族、跨地区的交流与合作,这就要求环境道德教育必须树立国际观,培养胸怀全球和整个人类的人才。

第六,继承性与创新性原则相结合。任何道德都是历史的,环境道德也是随着人类社会的发展而产生、发展的。从古代社会朴素的环境保护思想到工业社会人对自然的征服和掠夺,再到现在对人与自然关系的重新厘清,人类的环境道德思想在不断地积累、发展。因此,环境道德教育也应积极吸纳人类文明所创造的一切优秀成果,既充分利用中华传统美德中朴素的生态意识和智慧,也要吸收西方传统的环保思想和现代环境伦理思想。当然,继承前人成果的目的不是为了守旧,而是为了创新和发展。既要教育人们转变观念、改进方法和手段尽快解决当前一系列环境问题;又教育人们走在环境危害之前,进行预测,尤其要预防新的环境问题。因此,环境道德教育的一个重要使命就是培养具有反思过去、创新未来的人才,使他们成为环境保护与改善的行为者。

第四节　环境道德教育本质及地位

环境道德教育既是道德教育,也是环境教育,从本质上说是生存教育和人格教育,对于和谐人与自然关系、实现可持续发展和建设生态文明具有重要的作用和意义。

一、环境道德教育本质
由于环境道德教育的发展时间不长,对其本质的把握还处在

---

① 赵中建:《全球教育发展的研究热点:90 年代来自联合国教科文组织的报告》,教育科学出版社 2003 年版,第 43 页。

探索过程中。但以下几个本质特征已被多数人所接受：即环境道德教育是生存教育，是全民教育，是终身教育，是人格教育。

第一，环境道德教育是人格教育。环境道德教育的终极目标是培养具有环境道德素养的公民，而环境道德素养是公民个人道德修养和社会文明程度的重要表现，是评价个人品格高尚与否，是否具有人的尊严的一个重要标尺。有效的环境道德教育会促进人的道德完善和道德人格的提升，有助于个人"生态人格"的形成。"生态人格是道德人格的一种新型要求，它是环境道德素养内化为人的良知后形成的一种道德人格样态，是一个人对待人与自然之间的道德关系、生活方式所持的具有个性特征的态度和立场。"①从个体角度来说，环境道德教育目标就是培养具有"生态人格"的公民。因此，环境道德教育必然是一种人格养成教育。

第二，环境道德教育是全球教育。传统道德教育是根据生活在同一国家的民族和共同体的准则来组织的，受教育的对象和内容往往都是区域性的，最多只达到一个国家的范围。环境道德教育则面向当代整个世界。这其中尽管不能抹杀其中的地域差别（不发达国家与发达国家）、阶层差别（穷人与富人）、阶级差别（社会主义国家与资本主义国家）等，但维护人与自然和谐、保护生态环境却是全球共同的责任。环境道德教育的这种全球性首先取决于环境问题的特点。环境问题是跨地域、跨国界的，它既对肇始地区产生危害，也对其他地区带来破坏；是跨时间、跨代际的，它既对当代人造成灾难，也把这种灾难遗留给后代人。因此，环境问题最容易煽起全球情结，环境道德教育也最易为全世界接受。1977年，联合国教科文组织和联合国环境规划署在前苏联的第比利斯

①　曾建平：《寻归绿色——环境道德教育》，人民出版社2004年版，第168页。

召开政府间环境教育会议,形成了《第比利斯环境教育大会宣言》。该宣言把全球教育概括为环境教育的两大基本目标之一:"要清楚地揭示当代世界在经济、政治和生态上相互依存,不同国家采取的决策和行动会引起国际性的反响。在此方面,环境教育应该发展国家与区域间团结和负责的意识,作为建立一种确保保护和改善环境的国际新秩序的基础。"基于此,每个"地球村民"都有责任和义务遵循环境道德的原则与规范,环境道德教育也由此成为一种全球性的教育。

第三,环境道德教育是终身教育。终身教育是一种现代教育理念,它被提倡的主要学理依据在于:人是未完成的,正规教育不是一个人终生赖以依靠的最终凭借,人们要开发和发展个人的才能,必须在学校教育结束后继续接受教育。学校教育不可能规定一个人的终生生活轨道,不能成为一生的评价,它仅仅意味着学生在学校教育中的经历及获得的资格。生态危机的解决不是某地某时的环境得到好转,其标志是人与自然之间矛盾冲突的缓和,整个地球生态状况的好转。这需要全球公民终生的努力。环境道德教育培养的是环保意识和习惯,这些意识的养成及其对行动施加影响需要每个人的终生努力。因此,环境道德教育就不是一时一事的,而是终身的。关于终身教育又可有以下两方面的解释:一是环境道德教育是一种长期性的教育。不能企图通过短训班的教学,毕其功于一役,一次完成。一个人环境道德观念的养成和确立,要终身接受外在的社会教育和内在的自我教育才能实现。因为环境道德教育的终极目的是要克服和抑止个人对环境物质需要的贪欲,为了个人及他人的生存利益善待自然环境和社会环境。物质需要是无处不在的,所以抑止这种需求便贯彻在人一生中,具有长期性特征。二是指教育内容和对人的要求的长期性和一致性。传统道德教育在人的一生中不同阶段的内容和要求是有所不同的，在不同人际关系和社会关系中道德教育内容和要求也是不同的。但环境道德教育要求人类必须尊重生命、尊重环境、保护和爱护人类生存的整体环境，这对于任何年龄层、任何人地区和国家而言都是一样的，只是采取的教育方式方法不同而已。尽管不同人或行为对环境可能产生的不道德具体行为有所不同，但其给环境造成的后果是一样的，都是破坏性。而对环境的不同污染和破坏，最终都是会造成人类的危害以及社会的不可持续发展。

第四，环境道德教育是生存教育。环境道德教育丰富、深刻的价值隐含于其自身之中，其本质是一种生存教育。"哲学意义上生存论兴起的重要表现就在于，人们不再将生存看成是一个与'存活'无异的物化概念，而要求看成是一个与主体的发展要求相匹配的自为的活动。人对自身生存的理解在很大程度上取决于我们如何理解整个生命。"①环境道德无疑是对人与自然关系、对人类整个类生命的深刻理解：一方面是对自然的客观性与属人性的理解与把握；另一方面则是对人的本质的认识，这两方面从总体上看恰是生存论理解的两个基点。也只有在生存论意义上理解人与自然的关系，才能真正形成环境意识。因为，生存论把人置于人、自然、社会的整体发展系统中，从更加广泛的生存视野和更加深刻的生存境遇中对人的生存与发展进行描述，形成对于生存的深度的关切和责任，这正是环境道德教育具有的意蕴。

第五，环境道德教育是全民教育。环境问题是一个全球性的问题，环境道德教育就是一个全社会的问题。环境道德教育不应

---

① 刘湘榕：《环境伦理学的进展与反思》，湖南师范大学出版社 2004 年版，第210 页。

仅仅局限于学校教育,而应该成为一种全社会范围内的社会教育、全民教育。环境道德教育面向所有人群,促使人们时时考虑环境问题,培养维护生态环境的主动精神和责任感。一方面,环境道德教育不受空间和时间的限制,是主客体相融的开放体系,施教者与受教者的地位是可以相互融通的,并非一成不变的,在不同的情况下受教育者也可以变成教育主体;另一方面,由于环境问题的特点还有解决问题的根本力量来源,环境道德教育的对象为各个层次的所有年龄的人。第比利斯环境教育大会宣言也指出,环境教育必须面向社会,它应促使个人在特定的现实环境中积极参与问题解决的过程,鼓励主动精神、责任感和为建设更美好的明天而奋斗。

第六,环境道德教育是素质教育。健全而完整的环境道德素质是 21 世纪国民必须具备的基本素质之一。道德素质是一个复杂的概念观。英国思想家贝纳德·威廉姆斯认为:"所有伦理价值都建立在素质的基础之上。素质是基本的,因为道德生活的实际方式存在于素质预定的可能性中。素质本身就是伦理评价的对象,而且也是人们自身被认为是好还是坏的品德中的特征。……如果伦理生活要保护的话,那么,这些素质首先就要被保护。但是,与此相同,如果对我们的伦理生活要作有效的批判和改变的话,那么只能采取这样一种方式,即,能够被理解为适当地改变我们所具有的素质。"①对人的素质内涵的剖析,应密切结合时代的特征和要求来展开。当前,我们正处于一个世界经济一体化、全球化的时代,处于计划经济向社会主义市场经济过渡的时代,处于科

---

① 张美玲:《论与构建和谐社会相适应的生态道德教育》,《新西部》2006 年第 12 期。

技革命日新月异的时代,对人的素质提出了全新的要求,也使得人的素质有了全新的内涵。撇开不同职业、不同岗位对素质要求的差异,就一般而言,人既要有较好的身体素质,又要有健康的心理素质;既要有良好的政治思想素质,又要有高尚的品德素质;既要有渊博的知识素质,又要有较强的能力素质。与此同时,还得具备环境道德素质。环境道德不仅反映人与社会的对话,更反映人与自然的对话,是人类通向生态文明社会的需求和要求,也是道德进步的必然。否则,如果人类缺乏环境道德素质,不能善待自然,人类与生态环境的关系还将呈现更大的恶化,甚至有可能导致人类生态发展链条的中断。以上种种说明,环境道德是一种现代道德素质。环境道德教育自然也就是一种素质教育,一种面向未来、培养环保行为抉择能力的教育。

环境道德教育作为一种被时代呼唤为时势所造的新型道德教育,还具有其他诸如行动教育、未来教育、警示教育等特征,在此不一一赘述。揭示这些特征的意义,一方面能使我们充分认识到环境道德教育担负着特殊的历史使命和功能;另一方面有助于我们针对这些特征更好地开展道德教育工作,明确在环境保护中人人有责、人人有为。

二、环境道德教育地位

随着当今环境问题的全球化和生态危机的严峻化,环境道德教育的重要性日益凸显。然而,目前我国对环境道德教育地位之认识远没到位,基本还停留在传统的"公德"认识之层面;整个环境道德教育似乎依然没有摆脱重知识、轻践行的旧格局。面对未来生态文明之大势,面对世界环境保护之大潮,面对我国现代化进程中环境建设之众多难题,我们有必要重新认识环境道德教育的地位。

（一）在道德教育中，环境道德教育是对人际道德教育的突破

在传统伦理学说和道德教育中，道德范围主要限于人与人关系之间，道德教育也只是主要教育人们怎样处理各种人际关系及社会关系，是一种人际道德教育。所以，当人类行为指向自然并直接作用于生态环境时，认为不存在道德问题，人类因此也无需对自然界进行道德思考，无需对自然界承担道德责任，当然也就不顾其行为对自然界所造成的影响如何了。虽然在人际道德系统中也有不随便吐痰、不乱扔乱摘等环境美的道德规范，但只是从"讲卫生"的角度提出的，它仅仅是作为社会公共场所中一般的公共生活准则，在整个传统道德教育中属于最低层次的道德品质要求，即人与人相处的底线伦理。而且，"环境美"中的"环境"，主要指的是人居环境，涵盖面极小。当今环境伦理学倡导的环境道德，则被当代人类公认为"高素质"、"高境界"。因为这里的"环境"主要指的是人类赖以生存和发展的自然环境，环境道德考虑的是人的终极问题即人与自然如何相处、人如何可持续发展，这是道德和教育的重要突破。因此，把环境道德教育隶属于"社会公德教育"层次，显然是落后于人类新文明观的发展趋势，也与当前日益高涨的生态文明建设要求极不相称。环境道德教育因而再也不能被视为"社会公德"教育内涵的简单扩大，而应视作与人和人之间关系的道德教育不同的人与自然之间关系的道德教育，这种教育更具有根本性和终极关怀性，因此理应给予高度重视。

就人类道德体系而言，环境道德与传统人际道德分属于两个不同道德层次。道德的主体虽然只能是人，但道德的客体却既可以是人也可以是非人比如自然界。人本身既属于自然，又属于社会,是自然与社会的统一体。因此,人既要考虑人与人的关系,在社会领域中活动,遵循各种社会规则,协调人际关系,维持社会和谐;同时又要考虑人与自然的关系,在自然领域中遵循大自然的生态法则,协调人与自然关系,维护生态平衡。根据道德不同的指向对象即道德客体,可以将道德分为两大体系,即人与人道德(人际道德)体系和人与自然道德(环境道德)体系。前者侧重规范人对人的行为,后者侧重规范人对自然环境的行为。相对于人际道德而言,环境道德虽然形成和被认识较晚,但却是第一性的、更高层面的要求。如若人与自然之间关系处理不好,也必将会影响到生活于自然界之中的人与人之间的关系。

就教育目的看,道德教育就是教人怎样做人,如何处世。而为人处世的关键就是怎样处理各种利益关系。利益关系不仅仅体现在人与人的直接交往之中,而且也反映在以自然为中介的间接交往之中。环境问题的实质从根本上说是利益问题,生态失衡、环境失调终究导源于人的心态失衡、行为失范和利益失调。因此,道德教育除了引导人们如何正确处理个人与他人、个人与集体、社会的利益关系,摆正自己的社会位置,严格规范自身社会交往行为之外;还应当培育人们如何与自然友好交往、和谐相处,摆正人在自然中的位置,正确规范环境行为,养成良好的环境道德习惯。而且,由于在自然的背后总会折射出人与人的关系,因此,环境道德教育无疑应当与人际道德教育同等视之,既善待同类,也善待自然,以达到人与自然共繁荣、同发展。

就人生道德修养看,"真、善、美"的统一与"人的全面发展"历来被视为修养的最高境界。由于人处在自然与社会两界不能分离的大系统中,因而人对"真、善、美"与"全面发展"的追求,显然也应涵盖两大领域。既应体现在社会交往行为中,也应贯彻在自然实践中,人际道德与环境道德由此共同组成了人生道德修养的内容。而且从境界角度看,环境道德更能体现出人更高层次的修养品位与文明程度。试想,一个对自然都能善待关怀、赋予爱意、承担责任的人,怎能会不与人为善、和睦相处呢? 反之,一个在社会领域品德真正高尚之人,怎能不关心人类的家园,怎能不爱护自然、与万物友善相处呢? 正如古人所言:"厚德载物","至德及禽兽"。高层次的道德必然对自然情感深厚,对万物尊重和关怀。环境道德水平如何显然应是完美人生的重要衡量尺度,接受环境道德教育也就理应成为人生修养的重要途径。因此,"让世界充满爱"的道德誓言,不能仅仅停留在人的世界,为人类独享,而且还应贯彻到整个自然界,为万物共享。在人类文明的更高形态——生态文明建设中,环境道德教育将在占据日益突出的地位①。

(二) 在环境教育中,环境道德教育是核心内容

"环境道德教育既兼有环境教育的性质和特点又含有道德教育的属性和功能。它是在环境教育的母体中生长和发展的,但又超越了环境教育的内涵意蕴,毋宁说,它是环境教育的根本旨归或终极目标;它属于道德教育的基本框架,但又包含了传统道德教育所不可能容纳的内容,毋宁说,它要改造传统的道德教育,予道德教育以崭新的气质和特殊的使命。"②因此,环境道德教育与环境教育是两个既有联系又有区别的概念范畴。

从两者的产生、发展来看,两者是包含与交融关系。审视国际环境道德教育的产生与发展历程,从 1970 年的"学科课程中环境

---

① 参见伍静:《环境伦理道德教育——生态文明的灵魂》,《辽宁公安司法管理干部学院学报》2007 年第 2 期。

② 朱贻庭:《伦理学大辞典》,上海辞书出版社 2002 年版,第 158 页。

教育国际会议"、1972 年的斯德哥尔摩"联合国人类环境会议",到 1975 年的贝尔格莱德国际环境教育研讨会、1977 年的第比利斯国际环境教育会议,再到 1992 年的联合国环境与发展大会、1997 年的塞萨洛尼基"环境与社会国际会议:为了可持续性教育和公共意识"、2002 年的约翰内斯堡"可持续发展世界首脑会议",我们可以清晰地看到,环境道德教育包含在环境教育之中,是环境教育的有机组成部分,并伴随着环境教育的发展而逐渐被揭示和凸显出来的。中国作为发展中国家始终没有忘记发挥道德教育功能以提高国民的环境道德素质。在 2001 年中共中央印发的《公民道德建设实施纲要》中,我国就已经把"环境保护"列于社会道德领域,把环境道德教育作为道德教育的一项重要内容。

从两者的地位和作用来看,环境道德教育是环境教育的终极和核心。一般来说,从环境教育的内容构成要素的角度来划分,环境教育由环境科学教育、环境法规教育、环境道德教育三大部分组成。环境科学教育要解决的问题是,使人们获得有关生态学、环境学方面的知识,了解环境的复杂结构,理解环境问题是有关物理、生物、社会和文化各方面因素相互作用的结果。环境法规教育的重要任务是,使人们学习和了解保护环境的各种法律法规知识,培养自觉遵守法律法规的意识。这两者属于环境教育的基础层面,是从知识论的角度,来阐明人与环境的和谐一致,环境对人类发展的重要性。而环境道德教育则是从伦理学的角度来阐明人与自然关系的伦理所在,涉及人的价值、态度和正确的行为,谋求的是发展一种足以影响人类行为的环境道德观念。因此,环境道德教育在环境教育的三个内容构成中处于最高层次。1991 年国际环境教育计划发行的通讯以"全球环境道德——环境教育的终极目标"为主题,阐述环境道德的重要性。该文指称,环境教育的终极目标在于培养具有环境道德信念的人,使他具备正确的环境态度和价值观,并能做出理想的环境行为。至此,环境道德教育是环境教育的核心和终极已逐渐成为人们的一种共识。

（三）在可持续发展战略中,环境道德教育处于优先地位

自 1992 年世界环境与发展大会以来,源于环保的可持续发展已经成为世界许多国家指导经济社会发展的总体发展战略。所谓可持续发展,其最经典的定义便是 1987 年 2 月世界环境与发展委员会发布的《我们共同的未来》中的概括:"既满足当代人的需要,又不对后代人满足其需要的能力构成危害的发展。"这一表述所内含的思想实质,从环境伦理学的角度看,可以说就是要求人类在经济社会发展中,坚持眼前与长远、当代与后代利益相统一,效率与公平相兼顾、人与自然相协调的新型伦理思想。循此思路,实现可持续发展战略的关键所在,便是完善并促进可持续生存发展的道德,也即环境道德。之后,环境道德日益受到重视。

1992 年 6 月巴西举行的联合国"环境与发展"大会上,专为相聚于此的世界各国首脑提供的背景报告《保护地球——可持续生存战略》鲜明地强调:"我们需要完善并促进一种可以持续生存的道德"。该报告开宗明义地指出:"《保护地球》的目的就是帮助改善人类生存条件。"为此该报告提出了两项要求,其中之一便是"努力使一种新的道德标准得到广泛的传播和深刻的支持,并将其原则转化为行动",并进而提出了四方面的"优先行动"。一是"制定世界可持续生存的道德标准";二是"在国家一级宣传可持续生存的世界道德标准";三是"通过社会各部门的行动,实施可持续生存的世界道德准则";四是"建立一个世界性组织,以监督实施可持续生存的世界道德准则,并防止和克服在实施中的严重

的违反行为。"①

由上可见,这一"可持续生存道德"即"环境道德"的制定、宣传和实施,在整个可持续发展战略中具有何等重要的位置。"优先行动"之"优",无疑道出了环境道德之"先"的地位。一切推进可持续发展战略的活动,无不建立在"可持续发展"的环境道德观基础之上。可以设想,对一个缺乏环境道德的决策者,公众难以指望他制定出一个符合可持续发展精神的良策;一个环境道德低下的管理者和执行者,也是难以真正走出以牺牲环境而发展经济的传统工业经济模式的;一个没有受过环境道德教育的公民当然也难见其积极的环保行动。缺乏环境道德观,可持续发展战略定会受到阻碍,环境道德教育在可持续发展战略中具有无可辩驳的主导地位。

(四) 在环境伦理学体系中,环境道德教育是重要内容

环境道德与环境道德教育是既有内在关联又分属不同话语系统的两个概念,把握两者之间的关系是开展环境道德教育的前提。从两者所处的地位来看,环境道德对环境道德教育具有决定性意义。环境道德反映了人类对待自然的基本理念、主要原则和规范,这些内容是环境道德教育的主要内容。因此,环境道德不仅为环境道德教育做出了方向引导和方法论指导,也为环境道德教育规定了具体的内容。环境道德教育只有以环境道德思想为理论支柱,才能保证其目标定位的合理性、科学性,才能保证其教学内容选择的适当性、系统性。脱离环境道德指导的环境道德教育,必定如浮萍无根。

---

① 世界自然保护同盟、联合国环境规划署、世界野生生物基金会:《保护地球——可持续生存战略》,中国环境科学出版社1992年版,第56页。

从两者对现实的影响来看,环境道德本身就具有批判、调节、规范、教育等功能。批判功能使得环境道德教育能反思和批判人类对待自然的不道德态度及其哲学基础;调节和规范功能使得环境道德教育能按照一定的价值取向和规范引导、约束和规范人们对待自然的态度和行为;教育和激励功能使得环境道德教育能够在人与自然平等观念的指导下,教育和鼓励人们摆正自身在自然中的地位,友善地对待自然界中的一切生命形态。要使上述这些功能影响、扩展到社会大众、学校学生、政府官员、企业管理层和员工等诸多层面,必须进一步改进和强化教育,否则上述功能至多只能影到学者和专业人士。

环境道德教育对于人们确立正确的环境道德观念,养成良好的环境道德行为习惯,维护生态平衡、实现可持续发展,具有十分重要的意义。它是公众形成和提高环境道德品质的关键;是使环境道德由理念形态转化为现实形态,由内在的"道"转向外化的"德",由自发、被动的道德"他律"上升为自觉、主动的道德"自律"的桥梁和通道。环境道德教育在环境伦理学中有着极为重要转换功能,它是使人们由对环境道德之知转变为环保之行的关键环节。

综上所述,环境道德教育,无论从人类道德领域,还是从环境教育领域分析,无论从可持续发展战略角度,还是从环境伦理学的理论体系角度透视,其重要地位是显而易见。因此,在当前的环境伦理学研究中,应深入探讨环境道德教育的目标与内容、途径与方法;在思想道德建设中应大力加强环境道德素质教育;在环境宣传教育中应突出环境道德培育力度;在推进可持续发展战略中应积极促进广大公众参与,"从我做起,从现在做起"的道德践行。只有这样,社会才能迎来良好的环境道德之风,人类才能从容迈向可持续发展的生态文明新世纪。

三、环境道德教育作用

环境道德教育是当代教育的新领域,是人类社会和环境保护实践活动发展到一定阶段的产物。自然环境是人类赖以生存和发展的基本条件,道德教育是人类社会得以继承和发展的必要条件,这二者伴随着人类协调人与自然关系而形成了交叉,于是产生了环境道德教育。环境道德教育作为一种特殊的教育活动,可以不断提高环境道德认知、陶冶环境道德情感、锻炼环境道德意志、确立环境道德信念、规约环境道德行为和养成环境道德习惯,使人们更加理性地认识和处理与自然的关系,从而对环境本身和人类社会产生重要作用。

第一,提高环境道德认知。认识是行动的先导,没有正确的环境道德认知,就无法形成良好的环境道德行为和习惯。出现违背环境道德行为,并不全是故意的,有时是由于人们对环境道德缺乏足够的认识引起的。只有对环境道德加强认知,才会提高识别是非、善恶的能力,从而选择正确的环境行为。因此,提高环境道德认知是环境道德教育的基本作用。所谓环境道德认知,是指人们对人与自然之间的关系以及关于这种关系的原则、规范、理论的理解和掌握,形成一定的环境道德意识。道德认知一般可分成三种类型:第一类是事实性认识,也就是关于人与人、人与社会利益关系、道德关系的事实性知识;第二类是评价性认知,包括社会道德准则、规范体系,社会风尚、习俗,道德理想及道德追求等;第三类是人事认知,是在道德交往中领悟、获得的道德经验与体会。在提高环境道德认知环节,环境道德教育的重要任务是促进教育客体解决两方面的矛盾:一是解决从不知到知,从片面的知到全面的知的矛盾;二是解决正确的知与错误的知的矛盾。通过这两方面矛盾的解决达到提高环境道德认知的目的。荀子认为"疆学而求"是改化人性、培养美德的根本途径和方法。他说:"今人之性固无礼义,故疆学而求有之也。性不知礼义,故思虑而求知之也。"①所谓"疆学而求"是指通过不懈的努力学习从而获得关于礼义的知识。环境道德教育过程也是一个"疆学而求"的过程,包括向书本学习,学习环境道德的基本知识和要求;向群众学习,学习环境道德经验和事迹;向实践学习,积极在各种环境实践中获取知识并提高保护环境的选择能力,养成环保习惯。

第二,陶冶环境道德情感。教育客体有了环境道德的基本知识,并不一定能履行相应的环境道德义务,自觉地按照这些要求去做,这里有一个情感问题。列宁说:"没有'人的情感'就从来没有也不可能有人对真理的追求。"②因此,教育客体有了环境道德认识后,还必须培养相应的道德情感。环境道德情感,是指人们在环境道德认知和实践过程中产生的、对现实生活中环境道德关系和环境道德行为的热爱、尊重、满意、同情、愉悦、愤怒、厌恶、羞愧等比较持久而稳定的内心体验和主观态度。它是人们环境道德品质结构中的一个重要组成部分。其核心内容是对生态环境和环保行为的热爱和尊重。陶冶环境道德情感环节主要有两个方面的任务:其一是使教育客体形成与环境道德要求相一致的情感;其二是使教育客体改变与环境道德要求相抵触、相矛盾的情感。在道德品质形成过程中,情感比认知具有更大的稳定性,形成或改变某种情感,比起形成或改变某种认知要更长久,也要更困难。要使教育

① 《荀子·性恶》。
② 《列宁全集》第 25 卷,人民出版社 1988 年版,第 117 页。

客体形成或改变某种环境道德情感,不但要依靠人的理性,更要依靠在实践中的长期历练。

第三,锻炼环境道德意志。环境道德意志,是指人们在履行环境道德义务过程中所表现出来的自觉克服困难和障碍去实现目标的能力和毅力,突出表现为环境道德实践中果断、坚决、勇敢、自制和坚持不懈的精神。一个人有没有坚毅顽强的道德意志,是他能不能具有环境道德品质的重要条件。人们践行环境道德原则和规范,并不总是畅行无阻的,往往需要克服来自各个方面的困难和阻力,这就需要坚强的道德意志。在客观方面,需要克服来自外部社会条件的制约,如错误社会舆论的非难、亲友的责备和埋怨等。在主观方面,由于履行道德义务,包含着或大或小的自我牺牲,还需要克服来自本身能力的限制、某些个人欲念的冲突,以及情绪状态的干扰等。环境道德意志能促使教育客体排除各种干扰和阻力,按照道德动机所决定的行为选择坚持下去,克服在爱护自然、保护自然过程中遇到的困难。如果没有顽强的意志,就有可能在实践时放弃初衷,甚至选择有害于环境的行为。所以,在环境道德教育中,必须引导教育客体锻炼坚强的环境道德意志。

第四,确立环境道德信念。当环境道德认知、情感、意志发展到一定阶段时,人们在接受教育和积累生活实践经验的基础上,对于义务及其行为的要求逐步达到相应的道德认知、情感和意志的有机统一,就会形成并确立起对环境友好的信念。环境道德信念是主体在履行环境道德义务的过程中,通过自身努力,排除种种干扰道德行为的因素,从而实现道德目标的能动的实践精神。人们一旦牢固地确立这种信念,不仅能以强烈的道德责任感自觉自愿地按照环境道德原则与规范的要求,去履行对自然应尽的义务,而且能够以坚忍不拔的毅力,排除一切艰难险阻,促进人与自然和谐相处。人们应该坚定以下信念:珍视生物多样性,尊重一切生命及其生存环境;关注家乡所在区域和国家的环境问题,有积极参与环保行动的强烈愿望;愿意倾听他人对环境的观点与意见,乐于与他人共享信息和资源;尊重本土知识和文化多样性;树立平等、公正的观念;树立可持续发展观念,愿意承担保护环境的责任。

第五,规约环境道德行为。环境道德教育既要帮助人们从认识上弄清环境道德要求,更要在实践上身体力行,躬行践履,保护环境。在古代,人们就十分注重知行合一的重要性,孔子曾说:"君子耻其言而过其行","听其言而观其行"①。也就是说只说不做,言行脱节,是道德虚伪的表现,是羞耻的事情。他主张评判一个人的道德好坏不在于他的言辞,而主要看他的行为。环境道德行为,是指人们在一定的环境道德观念的支配下所表现出来的、针对生态环境的、具有道德意义并能进行道德评价的行为。它是环境道德认知、情感、意志、信念等观念活动的外在表现,是为改善生态环境而进行的主观见之于客观的活动。环境道德行为是环境道德品质中的重要组成部分,是个人环境道德品质形成和发展的客观标志。对人们进行环境道德行为的教育,是环境道德教育的最后一个环节,是环境道德教育的直接要求、最终体现和价值目标;也是对环境道德认知、情感、意志和信念的最终检验。而通过环境道德行为践履,又能够进一步深化认知、强化情感、磨炼意志、坚定信念。因此,我们必须引导人们积极参与各种环境实践活动,把认知融于行动。一方面,引导人们把环境道德的基本原则运用于生产生活、休闲娱乐等各领域,自觉地关心环境、保护环境,积极参与

---

① 《论语·公冶长》。

环境问题的解决,并为改善和提高环境质量尽一份力量;合理利用自然资源,追求简约、朴实的生活;保护动植物,珍视生物多样性,尊重一切生命及其生存环境,维持自然生态平衡。另一方面,引导大人们积极参与环保公益活动、志愿活动,倡导和弘扬奉献精神,把环境实践活动推向更深的层次。

　　第六,养成环境道德习惯。道德品质良好的表现就是良好道德行为习惯的形成,而良好道德行为习惯又影响着人们的性格、情感、意识、思想,进而对道德品质的提高起着重要作用。所以,在一定的意义上说来,环境道德教育过程的终点就在于使人们真正养成一种环保行为习惯。道德习惯是通过自觉重复、模仿,或经过意志努力反复练习才形成的。实践证明,养成一个良好的道德习惯并非一日之功,需要经历一个长期不懈的积累过程,需要持之以恒地坚持和发展,才能见到成效。所谓"积土成山,风雨兴焉;积水成渊,蛟龙生焉;积善成德,而神明自得,圣心备焉。故不积跬步,无以至千里;不积小流,无以成江海"[1]。我们要看到"善不积,不足以成名;恶不积,不足以灭身"[2]。只有积善不息,时刻保护环境,才能养成良好的环境道德习惯。

---

① 《荀子·劝学》。
② 《周易·卷一》。

第三章　环境道德教育主客体

环境道德教育的主体和客体是环境道德教育系统中的主要构成要素,二者的关系是该系统中最为重要的关系。环境道德教育活动是否具有科学性,是否富有成效,在很大程度上决定于我们如何把握和处理主客体之间的关系。主客体及其关系理论在环境道德教育理论体系中有着十分重要的地位,探索、研究和深化主客体及其关系理论,具有重要的理论意义和实践意义。

第一节　环境道德教育主客体划分

把主体与客体的范畴引入环境道德教育,有助于改变把教育主体和教育客体割裂开来孤立进行探讨的习惯思维,深刻揭示主体与客体之间的本质关系,科学定位主体与客体角色,充分发挥二者的能动作用,从而提高环境道德教育实效。

一、马克思主义哲学中主客体及其关系

人类在认识改造自然和社会活动中,首先把自己和对象区别开来,把自己和他人区别开来,这就涉及主体和客体问题。主体和客体是人类一切活动的基本要素,它们之间的对立统一关系,贯穿于人类认识和改造客观世界的始终。主客体作为哲学

概念由来已久,从古到今哲学家们很重视对这一问题的研究并进行了这样或那样的解释。尤其是到了近现代,哲学家对主体与客体的关系进行了多视角的研究,其认识达到了相当的广度和深度,但仍然未能摆脱唯心主义和形而上学的束缚,大都没有作出科学的回答。

19世纪四五十年代,马克思和恩格斯通过不断地实践与反思构建了新的世界观,把对主体的认识提高到了一个新的科学水平。马克思从社会实践出发认识主体和客体的相互作用,第一次科学地阐明了主体、客体及其相互关系。然而,马克思也并非一次性地解决好了主客体关系这个历史进程中的根本问题,而是经历了一个逐步完善的过程。

马克思在1843年批判地阅读黑格尔的《法哲学》时,把主、客体问题延伸到社会领域,他指出:"黑格尔在任何地方都把观念当做主体,而把本来意义上的现实的主体,例如'政治信念'变成谓语"。① 强调必须把黑格尔弄颠倒了的主客体关系再颠倒过来。他指出,"实际上,家庭和市民社会都是国家的前提,它们才是真正活动着的"②。这仅是从"存在和思维"何者为第一性方面回答了主体问题。在《1844年经济学—哲学手稿》中,马克思关于主体的思想已经不再是从"存在和思维"、"社会的经济基础与国家"何者为第一性的意义上去讨论了,而是在"谁是历史的创造者的意义"上来讨论。他指出,历史的创造者正是人自身,经过人的劳动,历史才成为历史。马克思虽然把劳动视为人的本质,突破了费尔巴哈的理论,但却仍把类视为人的本质,并把劳动视为人的类本

---

① 《马克思恩格斯全集》第3卷,人民出版社2002年版,第14页。
② 《马克思恩格斯全集》第1卷,人民出版社2002年版,第10页。

质。这样,主体的人指的是作为类的存在物的人,还不是社会关系中的人。1845 年《关于费尔巴哈提纲》和《德意志意识形态》转向对费尔巴哈、布·鲍威尔所代表的现代德国哲学的批判时,扬弃了关于"类本质"的理论。他指出:"人的本质并不是单个人所固有的抽象物,在其现实性上,它是一切社会关系的总和。"①并批判了费尔巴哈"只能把人的本质理解为类,理解为一种内在的、无声的、把许多个人纯粹自然地联系起来的普遍性"②的错误。从而进一步把作为主体的人社会化了,把从事社会实践活动的现实的人肯定为主体。因此,只有社会的人才能成为主体。同主体相对立的并与主体发生联系的客观世界便是客体。从此,关于主客体概念的含义有了科学的界定。

(一)哲学视野中的主体

主体与客体,首先是作为哲学基本范畴出现的。作为哲学范畴的主体,是相对于客体而言的,是在和客体的相互作用和相互比较中而得到自身规定的。所谓主体,是指有目的、有意识地从事认识活动和实践活动的现实的人。苏联《大百科全书》认为:"主体是指对象实践活动和认识的承担者(个人或社会集团),是以客体为目标的能动性的根源。"不同学派别的哲学家对主体的理解不同。在古希腊柏拉图那里是指"理念",在费希特那里是指"自我意识",在黑格尔那里是"绝对观念",在费尔巴哈那里是指的"生物人"。马克思扬弃了前人思想,指出作为哲学范畴的主体,是指"有目的、有意识地从事实践活动和认识活动的人"③。

---

① 《马克思恩格斯选集》第 1 卷,人民出版社 2012 年版,第 139 页。
② 《马克思恩格斯选集》第 1 卷,人民出版社 2012 年版,第 139 页。
③ 齐振海、袁贵仁:《哲学中的主体和客体问题》,中国人民大学出版社 1992
年版,第 91 页。

马克思关于"主体"的论述有两层含义:一是从主客体关系角度来理解主体的本质和特点的,主客体是相对而言的;二是从人在对象性活动中体现出来的主观性、能动性和创造性方面来把握主体含义的。"并不是任何人都可以成为主体的,只有具有自我意识、实际从事社会性认识活动和实践活动的人才成其为主体。"①因此,以人为主体,并非从人的一般性角度而是从实践角度来理解的。马克思的主体论在今天仍然是科学的,而且是有巨大的实践指导意义的。

与主体范畴紧密关联的,还有一个主体性的问题。什么是人的主体性?目前大体有三种代表性的意见:一是认为,主体性是指主体的规定性,是主体在对客体进行认识和改造的对象性活动中表现出来的人的特性,比如积极性、主动性、自觉性、创造性等。二是认为,主体性是指作为主体的人的本性、地位、作用和价值。三是认为,主体性是指人与动物在最高层次上的区别,是主体对自然、社会和人自身的自由。这三种观点虽都从某一个方面或层次说明了人的主体性的某些特征,有其合理之处,但相比较而言,第一种意见更接近主体性的真实内涵。笔者认为人的主体性应该包括以下几层基本意思:一是主体性必须是作为主体的人所具有的,因为人并非皆为主体,主体性是针对有资格承担主体的权利和责任的人而言。二是主体性必须是在主体与客体的多种交互关系中体现出来的,没有客体的主体是抽象的、虚幻的主体;同样,没有客体性的主体性是空洞的、非现实的主体性。三是人作为主体,不论是在对自然客体和社会客体,还是在对精神客体和人本身客体的对象性关系中,其主体性必定以一定形式(如能动性、创造性等)

① 于光远:《中国小百科全书》第七卷,团结出版社1994年版,第94页。

的精神力量表现出来①。

（二）哲学视野中的客体

客体是与主体相对应的哲学范畴,在哲学范畴内谈及主体,必须谈及客体,这是因为二者是相互依存、相互斗争的关系,离开任何一方都失去了其存在的意义。马克思主义认为,客体是指进入主体实践范围内并被主体认识与改造的对象。也就是说,客体是与主体发生了对象性关系的活动中处于"被动态势、受动作用、消极态度和受控地位的一方"②。因此客体既指以物质性为特征的物质世界(包括自然事物和现象、社会存在和代表着各种社会关系的事物),也指以精神性为特征的文化世界。虽然后者是人的创造物,但一旦创造出来,它就成为与人的主体相对应的客体,并对主体人产生影响和制约作用。同时,包括他人和自我的人本身,亦是主体人的关系客体。从关系的角度看,人既是唯一的主体,同时又是特定关系的客体。在这个意义上,人是主客体的统一体。

同主体一样,客体也具有其内在规定性即客体性。一是对象性和对主体的依存性。作为主体的人在认识世界和改造世界的过程中,既改变着客观世界,也改变着主观世界。并不是所有的事物都是客体,只有那些进入了主体实践范围内,并成为主体认识与改造的对象事物,才能成为客体。即客体是作为主体的对象物而存在的,并对主体具有一定的依赖性。二是客观性和对主体的制约性。任何事物都是一种客观存在。它本身具有一

<hr/>

① 严恒江:《思想政治教育主客体关系及其时空特征研究》,硕士学位论文,西南师范大学,2002 年,第 57 页。
② 黄楠森:《人学原理》,广西人民出版社 2000 年版,第 245 页。

定的客观性,它的产生和发展具有一定的客观规律性,是不以人们的意志为转移的。这就要求主体对客观事物进行改造时,要遵循客观规律,从实际出发。正是由于客体的客观性,使主体在实践的过程中,要受到客体自身特点、形式、属性的制约。三是具有历史性。事物的发展总是处于不断变化中的,在它发展的每个时期、每个阶段都有一定的连续性与特殊性,作为客体也不例外。如果用静止的眼光去看待客体,只能形成片面的观点,不利于对客体的改造。客体的继发性与历史性决定了主体必须用动态的眼光去认识和改造客观对象,只有这样才能使社会实践活动顺利完成。

（三）哲学视野中的主客体关系

主体和客体是对立统一的。离开客体,无所谓主体;离开主体,也无所谓客体。所以在主客体关系中,它们既相互对立的、又是相互依赖而存在,失去任何一方,主客体关系就破裂了。主体与客体的关系犹如一般事物的矛盾关系,具有同一和斗争两种相反的属性。对立面的同一即矛盾的同一性,是矛盾双方相互依存、相互肯定的属性,它使事物保持自身同一。事物保持暂时的自身同一,使对立双方能够共处于一个统一体中,这是事物获得发展的必要前提。对立面的斗争即矛盾的斗争性,是矛盾双方相互排斥、相互否定的属性,它使事物不断地变化以至最终破坏自身同一。由于对立面相互斗争的作用,使双方的力量对比和相互关系不断地发生变化;当这种变化达到一定程度的时候,就是达到现有矛盾统一体所不能容许的限度时,旧矛盾统一体瓦解,代之而来的是新矛盾统一体的形成。在旧矛盾统一体瓦解和新矛盾统一体产生的更替过程中,使对立面的双方发生相互转化。主客体关系正是遵循着唯物辩证法这一根本矛盾规律不断发展变化更换着自己的关系形态的。

由于主体与客体发生联系具有不同的侧面,所以,现实中存在着不同类型的主客体关系形态,主要表现为认识关系、实践关系、价值关系、审美关系。其中实践关系是基础,在此基础上主体与客体之间产生了相互对立、相互制约、相互依赖、相互转化的关系,使整个实践活动得以向前发展。

二、环境道德教育引进主客体范畴的必要性

那么,是否可以用主客体概念来继续研究环境道德教育呢?答案当然是肯定的,而且还需要深入研究它。原因如下:

第一,"主客体"概念能更好地揭示环境道德教育的动态过程。

教育者和教育客体是环境道德教育要素的重要组成部分,它们所具有的单一性、关联性与内在性,符合环境道德教育系统关于要素的约束条件。在环境道德教育的讨论中,无论是三要素说(即教育者、教育对象和教育环境)、三体一要素说(即教育者、受教育者、教育环境三个独立的实体和媒介要素),还是四要素说(即教育者、受教育者、教育环境和教育介体)等都把教育者和教育客体视为环境道德教育的组成要素。这是在实际环境道德教育过程还没有发生时就已经先在被规定了。因此,我们对环境道德教育要素做静态描述时,用"教育者"和"教育客体"这对概念说明问题是适当的。也就是说,当我们把教育者和教育客体作为环境道德教育这个有机整体的原始的、静态的主要组成要素时,这两个概念是够用的。

但是,环境道德教育过程又是一个动态的实践过程和认识过程,当我们超越了实体性论证,进入认识论时;当我们着手分析教

育主体和教育客体在这一过程中它们之间生动、丰富的相互作用的性质时，"教育者"和"教育客体"这对概念就显示出局限性了。而引进哲学认识论中的"主体"和"客体"这对概念，可以更加清晰地阐明环境道德教育认识论系统中，教育者和教育客体在它们密切的联结关系中，双方相互作用的轨迹、相互作用的性质和相互转化的情景，对教育者和教育客体的角色、地位、作用进行深刻的描述和科学的定位，对在环境道德教育中教育者与教育客体关系的特殊性进行深入的哲学反思。所以，这对范畴的引进对描述环境道德教育动态过程是必要的。

第二，"主客体"概念没有否定教育客体的主观能动性。

环境道德教育活动是双向互动，即主体向客体传授教育的内容，客体只有通过自己主观能动性的发挥，将主体传授的理论内化为自己的思想，才能取得好的教育效果。由此可见，要取得好的教育效果，主客体在环境道德教育活动中都要发挥自己主观能动性，自觉主动参与教育活动。忽视了主客体任何一方面，环境道德教育的目标就难以实现。同时，将哲学客体概念引入环境道德教育，客体的内涵和属性就发生了变化。哲学讲的客体是指物，环境道德教育讲的客体是人。作为人，他有思想，有主观能动性。因此，使用环境道德教育客体这一概念，并不意味着他作为人所具有的主观能动性的丧失。

第三，"主客体"概念没有否定主客体的平等性，却又承认差异性。

在环境道德教育过程中，主体与客体既是平等的，也是不平等的。二者的社会权利、责任和人格都是平等的，他们共同在为环境道德教育的开展和公民环境道德素养的提高而努力。但是二者之间又是有差异的。一方面，在理论水平、道德素质上存在差异，一般来讲,环境道德教育主体的理论水平、道德素养高于客体,因此主体才教育客体。假如主客体理论水平、环境道德素养相当,也就不存在谁教育谁的问题了。另一方面,环境道德教育主客体是一对矛盾,其中一方是矛盾的主要方面,另一方是矛盾的次要方面,二者的地位也是不平等的,处于矛盾主要方面的环境道德教育主体承担着组织、主导和协调的作用;处于矛盾次要方面的环境道德教育客体则是组织、主导和协调的对象①。

综上所述,可以看出,使用环境道德教育主客体这个概念从理论上是讲得通的,在实践上是可行的。因此,研究环境道德教育主体和客体及二者的关系非常有必要。只有科学地认识他们之间的关系,找出他们相互作用的规律,才能取得良好的教育效果,完成环境道德教育任务。

三、环境道德教育引进主客体范畴的理论依据

从教育哲学的角度来看,环境道德教育作为一种教育实践活动,对教育者与教育客体关系的观察与阐释自然会受到教育学中关于对教师和学生关系认识的影响。可以认为,目前环境道德教育原理中对主客体问题的研究及其分类的直接理论渊源,来自于教育学关于教育主客体的界定。无论研究者是否意识到,环境道德教育中"教育者主体说"都无法完全摆脱德国教育家赫尔巴特"教学中心论"与"教师中心论"的影响。即认为道德是通过学习方式获得的,在学习过程中教师是教学活动的主体,是知识的拥有者和掌握者;而学生是接受教育的客体,从而使学生处于受动状

---

① 罗洪铁:《研究思想政治教育主客体的必要性及二者的关系》,《思想政治教育研究》2012 年第 2 期。

态。环境道德教育"相对主体说"的提出,受主体性教育思潮的影响,吸取了"学生既是教育的客体,又是教育的主体"[①]的观点。环境道德教育"复杂主体说"则是主体间性教育哲学思潮在环境道德教育领域的反映。

从认识论上来说,基于教育哲学主客体论提出的环境道德教育主客体论其实质可以分为两种,即主客二分论和"相对主体"论,"单一主体说"和"双主体说"。从本质上说是"主—客"二元认识论在环境道德教育实践中的具体体现。这两种学说无论是单一主体还是复数主体,本质上都是从"主—客"二元视角认识环境道德教育中诸元素之间关系的,认为环境道德教育主客体的关系是对立的,双方是支配与被支配、控制与被控制、教育与被教育的关系。"相对主体"论基于"主体间性"哲学思潮,跳出了教育对象客体宿命的藩篱,突破主客二分的认识论模式,提出"主—客—主"的环境道德教育主客体关系模式,从环境道德主客体是平等、共同参与环境道德教育实践活动的视角来解释二者关系。它主张多极主体以共同的客体为中介、物质交往实践为基础的平等交往,在交往中实现互识,进而达成共识,参与实践活动主体地位是平等的,不存在从属、依附及支配的问题。

第二节 环境道德教育主体

环境道德教育是由教育主体、客体、介体、环体构成的一个复杂系统。其中主体是承担者、发动者和实施者,对一定的客体实施

---

① 顾明远:《学生既是教育的客体,又是教育的主体》,《江苏教育》1981 年第 10 期。

环境道德教育活动。环境道德教育主体是环境道德教育中最基本的范畴之一。深入研究这一问题,对于充实和完善环境道德教育理论体系,提高环境道德教育活动的实效,都有重要意义。

一、环境道德教育主体含义及特征

作为哲学范畴的主体,有多重含义。有学者把其含义归纳为以下几种:一是指"实体",即被理解为事物的属性、状态和作用的承担者,与现象等概念相对应。比如说学校是办学主体就属于这种用法。二是指事物的主要组成部分,与事物的次要部分相对应。如某项大的教育计划的主体工程、主体结构便属于这种用法。三是指逻辑意义上的主体,即逻辑判断中的主语、主词。四是指人,其内部又分为两种观点:一种观点认为凡是人就是主体,这如马克思所说的:"主体是人,客体是自然。"①另一种观点认为只有作为某种活动的发出者才是主体,并认为这一主体是认识者、实践者,被认识和实践的对象就是客体。

我们对环境道德教育主体的界定,实质上就是用哲学上的主体理论来关照环境道德教育活动及其要素。那么,哲学层面主体的几种涵义是否都可以用来说明"环境道德教育"的主体呢?答案是否定的。显然,只有第四种意义上的主体理论才能指导环境道德教育主体的界定。

综合起来,我们可以把环境道德教育主体界定为:环境道德教育主体是指依据一定社会或阶级的要求,对教育客体的环境道德素养施加可控影响的教育者。简言之,环境道德教育主体就是环境道德教育的承担者、发动者、实施者。这一界定包含如下几层含

---

① 《马克思恩格斯选集》第2卷,人民出版社2012年版,第685页。

义:一是环境道德教育主体着重指以培育教育客体的环境道德素养为其活动指向的人,而不是别的什么人;二是环境道德教育主体必须是以一定社会或阶级的环境道德要求作用于教育客体;三是环境道德教育主体对教育客体环境道德素养的培养必须是有目的、有计划的,而不能是盲目的、随意的。四是环境道德教育主体不是由活动发起方单方面规定的,他同时也受对象的规定。指向并作用于环境道德教育客体的人,还不是主体,只有对象同时也作用于他,他才成为主体。因而,环境道德教育主体是活动双方发生相互作用时才得到确认的。不论是"人—物"还是"人—人"构成活动的两极,都是如此。如果说前面三个条件是教育主体成为主体的必要条件,那么这条规定则是充分条件。具备必要条件的人是可能的主体,充分条件则使其成为现实的主体。因此,环境道德教育的主体主要是教育者。

环境道德教育主体具有以下特征:

第一是自主性。自主性是人类活动的特点,人类不仅能自主地反映客观世界和主观世界,而且能自主地改造客观世界和主观世界。这种自主性主要集中表现为自主认知、自主选择、自主思维、自主控制以及自主完善等方面。环境道德教育主体的自主性就是指主体能够充分地认识到环境道德教育的性质,正确地认识教育客体的内在需要,积极地引导教育客体,提高教育客体的环境道德水平与素养,有选择地采取先进的教育方式,转变教育观念,适应社会的变化,积极地观察教育客体的思想变化,及时控制教育客体不良行为的出现。环境道德教育主体的自主性不仅在于认识到教育主体的状况及其发展规律,而且还在于了解教育主体自身的状况以及教育主客体之间的矛盾,并积极主动地改变教育方式、教育内容和教育目标,以适应教育客体和国家、社会的实际需要。

第二是能动性。能动性是人的主体性最重要的内涵和最明显的表现。教育主体的能动性，就是要有计划、有目的地把社会要求的环境道德观点、体系、规范传递给教育客体，通过内化、外化的过程，引导客体形成良好的环境行为习惯和培养高尚的环境道德品质，促进其个人的全面发展。还要根据教育客体反馈的信息，了解和分析教育中存在的问题，及时采取措施解决问题。并且也要积极适应教育客体的发展变化，积极更新和提高自身素质，增强环境道德教育的经验，充分认识教育的本质，把握环境道德教育的发展规律以及内在的矛盾运动，提高教育的实效性。

第三是创造性。教育主体的创造性是指教育者应当具有开拓创新的精神和能力，克服墨守陈规的弊病，积极地探讨新的教育模式，突破常规，灵活思维，从不同的角度寻找解决问题的突破口，以促进环境道德教育的顺利发展。另外，教育者还应用发展的眼光对待教育客体，时刻关注教育客体的思想变化以及行动的规范性，及时预测教育客体的思想动态，使环境道德教育具有前瞻性，提高环境道德教育的预测功能，以更好地完成教育任务。

第四是超前性。超前性是指环境道德教育主体通过对社会发展的预测，开展超前的环境道德教育。社会的不断发展和环境问题的不断涌现必然要求人的行为要跟上时代步伐，其思想就须有一定的超前性。在这种情形下，环境道德教育主体不仅是"现实"世界的教育者，而且要通过超前性的教育，引导客体不断更新观念，不断提高其环境道德素养，使其走在时代的前列。

第五是客体性。环境道德教育主体理所当然具有"主体性"。但另一方面，现实的环境道德教育主体在特定条件下，还具有对象性、客体性的特征。这种客体性主要表现在以下几个方面：其一，环境道德教育主体的教育活动受客体和环境的制约，必须因"客"

而引,因"境"而导。其二,环境道德教育主体及其教育活动被客体所审视。作为具有自觉能动性的环境道德教育客体必然会直接或间接关注和审视主体的言行乃至思想。其三,环境道德教育主体是自检、内省的对象。在教育活动中,当教育者把自我作为认识、塑造和完善的对象时,就同时把自我二重化为"主我"和"客我"。"主我"通过检查和反省"客我"而推动自身素质和能力的提高。环境道德教育主体认识到自身的这种客体属性,有助于增强教育者"主我"对教育者"客我"的自检内省意识,做到明于知己,不断塑造和完善自己的主体活动。

此外,环境道德教育主体还有主动性、目的性、协调性、传承性等特点。这些特点也是环境道德教育主体本质内涵的体现。

二、关于环境道德教育主体的争论

学界对于环境道德教育主体有多种观点,有些观点很不一致,甚至争论激烈。要正确认识环境道德教育主体,就有必要探析有关它的不同观点。

第一是单主体说。单主体说又分为教育者主体说和教育客体主体说两种。前者认为教育者是主体,教育对象是客体,其主观能动性仅限于在接受环境道德教育影响的范围内和方向上发挥作用,教育对象不能成为主体。后者则认为教育对象才是主体,教育者是为教育对象的成长、发展服务的,不应是主体。但无论是教育者主体说还是教育客体主体说,都认为环境道德教育主体只有一个,而不能有两个。这就坚持了环境道德教育主体的一元论,避免了二元论,这是合理的。但教育者主体说在坚持教育者是主体的同时,否定了教育对象在一定条件下成为主体的可能;而教育客体主体说则认为教育对象是主体,否定了教育者是主体。这两种观点又都有其片面性。

第二是双主体说。这种观点认为教育者与教育对象互为主客体。从施教过程看,教育者是主体,教育对象是客体。从受教过程看,教育对象是主体,施教者是客体。双主体说十分重视教育客体在环境道德教育中的主动作用,特别是一定条件下的主体作用的发挥,有积极意义和启发作用。但它把环境道德教育主体变成了"两个主体"——施教主体与受教主体,如此既难以避免二元论之嫌,又混淆了不同概念。因为环境道德教育主体是指承担、发动、实施环境道德教育的人,受教主体仍然是环境道德教育的受动者或作用对象,仍然是环境道德教育客体。这一观点把教育客体接受教育时的主动作用与自我教育时的主体作用搞混淆了,往往陷于自相矛盾。

第三是多主体说。认为教育者是主体,环境道德教育的客体、介体(介体是环境道德教育主体与客体相互联系、相互作用的中介因素,是主体与客体之间传递环境道德教育信息的内容和方式)、环体(环体是指与环境道德教育有关的、对人的环境道德素养形成、发展产生影响的外部因素,是环境道德教育得以进行的根本条件)也能成为主体。因而不只是一个主体,而是有多个主体。多主体说看到了客体、介体、环体在环境道德教育中的重要作用,有可取之处。但他认为任何事物都可以充当环境道德教育主体,实际上是一种泛主体论。泛主体论否认了真正的环境道德教育主体,贬低了主体的主导作用,实质上是无主体论。

第四是相对主体说。这种观点认为,环境道德教育主体与客体是相对存在的,它们之间的界限既是确定的,又是不确定的。这种观点看到了环境道德教育主体的相对性,但没有看到绝对性。事实上,环境道德教育主体只能是环境道德教育的承担、组织、实施者,这一点是绝对的。当然这种绝对性存在于相对性之中。

第五是主导主体说。这种观点主张,在环境道德教育过程中教育者是主导,受教育者是主体。其主要理论依据是:其一,根据唯物主义观点,受教育者获得的知识、技能、思想不是主观自生的,而是教育者教育影响、干预的结果,教育者的主导作用有其客观必然性。其二,从教学认识论看,教育过程在本质上是一种特殊的认识过程,是教育者领导受教育者(主体)认识课程和教材(客体)的过程。其三,教育者在教学过程中决定着教学的方向、内容、方法、进程和结果,受教育者不能担负此种责任。"主导主体说"提出后,引发了许多质疑。一方面,将主体、主导并列不符合逻辑。"主体"是实体概念,"主导"是属性概念,二者不能构成一对关系概念。另一方面,环境道德教育过程是一种复杂多样、动态变化的活动过程,存在着极其复杂的主客体关系,"主导主体说"难以概括诸多教学形式、类型、环节中的主体、客体及其关系。

第六是主客体否定说。针对教育过程主客体关系争鸣的众多学说、观点,有人反思、追问主体客体概念引入教学中的科学性、合理性问题,"主客体否定说"也就应运而生。这一学说的依据有三条。其一,认为"主体"一词用以概括教育者、被教育者关系和地位不够适当、贴切;"主体"概念引入教育学没有必要,易产生误解,导致理论上的混乱。其二,在西方,"教学"单指教育者的教,教与学之间缺乏逻辑上的必然蕴含关系。而在我国,"教学"包含了教育者教与被教育者学,非实体范畴,难以简单还原为教或学,因此无主体可言。其三,主、客体关系是二元对立思维方式的体现,它只能说明人与自然的关系,难以解释人与人的交往活动。教学过程里的教育者与被教育者关系是人与人的交流、对话的非对象性关系,是一种互主体性关系,而非"主体—客体"关系。

第七是职能主体说。这种观点认为在环境道德教育活动中，主体只有一个，即履行承担、组织环境道德教育的人。教育主体是否是主体，主要看是否有主体性。只有履行环境道德教育职能的人，才是名符其实的教育者。

对环境道德教育主体、客体的讨论，之所以出现上述的许多不同理解，主要由于对环境道德教育主体涵义的理解以及在分析问题的方法论上存在重大分歧。因此，确定环境道德教育主体时如果能注意考虑以下两方面，可能对取得讨论共识有所裨益。一是从特定的视角出发确定主体：环境道德教育过程可以分解为在时间上和空间上相互交融的两个过程，也就是教育者的施教过程和教育客体的接受过程。在考察主客体关系时应该从特定的过程来确定主体，而不能同时关照两个过程。虽然，在实际的环境道德教育过程中，施教过程和接受过程有时是不可分割的、相互交融的。但是，我们仍然可以进行理论上的剥离，确定我们的研究视角是教育的施教过程还是教育的接受过程，如果同时关照这两个过程，随意转换视角，往往说不清谁是主体，谁是客体。二是在思维实践中把环境道德教育的某一个阶段从整体中暂时分离出来，以便集中搞清问题。如上所述，环境道德教育过程表现为在时间上和空间上相互交融的施教过程和接受过程，这个过程又是相互连接的，如果我们对这两个过程不加以暂时分离，就不能清晰地界定主体。正如在我们的经验中，时常遇到事物发展的连续的因果链条，如：摩擦生热，热引起燃烧，燃烧引起爆炸。确定"热"这个现象是原因还是结果，必须把某个阶段先从因果链条中分离出来。如果我们不暂时分离出来，就不能最终确定"热"这种现象是原因还是结果。同样道理，如果我们不分离环境道德教育的阶段，进行分解研究，就不能最终确定哪个是主体，哪个是客体。

在环境道德教育中,教育对象能否成为主体?由上述分析可以得出结论,教育客体在两种情况下可以成为主体:一是从接受过程的视角来说,教育对象可以成为主体。教育对象从已有的思想基础出发,在接受各种社会因素的影响和作用下,对教育者的环境道德教育信息进行选择、内化、整合等,不断地丰富和发展自己环境道德认识、环境道德修养,不断进行主体重构,实现自身环境道德的丰富和发展而成为主体。二是当教育对象在进行自我教育的时候,由于教育目标、教育内容乃至教育手段不是由教育主体规定,而是由教育对象自己根据社会客观要求设定,自己成为自己的教育者。此时环境道德教育的方式由外在社会教育向内在疏导教育转化,根据自己的自主性和独立性,把外在的压力变为内在的动力。所以,从环境道德教育主体的定义来看,教育对象进行自我教育时也就会作为环境道德教育的承担者、发动者和实施者而成为教育的主体。

三、环境道德教育主体作用

主体具有特殊地位,他是环境道德教育的承担者、发动者和实施者。主体的特殊地位使得他在环境道德教育中具有如下作用。

第一,确立环境道德教育目标。教育主体对环境道德教育目标的指引并不是随心所欲的,要建立在教育主体的主体性作用发挥基础之上。要审视历史条件和所处的社会背景,正视所面对的政治、经济、社会、文化、生态等问题,积极发挥教育主体的主体性,坚持以人为本,有的放矢,深入调研,掌握环境道德教育的资源平台、技术手段和实践规律,从而使环境道德教育目标更具科学性、合理性、层次性和可操作性。

第二,确定环境道德教育内容。教育主体在确立教育的性质、目标基础上,还要根据现实需要和教育客体思想形成和发展的规律确定环境道德教育的内容,以指导受教育者更好地开展工作与活动。其内容通常包括环境道德认知教育、环境道德情感教育、环境道德意志教育和环境道德行为教育等,而每一方面的内容又有其体系结构。特别需要注意的是,随着时代的发展,环境道德教育的内容也要与时俱进。为此,环境道德教育主体需要高瞻远瞩,从长远目标出发,以战略眼光确定统筹全局、覆盖整体的环境道德教育宏观内容;还要从战术和现实需要入手,审时度势,确立与时俱进的、群众喜闻乐见的具体教育内容。同时,在遵循环境道德教育规律的基础上,确立并不断调整、充实、改进、完善环境道德教育的基本内容和形式,提高工作的预见性、指导性与引领性。

第三,确立教育原则与选择教育方法。环境道德教育的原则来源于环境道德教育活动需要遵守的法则和规定,它是根据教育规律、教育客体的实际和特点形成的,因而更多的是对教育规律性特征的反映。因此,教育主体要依据环境道德教育的目标、任务和内容,通过深入了解教育客体的内在需求,充分利用客观现实和环境条件,具体问题具体分析,确立实践性强、操作性强的基本原则。如因材施教原则、知行合一原则、学思结合原则、启发激励原则、循序渐进原则、因势利导原则、专心致志原则、乐学善教原则等。同时,要选择相应的教育途径和方法,如理论教育法、实践教育法、榜样示范法、案例教学法、情境教育法,等等,这样才能取得良好的教育效果。

第四,协调整合各种影响因素。环境道德教育是一项复杂的系统活动,外界环境和内在构成都会产生各种不同的影响。不同的教育主体在思想观念、知识结构以及人生经历、兴趣爱好等方面不可避免地存在着差异,他们所施加的自觉影响就有可能产生分歧和对立,甚至发生异化和冲突,减弱环境道德教育的效果。因此,教育主体要通过协调各种自觉影响,使其同向作用,形成有效合力,抵制和消除不良环境的自发影响,配合强化自觉影响,从而营造良好的环境道德教育氛围,促进其健康发展。

第五,进行自我提升和完善。在科学技术迅猛发展的今天,传统的简单灌输和说教已经无法适应时代的发展和社会的变革。教育主体要树立终生学习的理念,以强烈的紧迫感和危机感,以积极进取的奋发精神,扩展环境道德知识领域,优化环境道德知识结构,掌握最新的环境道德理论成果和先进技术,特别是网络技术和多媒体运用技术,用于教育实践活动。同时,还要提高调查研究、组织协调能力,不断锤炼环境道德意志品格,强化环境道德修养,养成良好的心理品质和完善的人格气质,适应时代发展的客观要求,以德感人,以情动人,以理服人,以身示范地进行环境道德教育。

四、环境道德教育主体分类

环境道德教育主体的类型不是单一的,而是多样的。其依据是环境道德教育主体是有差别的,差别是分类的基础。所以由环境道德教育主体客观存在的差别的多样性,决定了对环境道德教育主体在主观方面的分类也可以多样的。同时,环境道德教育主体是在同客体的相互关系中得以体现的,而主体同客体的关系同样是多样的,作为环境道德教育主体的类型也必然是多样的。

第一,从规模的角度看,环境道德教育主体可划分为个体主体和群体主体。个体主体主要是指承担、发动、组织、实施环境道德教育活动的个人,如领导者、思想宣传工作者、教师、家长等。群体主体主要是指承担、发动、组织、实施环境道德教育活动的群体组织,如各种组织、团体、机构等等。群体主体又可分为正式群体主体和非正式群体主体。正式群体主体是经过一定的组织程序正式批准成立,具有严密组织结构和明确的环境道德教育职能的组织、团体和机构。如共产党等政党组织,工会、妇联、共青团等群众组织以及其他各种行业协会组织。非正式群体主体主要是根据兴趣、爱好、情感等有领导但自愿组合成立而又在一定程度上履行环境道德教育职能的群体组织,如学校的学生社团,工厂、农村、街道的各种兴趣小组,各种业余文艺、体育团体及其他各种非正式群体,等等。这两种群体在环境道德教育活动中起着重要的互补作用。前者具有主导性、权威性和系统性;后者往往具有情感性、渗透性和多样性。

第二,从时间角度看,环境道德教育主体可划分为历史主体和现实主体。

任何主体都是在特定时间从事环境道德教育活动的,而时间本身具有一维性,是不断变化的,由此决定处于不同时间段的主体是有差别的。所谓历史主体是指过去曾从事过环境道德教育工作,目前已不从事也不可能再从事环境道德教育的人。如去世者就是历史主体。历史主体还有一种情形,即对于特定的客体只在过去某一段曾教育过、培养过,由于这一客体已离开这一主体的直接影响范围,也属于历史主体,如一名中学教师对于其教过的学生而言就是历史主体。所谓现实主体是指对一定客体可以随时实施环境道德教育活动并对其发生现实影响的人。如现任的领导、现任的教师、现实的环保者等就属于这一类型。区分历史主体和现实主体的意义在于,无论是历史主体或现实主体,都要对教育客体在特定的时期负责。但是从各自角度看,他们都不可能对客体负一辈子责任,只能对其成长的某一阶段负责。另外,历史主体对客体的责任最重,因为他的教育成效如何,会影响到现实主体对同类客体的教育。进行历史主体和现实主体之划分,还可以得出这么一个结论:从历史主体到现实主体的链条中,每一个环节都不能疏忽,否则在一个环节出现问题,必然给下一个环节留下后遗症。环境道德教育是一个全程的、连续性的工作,每一时期的主体都应肩负起自己应承担的历史责任。

第三,从空间角度看,环境道德教育主体可划分为近距主体和远距主体。

近距主体是指同客体不存在空间上的隔离,主体可以直接感知到客体,客体也可直接感知到主体。远距主体是指客体空间距离较远以至主体无法直接感知客体,客体也无法直接感知主体。近距主体所进行的教育是一种直面式的教育,是促膝相谈、耳濡目染的教育,主客体之间彼此相互了解,较为熟知。这就使得主体对客体的教育针对性较强。而远距主体进行的教育是广播式、背对背式的,他对客体不熟知,相对的教育客体也是不确定的,自然其教育效果如何也无法直接得到反馈。这种教育是一种单向式的教育,受众多,辐射广。随着现代传媒的飞速发展,远距主体在环境道德教育中的作用日益凸显。远距主体的提出表明教育是可以跨空间进行的,这为构建环境道德教育的立体教育体系提供了理论依据。

第四,从主体能力看,环境道德教育主体可划分为强势主体和弱势主体。

强势主体是指能将教育的各种规律自觉地运用到环境道德教育活动中,取得良好的教育效果的人。强势主体自身素质高、能力强,在环境道德教育活动中游刃有余,对客体可以产生吸引力、感染力,能够取得显著成效。而弱势主体由于素质差、能力低、方法不当等方面的因素,使其教育效果差,甚至是无效果,有时还会产生负效应。为了增强教育的实效,必须采取各种方法使弱势主体向强势主体转化,这样才会形成以主体的有效性促成环境道德教育活动有效性的机制。造就强势主体是环境道德教育队伍建设的一项重要任务。

第五,从分工角度看,环境道德教育主体可划分为专职主体和兼职主体。

专职主体是指专门从事环境道德教育的人员,如环境伦理学者、环境道德教育专任教师、环境道德教育机构的工作人员等。兼职主体是指除主要从事自己的本职工作之外,利用业余时间进行环境道德教育的人,如其他专业教师、辅导员、社会公益组织工作人员、社区宣传员、父母等。

此外,环境道德教育主体还可以从不同角度进行划分,如从构成环节来看,环境道德教育主体可划分为直接主体和间接主体;从活动范围来看,环境道德教育主体可划分为流动主体和固定主体,等等。

五、环境道德教育主体人群

环境道德教育需要社会各阶层的广泛参与,因此要调动全社会的力量,充分发挥各个群体施教者的作用,多角度、多层面地进行环境保护和环境道德的宣传与教育,形成组织化、系统化、立体化的全覆盖教育体系,以促进环境道德教育有效开展。在环境道德教育的施教主体体系中,各个施教主体的作用是不一样的,其中主要有以下人群。

第一是社会专职教育队伍。环境道德教育必须配备一支专职的教育队伍,才能有组织、有规模地开展教育活动。这支队伍大体由专家学者、教师、宣传者、环保组织成员等组成。他们不仅以环境道德教育为职业,更进一步者还以此为事业,为人生之追求。他们可以通过系统教学、科学研究、座谈、讲座、写作等形式对各类学生实施教育,可以向政府部门的管理干部进行宣传,可以直接在各类企业进行有关环保知识、环境道德规范、企业环境责任等方面的培训,当然还可以向社会大众进行宣传教育,也可以以自身的行动进行示范教育。这个团体的施教者面对社会各个阶层,教育对象具有广泛性。但因其专业性强、认识深刻、教育能力高、自身道德良好,教育效果也往往较好。

第二是各级政府。政府部门不仅担负着环境决策与管理的责任,而且在管理过程中还需要对群众、基层管理干部和被管理者进行环境道德教育,因此也是环境道德教育的施教者之一。政府实施的环境道德教育包括两方面:一方面是面向全体群众的环境道德教育,主要包括制定相关教育政策、开展全民性的环境道德教育、宣传、倡导和组织环保实践等活动;另一方面是针对基层管理干部和被管理者的环境道德教育。与专家、学者不同,政府部门具备一定的行政权力,可以使环境道德教育、环境管理与环境破坏惩戒有机地结合起来,使基层领导或被管理者在接受政府指令的同时,也获得有关环境保护的知识、技能,提高自身的环境道德修养。

第三是学校教师。教师是各级各类在校学生进行环境道德教育的施教主体。教师主要是通过课堂教学或者课外辅导对学生进行教育。他们能够在学校宣传环境道德、环境保护理念,倡导环保实践。这种信息既可以通过特定的课程来传授,也可以与其他的研究计划如科学或社会科学等进行整合。因为许多学校很少有专门的环境道德教育课程,因此,环境道德教育也就只能融入其他教学中。当前我国各类学校教师更多的是在讲授其他学科知识的同

时兼具环境道德教育之职。因此如何强化教师的环境道德观使之
在以后的工作中对自己的学生进行教育就显得十分重要。这就需
要一个庞大的以培养环境道德教育师资为目的、具有系统环境道
德理论和环境科学知识以及较强教学能力的教师群体。

第四是绿色社团和志愿者。各种绿色社团包括非营利的组
织、专业学会、成人和青年小组以及环保志愿者等,都能够为环境
道德教育做贡献。和其他事情一起,他们能够完成诸如保护动植
物、减少垃圾和污染、研究环境问题并提出解决建议、为对环境负
责的法律和政策游说、就环境问题教育普通公众、为自然资源管理
项目提供资助等方面的活动和项目。有很多社团和志愿者能够在
环境保护和环境道德教育方面有所作为。社团组织在规模和范围
上可能太小,从仅由少数人组成的地方社区小组一直到具有大量
会员的国际组织,他们可能是结构复杂、组织良好的协会,具有规
章制度、徽标和经常性的会议安排;或者是非正式的特别小组,但
都在以自己的方式保护环境、教育民众。

第五是大众传媒。大众传媒不仅要在市场经济中做好经营运
作、谋求经济利益,更要注重社会效益,对社会负责、对环境负责。
大众传媒在环境道德教育中具有独特的优势。首先,大众传媒的
影响力广泛。以书籍、报纸、广播、电视、网络为主要形式的传媒具
有广泛性,广播、电视、网络更是突破了时空的界限将信息传达到
社会生活的各个角落。大众传媒影响力的广泛性使其在环境道德
教育中,能够打破年龄、社会地位、职业、文化层次以及时空的界限
对受教育者施加广泛影响,在一定程度上缓解了教育资源不足的
问题,拓宽了教育领域和途径。其次,传媒与受众之间的互动性增
强。随着现代通讯技术的发展,以往的传播媒介与受众之间的隔
离被打破,"受众能够及时对媒介信息提出反馈意见,使大众传媒

在选择传播内容和传播方式上更加灵活、更具针对性"①。不过大众媒体也有其局限性,因为它不能够直接控制人们的参与。人们可以选择关闭广播、电视、网络,或者不购买报纸杂志。因此媒体为了让人们保持对自己的兴趣就必须"愉悦"受众,此时有关环境保护和教育的信息就可能会受到威胁。所以媒体应该创新环境道德教育方式方法以吸引更多的读者。

第六是企业。企业是当今生产活动的基本组织单位,既是影响环境的重要力量,也是实施环境道德教育的重要主体。企业活动是现代社会影响自然环境的主要因素,它们在发展经济的同时,也给生态环境带来了破坏和污染,严重地威胁着人类的生存。工业企业排放的废水、废气、废渣已经成为环境污染的主要来源。因此,迫切需要企业对其管理层和员工开展环境道德教育,提高他们的环保意识、强化环保责任,促使企业形成正确的利益取向,在服从社会整体利益和长远利益的前提下来争取自己的利益,实现环保生产;自觉抵制杀鸡取卵、竭泽而渔的以牺牲生态环境而谋取经济利益的做法,创建以保护环境为精神指向的企业文化,发挥在推广环保技术方面的示范作用,研制、开发绿色产品,引导绿色生产和消费。

第七是社区居委会(村委会)。以社区居委会(村委会)为施教主体的环境道德教育是指在一定社会地域范围内,社区充分利用各类环境道德教育资源,有目的地对受教育者身心施加影响(有组织和无组织、系统和零碎),使社区成员提高环境道德素养和生活质量,促进人与自然的和谐发展。社区居委会(村委会)作

---

① 陈自清:《论大众传媒视角下的道德教育》,《山东工商学院学报》2006年第2期。

为社区环境道德教育组织者、实施者、监督者、协调者,以社区服务及社区文化为着眼点进行教育。在我国,目前及未来相当长的时期内,社区居委会(村委会)应该责无旁贷地成为社区环境道德教育的主要施实者。因为它具有领导性、灵活性和非正规性等特点,在开展社区环境道德教育方面具有其他施教主体不可比拟的资源优势、组织优势和中介服务优势。

第八是家长。以家长为施教主体的家庭环境道德教育,也就是父母对其子女的教育和影响。家庭群体成员间的联系具有持久性、亲密性、可信性,这种特点决定了家长在环境道德教育中所起的特殊作用。家长教育理念和方法、行为习惯、生活方式等自然会时时对子女产生重要影响,也便于进行环境道德教育。这种教育具有三个特点:一是灵活性,即不受时间、地点、内容、材料的限制,生活中的各种活动都可以进行;二是实用性,环境意识的提高对家庭生活具有实际意义;三是参与性,它不是以系统地学习知识为主,而是以培养生活习惯和价值观的亲身实践为载体。家长对子女进行环境道德教育一方面是促使其养成良好的生活习惯,如对物品的使用方式,对用电用水的态度,饮食习惯,对垃圾的处理等;另一方面是促使子女确立正确的价值观。这种教育所传授的知识是零散的,其非正规非系统性决定着它以培养情感和生活习惯为主。子女以其双亲为榜样,以他们的需求、情操为认同对象,通过同化作用逐渐形成自己的环境道德信念体系。

第三节　环境道德教育客体

主体和客体是相对应的一对范畴,没有主体就无所谓客体,没有客体就无所谓主体。二者各以对方的存在为自身存在的前提，各自只有在与对方的关系中才能获得自己的规定性。

一、环境道德教育客体含义及特征

所谓客体是主体在从事认识活动和实践活动时所指向的对象。客体既指以物质性为特征的物质世界，也指以精神性为特征的文化世界，还指作为物质性和精神性统一的人，在特殊情况下人也是客体。只是他处于他人或自己的认识和改造关系之中，人是一种特殊的客体，这种特殊性即人的主体性。

环境道德教育的客体和哲学意义上的客体是不同的。哲学意义上的客体是从人和物的关系上划分的，是指人类活动的对象，既包括人，也包括物。环境道德教育作为人类社会实践的重要领域，无疑也是一种对象性活动，并通过这种活动赋予对方以自身的规定性，或者说按照主体的要求去努力塑造对方。但环境道德教育活动的作用对象不是物，而是鲜活的具有能动性的人。这一客体不是从人与物的关系上来划分的，而是从人与人的关系上来划分的，准确地说，是从人与人在环境道德教育中作用与被作用、教育与被教育的相互关系上来划分的。那么，什么是环境道德教育客体呢？就是指环境道德教育的接受者和受动者，它与主体相对应，是主体作用的对象。

由于环境道德教育是以人为对象的活动，那么把教育内容、教育方法和教育环境等因素作为环境道德教育客体的观点是错误的，它们只是环境道德教育主体和客体相互联结的"中介"，而不是客体。环境道德教育客体只能是人，而不是物，是那些为教育主体所认识和施加可控性影响的人，可以是个人，也可以是群体。作为有思想、有情感、有意识的人，他们在接受教育时，不是完全被动的,也具有主动性,能够主动地参与和接受教育。这是教育客体不同于一般物质客体的根本特点之一,因此要充分发挥作为教育客体的主观能动性,以最大限度地提高环境道德教育效果。

作为环境道德教育客体的人有其特定的内涵。他首先必须是有正常思维的人,否则不能与教育者进行信息交流和思想沟通,也不可能成为现实的客体。其次必须成为环境道德教育者认识和作用的对象,否则也不能成为这种教育的客体,也就是说,必须与教育者发生现实的相互作用。环境道德教育客体能否成为教育者的现实对象,不仅取决于教育者对教育客体的身心特点认识的程度,对教育影响以及教育方法的理解、运用的水平,还取决于教育客体的可教育程度以及他对教育者的施教和教育内容所持的态度和理解程度。唯有教育者对教育客体的身心特点有深刻的认识,并具有相应的教育能力和手段,能够激发教育客体把教育者施教中的言行举止和教育内容作为认识对象并与其发生相互作用,教育客体才会转化为真正意义上的教育客体。因此,教育者、教育影响和教育客体之间发生相互关联、相互作用,是环境道德教育客体的充分条件。

环境道德客体具有以下特征:

第一是被动性。环境道德教育客体具有被动性、受控性和可塑性,即受主体的主导、支配和调控,处于从属和被动的地位。教育主体总是要想法使客体形成一定社会和阶级所期望的环境道德素养,这就需要使他们了解、认同和接受一定的环境道德知识,遵守环境道德规范。从这个意义上说,环境道德教育客体处于"接受者"的被动地位。

第二是能动性。环境道德教育客体是人,因此又具有主动性、能动性,即与教育主体互动状态下所表现出来的"自觉能动性"。

接受环境道德教育的人有自己的思想意识,能够能动地反映外部世界和自身,能对教育主体传递的信息加以筛选,能动地接受主体的教育,并反作用于主体;也能对自己的思想活动进行自我认识和更新,从而在不同程度上自觉调节自己的思想和行动,发展和提高思想道德水平,重新建构认识体系,结合自身的社会生活实际进行环保选择和实践。当然他们也可以反过来作为教育者对别人进行环境道德教育。

第三是广泛性。环境道德教育活动具有广泛的群众性。它涉及社会的各个部门、各个单位、各个领域。因此,环境道德教育的对象也必然具有广泛性、普遍性,是社会的全体成员。这些人尽管千差万别,但有一点是共同的,那就是应该接受环境道德教育,树立环保观念。无论是在国内,还是在国外;也无论是什么职业、年龄和身份,都是如此。

第四是知行分割性。因为与利益相结合,而使得客体难以被改变,即使认识到自身行为不对,但是为了某种其他利益如经济利益仍不改变其行为,结果就会导致知行不统一。这种知行分割包括三种情况:一是知而不行。是指在习得环境道德准则和规范后,在现实生活中却没有按照已有的道德认知做出相应的道德行为。根据其产生的主客观原因,我们可以把它分为"知而不愿行"和"知而不能行"两种问题。二是知而错行。指客体在已经习得一定环境道德准则和规范的情况下,在现实生活中处理环境问题时明明知道怎样做是正确的却做出违背个体环境道德认知的错误行为。三是行不真知。是指由于没有真正理解或错误理解某些环境道德准则和规范而做出某些行为。这些行为有可能是在监督、逼迫下做出的符合环境道德准则和规范的行为,也可能是由于对环境道德准则和规范错误理解导致的不道德行为。

二、环境道德教育客体作用

现实的环境道德教育是多种要素互动的过程。其中,环境道德教育主客体的互动是其核心。客体正是在与其他要素的互动特别是在与主体的互动关系中,体现着独特而重要的作用。

第一是参与作用,指客体作为环境道德教育活动的承担者和参与者所发挥的作用。这种作用主要表现在:客体根据自身的需要、特点和发展变化规律协助环境道德教育的决策和教育计划的制订;客体在主体的组织和引导下承担实际的环保活动;客体还可以参与环境道德教育的科研和评估等。

第二是制约作用,是指教育客体对教育主体和整个活动的制约。现实环境道德教育活动的展开,不仅需要主体对客体的引领乃至对整个活动过程的调控;也需要客体能动性地发挥作用,这必然导致客体对主体乃至对整个教育活动的制约。比如,教育主体的一个重要任务就是制订切合实际的教育计划,而要制订这项计划,除了考虑特定阶级或社会所规定的教育目标和要求外,也必须考虑教育客体的具体情况,这就是一种制约。事实上,客体的实际状况还制约了主体教育内容、方式方法的选择。

第三是反馈、检验作用,是指教育客体以自身状况来反馈和检验环境道德教育之效果。环境道德教育计划实施是否顺利有效,是否需要调整和改变,都必须建立在客体的思想认识、行为选择和行动落实等信息反馈基础上。而环境道德教育的目的在于改变和提高客体的环境道德素养,其效果只能通过客体的思想观点、行为表现来检验,因此环境道德教育客体还是教育效果的体现者。

第四是促进作用。受教育客体通过自己的参与、反馈、检验活动客观上促进了环境道德教育活动的发展,也促进了自身和教育主体的共同提高。环境道德教育客体不是一般"物"的客体,它是

"主体性"的人的客体,处于特定环境道德教育关系中。正是因为客体具有参与、制约功能、反馈、检验、促进等职能,才使得他们在接受环境道德教育过程中能充分地发挥"主动性",促使主客体的共同提高与完善,进而提高环境道德教育活动的实效性。

三、环境道德教育客体人群

环境道德教育的基本目标是培养有环保责任心的公民。环境道德教育拓展的远景目标是,不仅包括与环境问题和资源管理密切相关的知识,还要考虑环境与其他各社会关系协调发展。环境道德教育必须使人们接受人与自然和谐相处的价值观,教育人们要为自己的行为负责,并采取行动保护环境。因此,必须鉴别将要成为环境道德教育客体的目标人群。在鉴别这些人群时,教育工作者不仅必须考虑直接引起问题的人群,像那些造成土壤侵蚀的农民,过度采猎采伐野生动植物的牧民、猎人,造成环境污染的企业,无节度消费的消费者,等等;也要考虑能够影响这些人的群体,例如,政府官员、普通公众等。如果针对不恰当的人群开展工作,就不能期望它产生预期的效果。所以梳理各类环境道德客体人群,并采取相应的教育措施,有针对性地进行教育是很有必要的。

第一是全体公民。党中央颁布的《公民道德建设实施纲要》,把保护环境列为社会公德之一,要求全体公民遵守。对全体公民开展环境道德教育就是要大力宣传人与自然和谐相处的理念,要运用多种文化、艺术的方式来表扬在环保方面先进的人和事,揭露违法破坏行为,在全社会形成保护环境、热爱自然的好风尚,让环境保护深入人心,落实到人们日常生活的方方面面。其中主要是培养公民的绿色消费理念,使人们的消费心理和消费行为向着热爱自然、追求健康、降低消耗、防止污染的绿色消费转变。让他们在消费时能够考虑到对环境的影响，不因自己的一己私利、贪欲、方便、虚荣去盲目大量使用非绿色产品、排放污染，尽量使消费活动以维持生态平衡与保护资源为前提，发展合乎良性循环和保护环境的消费结构，提倡健康文明的绿色消费方式，促进循环使用，减少污染和浪费。同时还要教育公民积极投入环保实践，参与环保活动。

第二是农民群体。因为部分农民滥用化肥、农药、塑料，使用转基因种子，过度砍伐树木、捕捞和掠杀野生生物，排放污染和有毒有害物质等行为，直接对环境造成了破坏。从某种意义上讲，当前许多地方的农业实质上是通过大量机械、化肥、农药的投入，换取农业的高产。这种耕作方式会导致土壤结构破坏，农作物抗灾性降低，农产品残毒性增加，环境被污染，影响人的身体健康和其他生物之间的平衡。对农民群体进行环境道德教育，目的在于使其确立以下环境意识：生产结构确定、产品布局安排等都必须切实做到因地制宜，和当地的环境条件相匹配；对自然资源的利用不能超过资源的可更新能力；在能量和物质的利用上，要做到有取有补，维护生态平衡；在利用可更新自然资源的同时，要注意培育和增殖自然资源，使整个生产的发展，走向良性循环。

第三是企业群体。当前对环境污染严重的传统企业主要集中在造纸、化工、钢铁、电力、食品、采掘、纺织等行业，他们在工业生产过程中所形成的废气、废水和固体排放物对包括人在内的生物赖以生存和繁衍的自然环境构成了极大的侵害。此外，还有一些新兴行业，对环境的破坏要么更大如核试验，要么更隐蔽或潜在危害更大如生化行业、电子行业等。对直接影响环境的各企业群体进行环境道德教育尤其迫切，因为它较之单个的人对环境的影响更大。对企业进行环境道德教育，一方面要丰富企业环境道德教育的内容。既加强包括一般的生态知识、道德知识的教育,也加强包括企业本身的生产、经营、发展对环境的影响以及自身应该承担的责任和义务的教育;既包括国家、行业相关法律法规教育,也包括企业本身企业文化和制度规范教育。另一方面,还要拓宽企业环境道德教育培训途径。要充分利用讲座、展板、竞赛、展览、考察、野营等各种媒介以不同的方式展开。通过这样的方式,让企业领导和管理者可以具备对决策有重大影响的环境道德素质,企业员工可以在执行领导决策以及生产经营等活动中产生道德认同,形成道德自律。

第四是环境管理的基层工作人员。这些人通常服务于林业、农业、牧业等基层管理或服务机构。他们自己一般不采收自然资源,而是向采收者提供新产品、技术、政策法规、咨询等。教育工作者因此可能通过专项教育项目帮助下属机构,或者在环境管理方面培训他们。由于下属机构工作人员能够影响到更多的对环境产生实际影响的人,因此让他们加入到教育客体之列能够使环境道德教育的最终影响最大化。他们接受教育后能够对村民、社区居民、企业人员等产生重要影响。

第五是地方领导人和政府官员。地方领导人和政府官员是政策的决策者,往往对本地区的环境保护或破坏有着重要的影响。一般来说他们对大坝建设、道路铺设、土地拓殖、工厂建立、山林绿化、环境保护等重要项目有抉择权,也为这些项目提供资金和支持,或者给予制止和惩罚。决策不当或失误是造成一系列环境问题的重要原因。原全国人大常委会环资委主任委员曲格平认为:"我们在现代化建设中,出现了严重的生态环境问题,影响了现代化建设事业顺利进行,也危害了广大人民的生活和安全。追其根源,无不是在制定国民经济的重大政策和规划决策时不考虑环境影响所致。"①决策失误造成环境破坏有多方面的原因,如对生态规律的认识不足,宏观决策机制不健全以及缺少法律保障等,"但总的来说,人为因素的作用,特别是错误价值观念的影响是造成决策失误的基本原因"②。环境道德要求决策协调人与自然的关系,承认一切生命和自然界的价值与权利,在谋求当代人发展的同时还要考虑后代人的利益。而往往大量错误的决策恰恰缺少或偏离环境道德观念。因此,必须把地方领导人和政府官员作为主要的环境道德教育对象。

第六是富有影响力的社区成员或知名的公众人物。这些人可能是因在某方面成绩卓越而比较出名的人,或者是受尊敬、有影响力、说服力的社区居民。教育工作者应该花些时间鉴别这些成为某一群体效仿对象的"领导人",因为教育者所要影响的人群经常遵循这种非正式领导人的做法,这可能是一个非常富有成效的目标人群。

第七是学生。严重的环境问题可能要求公众给予即时的注意,学校学生可能不能为这种行动作出贡献。但是,基于长期态度的养成和以下一些原因,学校学生是环境道德教育必要的目标人群。首先,数目庞大的在校学生,本身就是一个消费人群,必须培养他们的绿色消费观。这些学生将来会走向社会,当从事某种职业时也必须树立正确的生态观,承担环保责任。况且他们当中的一部分人很有可能会成为未来的政府决策人、企业家、科学家、学者或者其他方面有影响力的人物,此时他们的环境道德观就显得尤其重要。

---

① 曲格平:《环境影响评价法,环境问题从源头抓起》,2003 年 1 月 9 日,见 ht-tp://www.people.com.cn/GB/huanbao/55/20030109/904644.html。

② 余谋昌、王耀先:《环境伦理学》,高等教育出版社 2004 年版,第 299 页。

第八是专业技术人员。"专业技术人员指在各种经济成分的机构(包括国家机关、党群组织、全民企事业单位、集体企事业单位和各类非公有制经济企业)中专门从事各种专业性工作和科学技术工作的人员。"①他们大多经过中高等专业知识及专门职业技术培训,并具有适应现代化社会大生产的专业分工要求的专业知识及专门技术。专业技术人员是现代工业社会中等阶层的主干群体,他们既是先进生产力的代表者之一,也是环境道德教育的重要对象。对这一群体进行环境道德教育,一方面,必须培养他们的科技道德,帮助其树立正确的科技道德观,使他们在科技活动中自觉减少乃至消除科技副作用,采用更经济、更科学的方法和手段,推动环境与生态保护的进程。同时帮助认识绿色科技发展的必要性及对于环境保护的重要意义,从而使他们能够积极参与绿色科技的创造与发明。另一方面,要鼓励他们加强环境污染治理与环境质量改善方面的科学技术研究,研制与开发一批符合清洁生产原理的新工艺、新技术,减少物耗与能耗,减少污染物排放,发挥自己的聪明才智为环境治理作出贡献。

第四节　环境道德教育主客体关系

环境道德教育主体与客体之间的关系是环境道德教育中最重要、最基本的关系,它贯穿环境道德教育的全过程,存在于一切环境道德教育活动之中,决定着环境道德教育的根本性质和目的,决定着环境道德教育各种关系的产生、发展和变化。因此,我们不仅

---

① 康新贵:《当代中国社会四个阶层划分与阶层矛盾》,2010 年 6 月 21 日,见 http://www.21ccom.net/articles/zgyj/ggzhc/article_2010062111784.html。

要弄清环境道德教育主体与客体的内涵,更要深入把握二者之间相互关系和结合方式。这对于有效开展环境道德教育具有特别重要的意义。

一、环境道德教育主客体之间的对立统一关系

环境道德教育主客体在关系中生成,在关系中存在,因而也应在关系中把握。二者关系是对立统一的矛盾关系。但这种主客体的对立统一关系和一般主客体的对立统一关系不同。其特殊性主要表现在以下几个方面:一是载体不同。一般意义的主体指人,客体指物,人能动,物被动,一般主客体之间的作用具有单向性。环境道德教育主体是人,客体也是人。人都有能动性,因此,这种主客体之间的作用具有双向性,是互动的。二是内容不同。一般意义的主客体对立统一,主要是指人和物两大实体的对立,通过人的实践活动达到人和物的统一。环境道德教育主客体对立统一,并非主体人和客体人实体的对立统一,而是两者在思想观念上以及由此指导的行为方式上的对立,通过主体人的实践活动和客体人的思想反思达到主客体的统一。三是性质不同。一般意义的主客体的对立统一是对抗性的,环境道德教育中主客体的对立统一主要是非对抗性的,二者所要达到的目的是一致的。

(一) 环境道德教育主客体之间的对立关系

环境道德教育主体和客体有着明显的界限和区别,二者有着不同程度的对立性。他们在性质、地位、角色、素质、活动方式、任务侧重点和作用等方面都有着明显的差异和对立。

首先是在角色上的对立。环境道德教育主客体在性质上是对立的,这种对立主要是指它们在根本内涵上的差异和对立。这种性质上的差异和对立必然导致二者在角色、地位方面的区别和对

立。相对于客体,主体是整个环境道德教育活动的教育者、组织者、发动者、实施者,要组织、引导和控制整个活动的开展,起组织、主导和协调的作用。而客体,是主体施加教育影响的对象,尽管其具有主观能动性,但仍然是被教育、被引导者,也就是被塑造者。教育主体的角色是主流意识形态的代言人,他们通过教育活动传播社会所需的环境道德,用以统一人们的思想,指导人们的行为。而客体则是接受教育的角色,是主体"灌输"理论和培养的对象。他们要在主体的指导下,通过理论学习、实践锻炼、自我修养掌握培养环境道德,实施环保行为。

其次是在在素质上的对立。这种对立主要表现在环境道德素质方面,主体一般经过了理论培训和实践锻炼,其环境道德知识要多,修养要高,认识要深刻。客体相对而言则不具备上述条件,无论是在认识、修养上,还是在行动上一般都不如主体。正因为如此,才使得环境道德教育显示出必要性和重要性。

再次是在任务侧重点上的对立。主体和客体尽管是平等的,双方都在为社会整体环境道德素养的提高和人与自然和谐相处而努力。但在接受的具体任务上,主体和客体的侧重点却不同。主体的任务是"教"即教育和帮助客体,目的是传播环境道德、培养他人的环保意识、促进他人的环保行为;而客体的任务是"学",是接受主体的教育,掌握环境道德知识,不断提高自身的环境道德素养。

此外,二者在在作用上也是不同的。在整个环境道德教育活动中,主体由于是活动的组织者、控制者,他起的是组织、主导和协调的作用,控制着教育活动发展的方向,影响到环境道德教育的效果。而客体的作用是参与、制约、反馈和检验,这些作用尽管重要,但与主体作用相比不具有主导性。

（二）环境道德教育主客体之间的统一关系

环境道德教育主客体之间既是对立的，又是统一的。这种统一性表现在以下两个方面：

一方面，就活动发展过程来讲，主体和客体是可以转化的。二者的相互转化是基于一定的时空条件或在活动中地位和作用的变化而实现的。由于时间、空间、境遇的改变，环境道德教育主体可转化为客体，客体也可以转化为主体。一种情况，在此处是主体，在另一处就是客体，反之亦然。比如某一单位的环境道德教育者在本单位里面是主体，但当他接受上级或接受他人的环境教育时，则为客体；某个人当他接受本单位或社会环境道德教育时是客体，而当他在家中对自己的子女进行环境道德教育时又成为主体。另一种情况是，主体把自己所掌握和内化的环境道德传输和导引给客体，客体对这些"原材料"进行认知、选择、接受、认同和内化，甚至外化其行为，表现出了较高的环境道德修养，他又可以反过来对当初的教育者实施教育，此时二者的主客体关系就会发生转化。此外，客体还能促使主体改进工作方式和方法，主体接受和内化环境客体的建议和意见时就转化成为客体，而此时的客体也就转化为主体。

另一方面，从活动结果来看，主体与客体在思想和行为的诸多方面变化是趋于一致或基本相符的。作为一定社会环境道德代言人的主体，其使命就是准确把握并内化环境道德要求，通过反复的教育实践活动，逐步培养和塑造客体的环境道德。这种活动趋势是一致的，即主客体的环境道德修养都得到了提高。其结果是教育者和被教育者通过环境道德教育，最终都做到保护环境、尊重生命、善待自然、适度消费、减少污染和破坏，环境道德原则与规范成为二者的共同行为准则。

　　总之,环境道德教育主体与客体之间的关系是对立统一的,双方的对立统一不是截然分开的而是密切相关、互相渗透的,双方的对立与矛盾隐含着双方的统一,是蕴有统一性的对立和矛盾;双方的统一中也包含着二者的矛盾和对立,这种统一总是相对的、大体的,是具有对立性的统一。而环境道德教育活动效果就是二者对立统一矛盾运动的结果。

二、环境道德教育主客体关系特征

　　在环境道德教育活动开展之前,主客体及其关系处于准备状态,还不构成现实的主客体关系,是一种潜在的主客体关系。环境道德教育活动是主体(教育者)、客体(受教育者)、环体(教育环境)和介体(教育媒介)等因素之间的相互作用和影响。在未开展时,只存在着培养、学习、计划和准备中的教育者与被教育者,也是潜在的主体和客体。只有当教育活动开始后,才会有现实的主客体关系。

　　环境道德教育主客体互为前提,共同处于教育统一体中,具有相互依存性。它以人为实践对象,教育者依据一定的环境道德要求,按照客体的思想形成和发展规律,运用一定的教育方法和手段,并结合具体的教育环境,有组织、有计划地实施教育,使客体的环境道德观朝着社会要求的方向变化。在这个过程中,主体与客体相互依存的,没有主体就没有客体,反之亦然。

　　环境道德教育中同时存在着性质不同、形式不同、地位不同的多个主客体关系,具有并列性。环境道德教育是一个多要素构成的复杂系统,在这一系统中存在着多种关系,如果我们只看到一面而看不到其他,那么对环境道德教育过程中主客体的认识和把握就难免失之偏颇、缺乏解释力度。环境道德教育往往是教人教己、他教自教,是实践、认识、价值等数个教育过程俱进、多个主客体关系的统一。

环境道德教育不可能通过一场面对面的报告或一次教授就达到目的,需要多次反复重复进行,具有反复性。一是客体的接受不是一次完成的,换句话说,就是人们不是一次就能树立起良好环境道德观的,而是一个不断学习、不断培养、不断实践的过程。这期间主客体需要多次反复交流。二是即使客体拥有了一定的道德,也还需要不断提高,因为道德追求是无止境的。这也需要在更高水平的主体教育、影响下不断进步,这也是一个主客体之间的反复过程。三是一些环境观念淡薄或缺乏的人,本来就有一种对环境的错误认识和一些非环保习惯,那么他们接受环境道德教育并转变原有观念就更加困难,更需要主客体之间的反复沟通和交流。此外,即便是一些人形成了一定的环境道德观,但是在特殊情况下,比如利益与环境冲突的情况下,也可能放弃环境道德而选择非环保行为,这就需要对之进行强化教育,反复灌输、引导、说服,才能收到预期效果。

三、环境道德教育主客体关系不同模式

环境道德教育主体与客体之间因相互联系、相互作用、相互结合的方式不同,形成了不同的关系模式。

（一）根据主体客体互动程度进行分类

环境道德教育主体通过各种途径对客体进行教育,二者存在互动关系。这种互动是主体和客体通过教育活动而产生互相依赖行为的社会心理现象。美国的琼斯和西鲍特根据社会互动是否相倚,把互动分为四类:假相倚、非对称相倚、反应性相倚、彼此相倚。我们可以借用来分析环境道德教育过程中主体与客体所形成的主客体关系。

一是假相倚。教育主体在教育过程中如果不考虑客体的实际需要,而只是将环境道德要求强行灌输给客体,而不管客体接受程度如何,那么教育效果就会流于形式。此时主体和客体之间就是一种表面上形式互动,而实际上彼此不产生影响,这就是一种假相倚、假互动。

二是非对称相倚,是指单向性互动。在环境道德教育过程中容易出现两种单向的教育情况:一种是教育主体根据客体的实际需要进行教育,但是客体不积极参与,未能达到教育效果。另一种是教育客体有某种自身的需要,但是主体不予以理睬。这都是主客体之间缺乏呼应,是非对称性的。

三是反应性相倚,是指双向性互动。环境道德教育过程中常见的双向性情况也有两种:一种是主体根据客体的环境道德实际水平制订了教育计划,但是在教育实施过程中客体还会出现新变化,此时主体也要根据新情况改变原计划,并设法达到教育效果。另一种是客体原本对主体的教育内容并无需求,但是经过主体的提示和强化,又接受了这一教育内容。

四是彼此相倚:也是双向性互动,但与反应性相倚的互动有一定区别。在彼此相倚中,主体是有目的、有计划、有组织自觉地根据客体的需求来进行环境道德教育,而客体也是能动地、自主地回应教育者,接受教育,不断提高自己。

（二）根据主客体之间关系性质进行分类

在环境道德教育过程中主客体之间存在着不同性质的关系,一是离心的,二是和谐的。

离心的关系是指,环境道德教育主体和客体之间存在着较大的心理距离和情感隔离,严重的甚至存在着心理对抗。在教育过程中,主体的要求和观点与客体自身的实际状况存在分歧,客体的需要得不到满足,主体只是一味地想把外在的社会要求强加给客体,从而造成心理上的抵触和态度上的分歧。还有一种情况是在教育过程中,主体对客体进行的环境道德认知教育、情感教育、意志教育、行为教育得不到客体的认同,从而导致情感上的背离。客体对教育主体的言谈举止乃至仪态不喜欢和反感,也可能造成主客体的情感相悖。

和谐的关系是指,主体和客体之间关系协调、融洽,心理距离比较小,情感相融;即使存在一定的心理距离,彼此也能理解、沟通。处于和谐关系的主客体往往在教育过程中感觉通畅、愉快,成效也显著。相反,处于离心状态的主客体相处是痛苦的,成效也甚微。

(三) 根据主客体教育过程中的主导地位进行分类

环境道德教育主客体关系根据主导地位不同可分以下三种情况:

一是主体本位。环境道德教育主体处于中心和权威地位,客体处于次要和从属地位。主体本位是以主体为中心来构建教育诸要素,特别是主体与客体的相互关系的一种结构模式,这种模式影响广泛。如英国洛克指出"父母和教师就是儿童精神成长的决定者"①。苏联著名教育家凯洛夫认为,"教师是学校整个教育活动的中心人物,在教育工作中,教师是最重要的、有决定作用的因素"②主体中心模式的集中表现就是"三个中心",即"以教师为中心,以教材为中心,以课堂为中心"。主体本位模式论看到了主体

① [美]S.E.佛罗斯特:《西方教育的历史和哲学基础》,吴元训等译,华夏出版社1987年版,第328页。
② [苏]伊·阿·凯洛夫:《教育学》下册,沈颖、南致善等译,人民教育出版社1992年版,第289—290页。

在教育诸要素中的主导地位,但却把主体的决定作用绝对化了,否定了客体的主动作用,只把客体看作是完全被动的,如此容易形成主体单方面作用于客体的单向教育模式。

二是客体本位。这是以客体为中心来构建环境道德教育诸要素特别是主体与客体相互关系的一种结构模式。客体受教育者或者说是学习者处于中心地位,主体即教育者处于辅助地位,主体与客体关系是适应和服从客体需要建构起来的。客体本位强调客体中心地位,强调个性的自由发展,强调个体的生活经验与道德体验,是作为主体本位的对立物而产生的。它看到了客体的重要地位和作用,注重从客体的发展需要、特点和亲身体验出发开展教育,具有积极意义。但它却在不同程度上否定了教育主体的主导地位,过高地估计了客体的地位和作用,往往容易导致道德相对主义和自发论。

三是主客体双本位。这种关系在学术界有三种不同的意见。其一是双主体说,即认为环境道德教育主客体之间互为主客体。从实施过程方面看,主体是施教者,客体是被施教者。从受教育过程方面看,客体是接受的主体,主体是接受的客体,双方之间的作用和影响是双向的,分别构成互为主客体的两个认识活动循环圈。其二是主客体双向互动说,即认为在环境道德教育过程中主体的施教起主导作用,但客体在接受教育影响时也不是消极、被动的,而具有能动作用。主客体相互交流、相互作用,形成合力,促进教育过程向前发展和教育效果的提高。三是主体际说,即认为环境道德教育过程就是在教育者与受教育者之间互动交往的过程,通过"主体—客体—主体"的转化过程实现的。在这个转化过程中,教育者和受教育者结成"主体—主体"的关系,即一种主体际关系。

四、环境道德教育主客体关系发展趋势

在新的历史条件下,环境道德教育主客体之间的关系出现了新的发展变化,需要着重从以下方面来把握。

第一,双向互动的关系。环境道德教育主体与客体之间不再是一种我讲你听、我说你服的单向关系,而是一种双向互动关系。不仅受教育者要向教育者学习,教育者也要向受教育者学习,双方互相学习、互相帮助、教学相长、共同提高。当今社会,环境道德教育主体与客体的社会地位是平等的,人格是平等的,提高思想认识的要求是平等的,接受信息的机会也是均等的。社会信息传递正由历史传递转向共时传递,教育者失去了获得信息资源的优先权与垄断权。在这种情况下,就要改变教育者居高临下、单向施教的错误认识与做法,坚持在平等的基础上加强和发展双向互动关系。

第二,主导与主动的关系。环境道德教育中主体与客体作用是不同的。主体具有主体性,起着主导作用。他要认识客体的状况及特点,确定正确的方向和目的,选择合适的教育内容和方法,加强对客体的引导。客体具有客体性和能动性,也能起主动作用。他是教育的出发点和落脚点,也是教育效果的体现者,在教育内容、教育方式的接受上具有选择性,反过来又会影响教育主体的教育行为。所以主体的活动离不开客体的主动参与配合,客体的主观能动性的发挥离不开主体的制约与引导。

第三,互相转化关系。环境道德教育主体与客体、主动性与客体性在一定条件下可以互相转化。从主体角度来看,正如毛泽东曾说过,要想当先生,就得先当学生。主体要想教育别人,首先需要对社会所要求的主导思想观念等进行理解和内化,也就是自己必先受教育,才能有知识、有能力传递给别人,这时教育主体就是学习者即受教育者的角色。况且,随着现代化传播媒介的迅速发

展,信息来源更加广泛、多样,教育者在掌握信息上失去了过去曾有的优势,受教育者可能先于教育者获得了新知识。这时教育者就需要向学生学习,从而也就变成了学生,成为教育客体。从客体角度来看,客体在主体的引导下接受教育并积极践行道德要求,也就实现了由"他教"向"自教"的转化,客体也就变成了主体。同时客体在接受道德教育并将要求内化时,又可以指导和教育身边的人,这时客体也成了主体①。

---

① 参见何飞龙:《浅谈思想政治教育者的主体性与教育的有效性》,《玉林师范学院学报》2004年第2期。

第四章　环境道德教育
目的与目标

　　作为人类教育实践的重要组成部分,环境道德教育是建立在对因果必然性认识基础上的目的性活动。它由许多因素和环节构成,其中目的是诸因素、诸环节的中心。围绕这一中心,各要素和环节相互配合、相互衔接、协同作用,共同完成教育任务。环境道德教育目的较概括和抽象,是环境道德教育普遍性的、终极性的追求。而教育目标是环境道德教育活动特殊性的、个别化的、阶段性的追求,目标较具体。环境道德教育目的的最终实现有赖于许多具体教育活动目标的实现,探讨环境道德教育目的就无法回避对教育目标的追寻。

第一节　环境道德教育目的

　　恩格斯说:"在社会历史领域内进行活动的,全是具有意识的、经过思虑或凭激情行动的、追求某种目的的人;任何事情的发生都不是没有自觉的意图,没有预期目的的。"①可见,目的性是人类活动的重要特征。"任何一项教育改革都意味着价值领域的某

① 《马克思恩格斯文集》第 4 卷,人民出版社 2009 年版,第 302 页。

种导向。依据这一事实,教育改革必然涉及教育目的这一根本性的问题。"①教育目的是环境道德教育实践中的根本性问题,它不仅提供环境道德教育实践的前提和方向,而且对环境道德教育内容的取舍、教学方法的选择等都具有决定性作用。同时,它也是环境道德教育开展的内在动因,并贯穿于教育全过程。在环境道德教育活动之前,人们在观念中提出和设定目的,在教育实践中实现和达到目的,在教育实践后,又进一步检验、修正目的。

一、环境道德教育目的相关概念

"目的是主体根据外界实际情况和本身需要而预先设定的、存在于人的头脑中的那种未来需要实现的结果。"②作为实践活动的起点,目的是主体活动的意向,意味着主体对自身活动的规范,规定和指引着行动的方式和方向,体现了主体活动的自我支配机制;作为实践活动的终点,目的是主体活动的结果,是预期目标的实现,体现了主体活动的自我实现机制。作为人类实践活动的特殊形式,教育活动也具有目的性,学术界关于教育目的有着不同的理解和诠释。

中国一些相关词典对教育目的解释大体有如下几种:其一,"教育目的(aimsofeducation)是培养人的总目标。关系到把受教育者培养成为什么样的社会角色和具有什么样素质的根本性质问题,是教育实践活动的出发点。根据一定社会的生产力、生产关系的需要和人自身发展的需要来确定。"③其二,"教育目的是把受教

---

①　瞿葆奎:《教育学文集》,人民教育出版社 1989 年版,第 696 页。
②　袁尚会:《道德教育:目的、手段与教育的有效性》,《河南社会科学》2013 年第 1 期。
③　《教育大辞典》,上海教育出版社 1998 年版,第 765 页。

育者培养成为一定社会需要的人的总要求。教育目的是根据一定的政治、经济、生产、文化科学技术发展的要求和受教育者身心发展的状况确定的。它反映了一定社会对受教育者的要求,是教育工作的出发点和最终目标,也是确定教育内容、选择教育方法、检查和评价教育效果的根据。"①其三,"教育目的是教育要达到的标准或效果,它规定着通过教育要把受教育者培养成什么样质量和规格的人。在教育方针中常包含着对教育目的的表述。教育目的是教育工作的出发点和归宿,也是检验教育工作的尺度。它对教育制度的建立、教育内容的确立和教育方法的选择具有指导作用。教育目的的提出是由一定社会的政治、经济、制度决定的,同时也是受制于一定的社会生产发展水平,反映了社会对人才培养的总要求,在这一总要求指导之下,各级各类学校要根据自己的具体任务,确定相应的培养目标"②

国外一些学者认为,教育目的的概念应包括基本概念和规范概念两个层次。基本概念是指:"教育目的是一种设想的心理素质(或者一种设想的素质结构),人们欲求、尝试或者要求通过教育而在受教育者身上得以实现。"③规范概念包含以下四层含义:"(1)教育目的是一种规范。它如同任何一种规范一样,由一个规范制定者制定或者由一个规范的权威为特定的被规范对象而制定。(2)该规范具有双重内容。即它由分别为两种不同规范对象所制定的两种规范之间的相互联系所构成。(3)它首先包含一种

① 《中国大百科全书·教育》,中国大百科全书出版社 1985 年版,第 172 页。
② 王焕勋:《实用教育大词典》,北京师范大学出版社 1995 年版,第 238—239 页。
③ [德]沃尔夫冈·布列钦卡:《教育科学的基本概念分析、批判和建议》,胡劲松译,华东师范大学出版社 2001 年版,第 137—138 页。

对受教育者的理想(期望)。它被理解为一种规范,该规范要求受教育者应该达到某种特定的人格状态。在此,涉及对某种单一的或者复杂的素质结构的设想。它可以被视为对受教育者人格的应然状态的描述。(4)它还包含对受教育者的规定。它可以被理解为一种规范,该规范要求教育者应该如此行动,使得受教育者最大限度地获得实现由教育者所制定的理想(或者接近此应然状态)的能力。但该规范却并未确定,教育者应该怎样行事。它只是一种任务规范,而不是一种技术规范。"①

"道德教育目的是指道德教育主体在作出行为判断、选择时提前设想到的并努力实现的道德目标和结果。"②环境道德教育目的是教育目的在环境道德教育领域的特殊化,指向人的道德素质培养的一个特殊方面。在现代,随着实践领域的不断扩大,人的道德的全面发展问题也就日益突出。道德教育是使人成为有一定社会道德品质的人的教育,有道德的人应该在家庭道德、职业道德、社会公德等诸多领域都品质良好、全面发展的人。环境道德也是道德的重要内容,一个道德良好的人也应该具备相应的环境道德素质。因此,在加强家庭美德、职业道德和社会公德教育的同时,也要加强环境道德教育。否则,培养出的人就不是全面发展的人,就不会考虑到人与自然的关系及人的可持续发展问题。如此不仅会危害大自然,而且会殃及国家、社会及自身。由此,把环境道德目的作为道德教育目的的基本追求之一,也是现代社会对人的道德全面发展的新要求。

---

① [德]沃尔夫冈·布列钦卡:《教育科学的基本概念分析、批判和建议》,胡劲松译,华东师范大学出版社2001年版,第137—138页。
② 袁尚会:《道德教育:目的、手段与教育的有效性》,《河南社会科学》2013年第1期。

作为道德教育组成部分的环境道德教育,不仅仅是一项建立在对因果必然性认识基础上的目的性活动,更是塑造受教育者灵魂的系统工程。因此,为环境道德教育设定目的,以使环境道德教育朝着有利于提高个体的环境道德素养和社会环境道德水平的方向发展,理所当然地成为我们义不容辞的职责,这是环境道德教育目的特殊性所在。环境道德教育目的是环境道德教育预先设定的结果,是环境道德教育所要生成或培养的环境道德的品质规格,反映了社会对人与自然关系的认识以及对人们环境道德品质的要求、憧憬、预测和追求。

二、环境道德教育的终极目的

面对全球日益严重的环境问题,人类不得不重新反思自身的行为方式,反思人与自然的关系。这其中,最重要的就是唤醒人类的生态良知,塑造人们的生态人格,这已成为了社会追寻的价值旨归。而就环境道德教育而言,其终极目的就是塑造具有生态人格的人。

(一) 道德教育的理想人格

英文人格"personality",源于希腊文"persona",意思是"面具"。在古希腊,演员们带上不同的面具以突出表现不同戏剧角色的典型性格,如"高傲的人""奸诈的人"等等,类似于我国戏剧艺术中脸谱的作用。所以,在心理学中,"personality"也被译为"个性"。"个性也可称人格。指一个人的整个精神面貌,即具有一定倾向性的心理特征的总和。"①从人格源于戏剧用的面具这一点可以看出三层次意思:一是人格与一定的行为表现联系在一起,人们

---

① 朱智贤:《心理学大词典》,北京师范大学出版社 1989 年版,第 225 页。

总是通过听其言、观其行来了解、把握一个人的人格的,人格就是某种外显的行为模式和人物形象。二是惯常的行为与一个人的精神面貌、思想与道德境界等社会特质密切相关,人格就是人的个性与品位。三是从时间的角度看,人格是一个人的稳定的、有连续性的特性的综合。一个人可能在不同的情境中有不同的表现或状态,但万变不离其宗的是所谓的"人格"。正是因为人格的这一稳定性,人格的塑造与改造才有突出的意义。

人格一词广泛应用于心理学、伦理学、法学、人类学等不同领域,其含义也往往有所不同。比如法律意义上的人格就是指一个人作为权利和义务(尤其是政治权利与义务)主体的资格。在一定社会(如奴隶社会)中一些人往往没有这种法律上的人格。人类学意义上的人格则是指人类个体特殊的生存方式及其与之相关联的自我认同和他人首肯。而我们今天所要界定的"人格"是从伦理学角度阐释"人格",或者更进一步讲是从环境道德的视角来谈人格的演进与塑造。伦理学意义上的人格,一般称之为道德人格。道德人格就是具体个人的人格的道德性规定,是个人的脾气习性与后天道德实践活动所形成的道德品质和情操的统一。道德人格标示着个人的道德性,同时也标示着整个人类与其他动物的区别。道德人格的高低,是衡量一个人人性的标志。道德人格是道德认识、道德情感、道德意志、道德信念和道德习惯及其过程的集合体。

道德人格的形成与道德主体对人生的价值与意义、道德责任与义务的认识,与其对行为方式的选择以及对理想人格的追求等有直接的联系,所以道德人格具有较为明显的目的性和主体性。但同时决定人格特质的基础是社会关系,不同的历史发展、文化、阶级以及社会分工等因素都直接或间接地影响人格的形成与特征。所以道德人格又具有一定的客观性。同时道德人格又是一个人道德努力的结果，是一个人的人性、价值与尊严的标志。人类增进德性、减少兽性的种种努力的目标与结果都是道德人格的提高。人类不断发掘自身的潜能实现自我价值的过程就是人格不断提升的过程。而一个对人格不关心的人肯定是一个不自觉的盲目存在，同时也必然是一个无所追求从而与动物趋近的人。所以道德上的人格又具有某种道德动力的性质。

道德教育的最终目的就是培养理想的道德人格。理想的道德人格一般是指一定社会或阶级所倡导的道德上的完美典型，是人们普遍认为的完美人格形象。是一定社会的道德要求和道德理想的最高体现。不同的时代和社会有不同的理想人格。如中国古代儒家提倡的"圣人"，即内圣外王。"内圣"指人的内心通过自我修养所达到的一种高尚境界；"外王"指人的道德修养的外化和外在表现，即把人自身的心性修养推广到自身以外的社会领域。明清之际黄宗羲、颜元等提倡的"豪杰"是那个时代的理想人格。无产阶级的理想人格是全面发展的、具有高尚道德品质的共产主义新人。

（二）环境道德教育的理想人格

在传统道德中，伦理仅是人之伦理，道德总是为人之道、待人之德。也就是说，谈伦理或道德问题都局限于人与人之间，且伦理或道德的最终指向是社会秩序的和谐，落实到具体的个体身上就是促进人格不断地发展、完善与升华。环境伦理学作为伦理学的一个重要分支，把道德关怀的视野延伸到自然，调节人与自然的关系，这势必对当代社会发展和人的发展提出了新要求，那么道德教育所追求的理想人格也必然随之改变。环境道德教育的目的也就自然转向培养具有生态人格的人。

生态人格是道德人格的一种新形态,它是传统道德与环境道德的结合,是对人的关怀与对自然关怀的有机统一。这种人格较之传统道德人格而言,更加注重人们如何对待自然,能否选择与自然相和谐的生活方式、生存方式、发展方式,生态人格是人作为生态主体的资格,是人利用自然权利与保护自然责任的统一,体现为良好的环境道德认知、情感、意志、信念和行为习惯。生态人格既可以指集体,如政府、企业、社团,也可以指公民个人。生态人格除了具备节约资源、减少浪费、绿色消费等朴素的环保意识外,还具有整体论世界观、生态安全观和可持续发展观,倡导"经济效益——社会效益——生态效益"协调发展。具备生态人格能促使人在经济活动与现实社会活动中尊重自然生态规律,自觉约束个人与社会集体的行为,从而实现人与自然和谐共生、经济和社会可持续发展。

（三）生态人格的道德诉求

生态人格作为生态文明时代的一种新型道德人格,反映了发展时代对人的新要求,而这种人格要求作为一种社会意识又会对社会和人自身的发展具有重要意义。生态人格外显为环境道德实践有利于人与自然关系和谐,有利于个体的道德和社会环境道德风貌的提升,有利于促进生态文明建设。具体说来,生态人格无论是对个体还是对群体或社会组织、民族、国家乃至整个人类都有以下价值诉求:

首先,必须对自然始终保持感激之心,真正懂得是自然为我们提供了栖身之所,是自然为我们的成长提供了丰富的资源。人靠自然界生活,人作为自然存在物不能离开自然界而存在,对自然的依赖也使人永远都无法完全褪尽自然属性,人是自然物与社会物的统一。从人类诞生的第一天开始,人类的命运就紧紧地与自然的命运维系在一起,是自然孕育了人类。大自然是人类之母,不仅孕育了人类本身,还推动了人类文明的发展。从原始的采集渔猎文明,到农耕文明再到工业文明和要迈向的生态文明,人类文明的每一点滴进步无不浸润着大自然的甘露、乳汁。因此,我们必须始终对大自然抱有一种永恒的感恩之心,感谢天、感谢地、感谢自然万物。

其次,必须对自然保持忏悔之心,真正懂得是我们对自然索取得太多,由于我们的无知与狂妄,使自然伤痕累累。人类社会发展的实践历程充分说明,几千年来的人类文明,不仅在行动上是这样一个强化的过程,而且,在观念和思想上也都进行着一种人类中心论的论证。从而导致"掌握""征服""支配""占有"自然等观念变得极为合理又合法,人口膨胀、资源枯竭、环境恶化等一系列问题相互关联、相互交错、相互纠缠、相互呼应、连锁反应。从边沁的"动物也需要道德关怀"、卢梭高扬的"浪漫主义"理论旗帜,到瓦尔登湖畔的守望者梭罗,再到塞尔特为动物的权利辩护、史怀泽的"敬畏生命",再到利奥波德的"大地伦理"和卡逊告别"寂静的春天";从斯德哥尔摩会议到贝尔格莱德会议、第比利斯会议、内罗毕会议、莫斯科会议,再到里约热内卢会议、塞萨洛尼基会议、约翰内斯堡会议;从《人类环境宣言》的发表到《贝尔格莱德宪章》的通过,再到《我们共同的未来》、《21 世纪议程》等的问世,这些都无不表达了人类诚心诚意对自然的忏悔之意。

再次,必须对自然始终保持敬畏之心,真正懂得自然意志不可违背,自然规律只能遵循。我们对自然做了什么也就是对自己做了什么,对自然规律和意志的蔑视必定会招致自然的报复。对自然的敬畏实际上要表达的就是对自然规律的遵循。然而人类在几千年文明发展史中,并不能很好地遵循自然的惨痛教训,给了我们以深刻启示。具有生态人格的人们要充分地认识到,在实践过程中,只有在充分认识、尊重客观自然规律的基础上才能发挥主观能动性。且人类的活动只能保持在自然所能接受的合理限度之内,这样才会取得良好的实践效果,推动文明的向前发展。否则,无视自然规律,必然会遭遇失败,必然会招致自然和自然规律无情的惩罚。

又次,必须对自然始终保持谦卑之心,真正懂得我们人类不过是自然进化在很晚的时候方才出现的一个物种。与自然古老而深邃的智慧相比,人类的智慧是何等稚嫩,我们不但要做自然的好子孙,而且要做自然的好学生。自然界从它诞生以来已经走过了极其漫长的发展历程,其中生物演化就已经经历了三十多亿年的历史。在自然的进化过程当中,不管我们人类怎样把自然"人化"或"人化自然",人类也都永远只能匍匐于自然的深邃智慧之下。同时,从自然发展进程来看,从一定意义上讲,人类的最终灭亡也必然是自然发展、演化的结果,人类也只能成为自然发展的匆匆过客,只是人类这一具有意识和能动性的动物如何能更长久地延续下去而已。因此,我们在对自然敬畏之余,更要有谦卑的心态。

最后,必须对自然始终保持珍爱之心,真正懂得自然是人类和其他物种生存与发展的源泉。但其资源不是取之不尽、用之不竭的。在肯定自然工具价值的同时,承认自然的内在价值和自然界的权利。我们不但要利用好自然,还要懂得去热爱自然,珍惜自然,善待自然,欣赏自然,领略自然,感应自然,拥抱自然,融入自然。同时,自然资源也是有主权归属的,包括共时代和历时代主体,要求我们利用自然资源时考虑自然资源的双重身份;自然资源是有价值的和有权利的,要求我们必须热爱自然,尊重自然。唯有如此,人与自然的关系才会真正建立在和谐发展的基础之上①。

三、环境道德教育目标与目的的关系

目的性和意识性是人类活动的基本特征之一。人类通过自身有目的、有意识的活动，不仅能够认识自然和社会、自己和他人，还凭借所获得的认识为自己的活动设定目标。

根据《辞海》解释，目标的含义有两个：一是指目的。如为一个共同的目标而奋斗。二是指标的、对象。如看清目标、发现目标。《新华字典》的解释也有两种表述：一是想达到的地方。如实现四个现代化是我们的奋斗目标。二是射击、攻击或寻求的对象。如对准目标射击，不暴露目标。而我们这里所说的目标，是指在一定的条件和环境下，在预测的基础上，人们行为活动所期望达到的结果。简言之，目标是人们根据一定的主、客观条件对未来的一种期望。至于这种期望准确与否，取决于人们根据主、客观条件对自己行为的发展趋势预测得准确与否。如果人们能准确地预测自己行为的未来走向，以及科学认识自己从事活动所具备的主、客观条件，一般来讲，就能够制定出科学的目标。如果对自己行为发展的趋势预测失误，对实现目标应具备的主、客观条件分析不准确，预定的目标就会因脱离实际而难以实现。

环境道德教育是一种有目的、有计划、有组织的具体的社会实践活动，其活动的开展必须有相应的目标。环境道德教育的目标是指根据社会发展和人的发展的具体要求，教育者对受教育者进行的环境道德教育在一定时期内要达到的预期结果。随

---

① 参见彭立威、李明辉：《论生态文明视野下的人格重塑》，《湖南师范大学教育科学学报》2006 年第 6 期。

着研究的深入,学者们逐渐认识到环境道德教育的目标是一个有机的整体。从宏观上来讲,教育目标是由一系列相互联系的子目标组成的整体,通常称之为总目标或根本目标,总目标具有高度的概括性和抽象性。从微观上来讲,教育目标经过科学合理的分解就成为了若干子目标,通常称之为具体目标。具体目标是总目标的细化,具有较强的操作性,它是环境道德教育实践中实际运用的目标。教育者与受教育者在制定与实施目标中所处的地位与所发挥的作用是不相同的。教育者是目标的制定者、实现者,在实施目标中始终发挥着主导作用。受教育者是目标指向的对象,也要发挥积极的能动作用,既要帮助教育者实施目标,又要积极努力去实现目标。教育目标维系着教育者与受教育者共同的价值观念,双方共同承担责任,朝一致方向共同努力以达到最佳效果。因此对目标的认识,绝不是教育者单方面的思想,而是从受教育者的思想实际和成长需要出发,双方不断沟通协调,达成的共同认识。

　　环境道德教育目标与目的既不可分割,又有区别。就其联系而言,一方面,目的决定目标,目标是目的的具体体现。环境道德教育目的是环境道德教育实践的总方向和总要求,它一经确立,就决定着环境道德教育的措施、步骤及方式方法等。所以无论是制定环境道德教育目标,还是实施环境道德教育方案,都必须建立在对环境道德教育目的的充分理解和准确把握基础上,并始终要以环境道德教育目的为核心和灵魂。这清楚地告诉我们,环境道德教育目标只有紧紧围绕着环境道德教育目的这个中心运转,才显其价值意义。另一方面,目标服务目的,实现教育目标的过程就是逐步接近或达到教育目的的过程。教育目的具有高度的概括性,环境道德教育实践中只有将其分解成具体的、可操作的、有标准的、分层次的目标体系,才有望最终实现。在这里,教育目标又成为教育实践的具体方向,实际地体现着环境道德教育目的在某方面的要求。所以环境道德教育目标反映并服务环境道德教育目的。这要求努力改善环境道德教育目标体系,尤其要制定完整的、操作化的具体目标,使环境道德教育目的得以落实,并顺利实现。以往在制订环境道德教育目标时,人们往往以目的代替目标,而未能制定可操作的具体目标。这样的环境道德教育培养规格缺乏具体标准,只有高度而没梯度,环境道德教育目的和总目标得不到具体落实。这是环境道德教育实效低下的主要原因之一,应引起我们足够重视。

环境道德教育目的与目标区别主要表现在以下五个方面:一是种属关系。环境道德教育目标从属目的,是环境道德教育目的这一属概念下的种概念。二是顺序关系。先有环境道德教育目的才会有道德教育目标,目标是为了目的而设定的。三是属性关系。环境道德教育目标实然性强,是环境道德教育实践活动实际操作性的具体标准;而环境道德教育目的应然性强,是环境道德教育实践活动所追求的理想状态。四是动静状态。环境道德教育目的一旦确立下来,相对稳定性很强,而环境道德教育目标可以围绕环境道德教育目的做一定的修正,可变性大。五是抽象程度。环境道德教育目的是高度概括的、抽象的;而环境道德教育目标则是具体的。

第二节　环境道德教育目标

环境道德教育目标在整个环境道德教育体系中起着"承上启下"的中介作用。它上涉环境道德教育目的,实际地承担着其分解和落实的具体化工作;下及环境道德教育实践,为实践活动指明发展方向,并且指导、调节、控制着整个环境道德教育,对有效地进行环境道德教育具有重要作用。

一、环境道德教育目标的演进

为达到环境道德教育之目的,国内外实践中不断规定和提炼较为具体的目标,环境道德教育目标也日益明确,体系也日益完善。

（一）国际会议关于环境道德教育目标的规定

目前,虽然没有针对环境道德教育召开过专题国际会议,但是,在历次关于环境问题和环境教育的国际会议中,环境道德教育都是重要的讨论主题,这些讨论都包含着关于环境道德教育目标的论述。

1975 年,《贝尔格莱德宪章》提出的环境教育目标是:"重视和关心环境和环境问题,培养个人或集体为解决现实环境问题和防止发生新的环境问题所需要的知识、技能、态度、意志和实践能力等,并使这样的公民在世界人口中尽可能多地得到培养。"[1]并将环境教育的目标归纳为关心、知识、态度、技能、评价和参与六项。其中的"关心"、"态度"和"评价"都与环境道德教育目标密切相关。

1977 年在苏联格鲁吉亚共和国首府第比利斯召开了第一次环境教育政府间会议,会议发表了《关于环境教育的第比利斯政府间会议宣言》和《环境教育政府间会议建议书》,进一步系统地阐述了环境教育的目标,即"环境教育的一个基本目的是要使个

---

[1]　李久生:《环境教育论纲》,江苏教育出版社 2005 年版,第 11 页。

人和社团理解自然环境和人工环境的复杂性——造成这种复杂性
的原因来源于人类的生物活动、物理活动、社会活动、经济活动和
文化活动各方面的交互作用,使他们获得知识、价值信念、态度和
实用技能,以便能以一种负责的和有效的方式参与环境问题的认
识和解决,管理环境质量。""环境教育的另一个基本目的是要清
楚地揭示当代世界在经济、政治和生态上的相互依存性,不同国家
采取的决策和行动会引起国际性的反响。在此方面,环境教育应
该发展国家与区域间团结和负责的意识,作为建立一种确保保护
和改善环境的国际新秩序的基础。"并强调环境教育要"促使人们
清楚地意识并关注城乡地区经济、社会、政治和生态方面的相互依
赖性;为每一个人提供获取保护和改善所必须的知识、价值观、态
度、义务和技能的机会;建立个人、群体和社会对待环境的新的行
为模式"①。

第比利斯会议对贝尔格莱德会议概括的 6 项目标充分肯定
后,将其精简为 5 项。一是意识。帮助社会群体和个人获得对待
整个环境及其有关问题的意识和敏感。二是知识。帮助社会群体
和个人获得对待环境及其有关问题的各种经验和基本理解。三是
态度。帮助社会群体和个人获得一系列有关环境的价值观念和态
度,培养主动参与环境改善和保护所需的动机。四是技能。帮助
社会群体和个人获得认识和解决环境问题所需的技能。五是参
与。为社会群体和个人提供各个层次积极参与解决环境问题的机
会。这就是后来一直为国际所公认的 5 项目标。

1980 年,美国学者哈罗德·阿·亨格福德等人提出了与第比

---

① 参见徐辉、祝怀新:《国际环境教育的理论与实践》,人民教育出版社 1996
年版,第 123—125 页。

利斯会议上所提出的类别一致的环境教育目标体系,经修改后发表在1990年由联合国教科文组织编写并出版的《中学环境教育课程模式》中。此目标体系以"环境识别能力作为最终要求",分四个阶段,当中学环境教育结束时,要求学生达到以下四级目标水平①。

目标水平1:生态学基础水平。(1)传递和应用个体、种群、群落、生态系统、生物地球化学循环、能量生产及迁移、相互依存、生态龛位、适应性改变、演变、体内平衡以及人作为生态因素等主要的生态学概念。(2)应用生态学概念知识,分析环境争议问题,解释它们所包含的重要生态学原理。(3)应用生态学概念知识,预言所选择的解决环境争议问题办法的生态后果。(4)理解生态学原理,以便在环境争议问题的调查、评价和找出解决办法的过程中,能够识别、选择和利用合适的信息来源。

目标水平2:理性认识水平。(1)从生态学的角度理解和传递人类文化活动(例如宗教、经济、政治、社会及其他活动)是如何影响环境的。(2)从生态学的角度理解和传递个人行动是如何影响坏境的。(3)识别本地、本区、全国和世界的各种环境争议问题,以及这些问题对生态和文化的影响。(4)识别和传递为解决环境争议问题而选择的各种有效方法,以及这些方法对生态和文化的影响。(5)理解环境争议问题的调查和评价是作出环境决策的必要前提。(6)理解在环境争议问题中人类不同信念和价值观所起的作用,以及这种作用对作出环境决策的影响。(7)理解在解决环境争议问题中,认真负责的公民行动的必要性。

---

① 参见[美]哈罗德·阿·亨格福德:《中学环境教育课程模式》,瞿立原等译,中国环境科学出版社1991年版,第57—59页。

目标水平3:调查和评价水平。(1)应用必要的知识、技能,识别和调查争议问题(利用直接和间接的信息来源),处理收集的数据。(2)具备分析环境争议问题和这些问题对生态和文化影响的能力。(3)具备识别环境争议问题的解决方法和这些方法所体现的价值观的能力。(4)具备评价环境争议问题的解决方法和这些方法所体现的价值观的能力。(5)具备识别和澄清与环境争议问题及其解决方法相联系的个人价值观的能力。(6)具备根据新的信息评价、澄清和改变价值观的能力。

目标水平4:解决争议问题的技能水平。(1)具备采取公民行动所必要的技能。这些技能包括:劝说、保护消费者权益行动、政治行动、法律行动和生态管理。(2)评价所选择的行动对生态和文化的影响。(3)具备应用多种公民行动技能的能力,以便适应解决不同环境争议问题的需要。

这一环境教育目标体系提出并得到国际认可后,便得到广泛地推广和运用,成为各国设计、实施环境教育课程和进行师资培训的重要依据。到20世纪90年代后,虽然环境教育重新定向为可持续发展的环境教育,其内容经过调整,但是至今,这套目标体系仍然是各国环境教育课程开发的基本框架和蓝本。

(二) 国外环境道德教育目标

世界各国在国际环境教育会议的一系列纲领性文件的指引下,在制定环境教育目标时,也十分关注环境道德的培养。国外环境道德教育的目标主要包含在各国环境教育的情感、态度与价值观目标的表述中。现将英、美、德、日本、澳大利亚等国家的相关环境教育纲要文件中涉及的环境道德教育目标作以分析和总结。

美国环境教育行动组织(EEA)指出,环境教育的最终目的是培养对环境负责的行为并改善环境的质量。1990年,美国联邦环保局(EPA)制定并出台了《为确立环境教育计划的方针》。此方针的制定旨在提高公众对环境问题的关心,激发环保意识,强化环境道德的培养,增进环境素质。该方针特别强调指出,要强化青少年的环境道德教育,培养他们对环境采取负责任的行为与习惯。从中可以看出,美国的环境教育目标定位非常强调负责任环境行为的培养。

1990年,英国国家课程委员会制定的《环境教育指导》特别强调"促进学生采取积极态度探讨环境,鼓励他们发现环境问题,并采取行动保护环境,这是环境教育的中心"。围绕这个中心,将环境教育目的定位为:(1)提供各种机会,使学生获得保护和改善环境的知识、价值观、态度、承诺和技能;(2)鼓励学生从多种方面检验和说明环境问题,这包括物理学、地理学、生物学、社会学、经济学、政治学、工艺学、历史学、美学、伦理学和神灵学等方面;(3)唤起学生对环境问题的意识和好奇心,鼓励他们积极地参加解决环境问题的各种环保活动。为了实现上述环境教育目的,又从知识与认识、技能、态度三个维度规定了具体的目标。其中,环境教育的态度目标为:(1)欣赏、爱护和关心环境及其他生物;(2)关于环境问题的独立思考;(3)尊重其他人的信仰和意见;(4)尊重证据和理性争论;(5)宽容与开放的心灵。上述第(1)、(3)、(5)点是环境道德教育目标的体现。

早在1980年,德国"各州教育与文化部长联席会议"强调:"对于个人和全人类来说,人类与环境的关系已成为现在的重大事情,它也是学校的一项任务,提高学生环境意识,使他们具有对环境的责任感,使他们养成在校内外对环境负责的行为。"德国有16个州,每个州的课程内容不尽相同。这里以较具有代表性的巴伐利亚州为例。巴伐利亚州宪法规定,"关于对自然——环境的责任感"为最高教育目标之一,是学校必须传授的基本价值观之一。环境教育应当:(1)引导青年人热爱自然,崇敬天地万物;(2)使青年人能够理解自然、人类与环境之间多方面相互依存的关系;(3)使他们从这种相互关系的意识中,认识个人和集体对环境应负的责任;(4)唤醒和推动他们参与解决所存在的环保问题;(5)使他们有能力准备超出个人范围,采取必要的保护生态的行动。在巴伐利亚州文化部的方针中,特别指出:"环境教育是价值教育。"环境教育除传授生态学基础知识外,还要树立如下的价值观:关于环保的意识;致力于负责任地处理同自然的关系;促进伦理态度的形成,即认识到环境保护不仅仅是关系到人类健康、合法利益和需要,而且关系到地球上所有生灵本身具有相互尊重和生存的权利。由此可见,在德国的环境教育目标定位中,尊敬自然、环境责任感、环境道德态度、负责任的环境行为是其中非常重要的构成要素。

1993 年,澳大利亚发表《P—12:环境教育课程指南》,对环境教育的目标做了详尽表述。该文件指出,环境教育的目标是:学校中有效的环境教育规划要为所有学生提供机会以获得"对地球及人类健康的意识和关注;保护和改善环境(自然、社会和个人)所必需的知识、技能、态度和价值观;这些目的对帮助发展行为新模式(包括个人生活方式的选择和获得学识、关心地球的参与行为、他人与自己)具有重要意义"。在此基础上,从知识、技能、态度和价值观三个方面作了具体规定。其中,态度与价值观方面的目标指出:教师可以根据社会公正与生态维持的价值观帮助学生发展环境道德。其具体目标包括:对环境的快乐和热情感;尊重自然;探索人与自然相互作用的热情;关注环境质量,为主动关心环境做好准备;理解个人、社区、国家和全球合作在防止和解决环境问题中的需求;为评价和改变个人的生活方式等做好准备,以支持持续的、健康的未来的概念;愿意个人和与他人合作工作,以改善环境等。从中我们可以看出:澳大利亚的环境道德教育主要是以"社会公正"和"生态维持"为核心来确立目标的。

　　20世纪80年代以后,日本的环境教育理念基本确立并逐步推广。1980年在东京召开的世界环境教育会议,极大促进了日本国民对环境教育的关注度。日本就势提出"善待环境""可持续发展""生态学的生活方式"等环境教育口号①。1988年,日本环境厅发表了《环境教育恳谈会报告》,在这份报告中列出了环境教育及环境学习的五个方面内容。(1)提高对环境资源价值的认识;(2)通过与环境的接触,培养尊重自然的道德、意识以及对自然的关注;(3)加深人类活动对环境影响的认识;(4)促进全社会对于人类活动与环境承载力相平衡的共识;(5)鼓励每个公民通过学习,自觉地形成保护环境的行为,共同创造更美好的环境。文部省在1991年、1992年、1995年陆续出版了《环境教育指导资料》,它是日本环境教育的指导性文件。其中指出基础教育阶段环境教育的目标是:关心环境及环境问题,立足于综合地理解和认识人与人周围环境之间关系的基础上,能够掌握解决环境问题的技能、拥有思考力和判断力等,形成对环境采取有责任的行为和积极的态度,同时从保护环境的立场出发,重新认识自己的生活方式及作为人的应有的生活方式。从中我们可以看出,日本环境教育的目标表述中涉及的环境道德教育目标要素主要有:自然价值观、尊重自然、环境责任感、负责任的环境行为等。

———————
① 刘继和:《二战后日本的环境教育》,《比较教育研究》2000年第2期。

综合以上各个国家环境教育纲要文件对环境教育目标的阐述,我们可以看出:在环境教育总目标(或目的)的表述中,涉及意识、知识、态度、技能、参与多个层面,与国际环境教育会议文件中环境教育目标定位具有一致性;在情感、态度与价值观分目标的表述中,涉及的环境道德教育目标要素主要有:欣赏关爱自然、尊敬自然、自然价值观、环境责任感、全球环境意识、社会公正、负责任的环境行为等。

（三） 国内环境道德教育的目标

我国环境道德教育目标,一是包含在环境教育目标的表述中,主要体现在情感、态度与价值观这一目标维度中;二是为了突显环境道德教育的重要性,将其从环境教育中独立出来,有单独一套目标表述方式,现分别加以阐述。

2003 年,我国教育部颁布了一份国家级的环境教育纲要文件——《中小学环境教育实施指南(试行)》,该文件将环境教育的总目标定位为:引导学生关注家庭、社区、国家和全球面临的环境问题,正确认识个人、社会和自然之间相互依存的关系;帮助学生获得人与环境和谐相处所需要的知识和技能,养成有益于环境的情感、态度和价值观;鼓励学生积极参与面向可持续发展的决策与行动,成为有社会实践能力和责任感的公民。在总目标的基础上,又分别从情感、态度与价值观,过程与方法,知识与能力三个维度进行了具体目标的陈述。其中,情感、态度与价值观分目标中涉及的四条目标要求均属于"环境道德"的范畴,分别为:(1)关爱自然,尊重生命;(2)关爱和善待他人,能积极、平等、公正地与他人合作,尊重不同的观点与意见,尊重文化的多样性;(3)意识到公民在环境方面的权利和义务,有建设可持续未来的愿望;(4)关注环境,积极参与有关环境的决策和行动,做有责任的公民。这四条分目标涉及的"环境道德"目标要素有:种际公正如第一条,代内公正如第 2 条,环境责任感如第 3 条,负责任的环境行为如第4 条。

二、环境道德教育目标的特征

尽管环境道德教育的目的为环境道德教育的实践规定了总方向,但目的由于具有概括性,比较笼统、原则和抽象,不能分层在实践中直接操作。因此,目的都需要分解成具体目标,并通过目标的逐一实现,最终达到目的的实现。环境道德教育目标是一个包括了使命、对象、目的、指标、数量和时限等在内的系统,它表明环境道德教育的最终期望和期望结果的可考核性的有机统一,是环境道德教育目的的具体化。具体而言,环境道德教育目标具有如下基本特征:

第一,方向性。环境道德教育目标方向的正确与否直接关系到环境道德教育的性质和活动效果的好坏。因而,制定环境道德教育目标必须保证方向的正确。目标方向正确,就能引导受教育者在教育中形成良好的环境道德素养。目标方向错误,不仅会造成人力、物力、财力的浪费,而且还会使实施教育的结果朝着教育者所期望的相反方向发展,甚至产生不利于人健康成长、危害自然和社会的结果。并且,目标的方向错误越大,造成的危害越大。

第二,具体性。从目标结果看,环境道德教育的目标必须具体、明确、可考核。目标的这种具体性在环境道德教育实践中,一般表现为指标的确定性。指标既是目标的表现形式,又是环境道德教育目标的具体实际内容,其最大特点是具体明确。所以,没有具体化的多种特征,环境道德教育目标就空洞和抽象,成为难以把握和不可捉摸的东西。而指标一经确定,它本身又成为目标,即是某方面所要实现和达到的具体目标,实际地承担着确定手段和道路的功能,成为衡量环境道德教育实际成效的标准。目标和指标的上述关系表明,环境道德教育目标是通过指标得以体现,是一个由指标所构成的系统。

第三,明晰性。从环境道德教育目标实现过程来看,在什么时候,人们所期望取得何种状态或结果,在目标体系中都必须清清楚楚。目标的这一特征,在实践中表现为时限和指标的统一。环境道德教育目标的明晰性还指目标层次分明,总目标与分目标关系清楚明白。

第四,全面性。所谓全面性是指教育目标要能够全面反映环境道德教育在不同时期对不同教育者在不同方面的具体要求。目标体系的全面性主要是由对象的广泛性、内容的全面性决定的。环境道德教育的对象具有广泛性,按照不同的划分标准具有不同的类型。所以,要全面考虑不同对象的具体情况,确立能够全面反映不同对象具体要求的目标体系。环境道德教育包含着广泛的内容,目标体系的确立也要能够全面反映对受教育者在这几个方面的要求。

第五,层次性。所谓层次性是指教育目标要能够全面反映对于不同层次的教育对象提出的不同层次的具体要求。目标体系的层次性是由教育对象的层次性和目标要求的层次性决定的。对个体来讲,个体环境道德素养的发展是一个由不成熟到成熟、由低级到高级的发展过程。对环境道德素养处于不同发展水平的教育对象应该确立不同层次的目标。对于同一类对象,不同个体之间环境道德素养的水平也存在差异,因而也要有针对性地确立不同层次的目标要求。只有这样才会使环境道德教育更加贴近教育对象的实际,取得较好的教育效果。环境道德教育目标要求本身也具有层次性。较低层次的思想意识是较高层次思想意识的基础,只有具备了较低层次的思想意识,才能向较高层次的思想意识发展。

第六,差异性。这是指在环境道德教育过程中贯彻环境道德教育目标,应从教育对象的实际出发、从教育对象的个性差异出发。针对教育对象的多样性,环境道德教育目标应体现差异性,能满足不同职业、不同层次、不同个性的教育对象成长发展的需求。因而,环境道德教育目标一方面要根据社会发展的要求,制定切合教育对象的基本的统一要求,以达到促使教育对象环境道德社会化的目的。另一方面,又要从教育对象个性差异出发,制定适合不同层次教育对象成长发展需要的具体差异性的要求,以达到循序渐进、因材施教,实现社会环境道德个体化的目的,使环境道德教育目标实现共性与个性、社会化与个体化的统一。

第七,实践性。目标是可以预见的未来效果。它不是空想或妄想,更不是幻想,而是能够实现的明确构想。环境道德教育目标所揭示的理想性,固然美好而高远,能激励人们在高瞻远瞩的期望下,做持久不断的努力与奋斗。但同时,又必须具有可能性和可性行,它不仅是可测的,而且是通过实践能够实现的,这才是符合实际的现实目标。

三、环境道德教育目标的分类

一般来说,目标是个集合概念。作为集合概念的目标,指的是一个目标系统,这个系统之内的多层子系统就是等级、大小都不同的目标类型。毕雁在其《论思想政治教育的目标体系》中对思想政治教育的目标体系进行了全面的论述,这对本书的研究具有一定的借鉴意义。参考毕雁的观点,结合环境道德教育的自身特点,可以将环境道德教育的目标进行如下分类。

按实现时间划分，可以分为远期目标、近期目标、中期目标。环境道德教育的远期目标，是指经过相当长时间的艰苦努力才能实现的目标。确立环境道德教育的远期目标，可以使教育者从长远的战略高度去考虑环境道德问题，能高瞻远瞩地把握环境道德教育的未来发展趋势，而不会把自己的视野局限在眼前。对教育者来讲，远期目标能使之认清方向，增强信心，鼓舞斗志，树立远大志向，不为眼前的困难所吓倒而畏缩不前。环境道德教育的近期目标，是指在较短时间内能实现的目标，它是实现远期目标的基础，是远期目标的阶段性目标。只有通过近期目标的实现，才能保证远期目标的实现。中期目标是间于远期目标和近期目标之间的目标。

按重要程度划分，可以分为主要目标和次要目标。环境道德教育主要目标在目标体系中占主要地位，起支配作用，也是环境道德教育首先达到的目标。环境道德教育的次要目标就其在目标体系中的地位与作用来讲，不能与主要目标相比，但也是目标体系中不可缺少的组成部分。从一定意义上讲，主要目标与次要目标的区别，只是实现目标的时间先后，投入人力、物力、财力上的差别，而没有实质性区别，更不能把次要目标看成是可有可无的目标。

按照实现的程度划分，可以分为必须达到的目标和希望达到的目标。环境道德教育必须达到的目标是现实目标，是能够对实际成效进行评估的，也是一定要实现的目标。环境道德教育希望达到的目标是期望目标，是将来需要努力的目标。一般地说，期望目标高于现实目标，而现实目标又是实现期望目标的基础。没有现实目标，期望目标只是教育者的一种向往和设想，无实际存在的意义。但期望目标能够使人们看到将来的前途，提供前进的力量。

　　按教育对象的范围,可以分为群体目标和个体目标。环境道德教育的群体目标,指的是依据职业、收入、年龄、性别、爱好等形成的社会群体的环境道德教育所要达到的目标。比如,以职业进行分类,可以划分为农民群体、企业群体、公务员群体、学生群体等群体。不同社会群体由于其生存境遇、理想追求、现有社会地位、对社会的价值判断不同,就需要环境道德教育针对不同群体的问题确立不同的群体目标。个体目标则是对社会成员个体所确立的教育目标。环境道德教育的个体目标,可以是家庭、学校、社会对个体的长期培养教育所要达到的最终人格目标,也可以是特定时期、特定实际问题的环境道德教育所要达到的旨在解决实际问题的即时目标。所以相对于群体目标而言,它具有强烈的个性化特征。

　　按照目标层次划分,可以分为高层目标、中层目标和低层目标。在现代管理科学中,有一个叫作"分层目标结构"的理论。这个理论告诉我们,目标是由总目标到具体目标所构成的一个层次复杂的体系。下一级目标往往是实现上一级目标的手段,在目标锁链中,由低到高地实现各层次目标。环境道德教育目标的层次性与人的环境道德层次性分不开。因为人的思想是一个系统,它是由各种相互联系、相互作用的思想要素构成的。这些思想要素并非处在同一水平,而是存在着多种层次,因而,对人的环境道德教育目标也应是分阶段和分层次的。在环境道德教育目标体系中,可以把远期目标分成很多阶段的无数个相互联系的中期目标、近期目标,然后把这些中期目标、近期目标落实到每个单位、部门和个人,成为具体目标,每个单位、部门和个人不断完成自己的具体目标,也就是实现近期目标、中期目标,逐步向远期目标方向努力,接近于实现远期目标。

第三节　环境道德教育目标结构

所谓目标体系的结构,是指按照一定标准对总目标进行分解,所得到的一系列具体目标相互联系构成的有机整体。环境道德教育目标体系结构采用"域分—层次—序列"的表述方式,这样不仅有利于目标的清晰界定,把最基本、最有价值的环境道德内容传达出来,而且有利于选择恰当的方法来评价目标的达成。

一、环境道德教育目标体系域分

环境道德教育目标体系域分,是指按照教育对象的不同特点及相应的目标要求,对目标进行分解所形成的具体目标的总和。它是目标的横向划分,反映的是环境道德教育目标面对不同教育对象所具有的不同目标要求。从教育对象的范围来对目标进行横向的划分,不仅因为教育对象各自存在的不同特点,而且也因为教育对象是实现环境道德教育目标的主体。一般而言,环境道德教育客体可以分为直接影响环境群体、环境管理的基层工作人员、地方领导人和政府官员、社区居民、学生等几部分,由于不同范围的教育客体具有不同的特点,因而教育目标要求也是不一样的。

第一,农民环境道德教育的目标。农民是指承包集体所有的耕地,以农(林、牧、渔)业为唯一或主要的职业,并以农(林、牧、渔)业为唯一收入来源或主要收入来源的人员。这是目前中国规模最大的一个阶层。农民是一个比较特殊的群体,整体文化水平较低,思想观念相对陈旧,生活条件比较艰苦,这些都将严重制约其环境道德教育的有效实施。为了更有效地推动农民环境道德教育,就要明确农民环境道德教育所要达到的切实目标,依据农民环境道德教育"贴近三农,服务三农"的原则,围绕农村各地主导产业的发展,着眼于农民增收致富、乡村生态的改善。农民环境道德教育目标可以落脚在培养"理性生态农民"和建设农村环境道德文化两个层面。直接目标是培养"理性生态农民",即依据生态规律进行农业生产生活实践活动。"理性生态农民"不仅应具有必要的生态知识,更应具有较高的环境道德素质。终极目标是建设农村环境道德文化。环境道德文化是自然价值观、环境道德原则和环境道德规范整合的产物,其宗旨是人与自然的和谐发展。农民环境道德教育的实际意义就在于启迪与约束,即用符合环境道德的规范去取代农村原有的、带有一定蒙昧意义的生产生活行为,发展生态农业,建设生态农村,走向生态文明。

第二,职工环境道德教育的目标。从事不同岗位的企业职工,其环境道德教育目标各有侧重点。如对于从事产品设计的企业职工,应使他们树立绿色设计的思想,依据生态设计原理、产品生命周期分析方法和绿色环保标准的要求,开发低能耗、低消耗、低污染、可修复、可再循环、可再利用并能够安全处置的产品。对于从事产品生产的企业职工,要使他们树立清洁生产的思想。在ISO14000环境标准体系的监测下,使企业本身实现资源和能源的循环利用,最终达到污染零排放的理想状态。在生产过程中,不仅要选用先进的技术工艺,配合生态设计,生产"三低"产品,而且要注重水、电、能源和原料的再循环与综合利用。对于从事产品包装的企业职工,要使他们树立生态包装的思想,实现包装材料减量化,并充分回收利用,减少包装废物填埋与焚烧的数量。对于从事产品销售的企业职工,要使他们树立绿色销售的思想。宣传绿色消费,拓展网络经营及绿色物流配送渠道,减少销售过程中的有形和无形资源损耗。对于从事产品运输阶段的企业职工,要使他们树立绿色物流的思想。绿色运输是指以节约能源、减少废气排放为特征的运输。其实施途径主要包括：合理选择运输工具和运输路线，克服迂回运输和重复运输，以实现节能减排的目标；改进内燃机技术和使用清洁燃料，以提高能效；防止运输过程中的泄漏，以免对局部地区造成严重的环境危害。对于从事产品服务及回收、回购的企业职工，要使他们树立节用思想。通过提供产品保养维护、产品主要部件升级服务，以及产品零部件功能增值服务等，便可以延长产品的使用寿命，进一步降低资源的流动速度，达到物质的减量化标准；又可以通过废旧产品的回收及再次利用，实现产品功能的梯级利用，同时可以提高产品的服务质量和客户的忠诚度，并为企业赢得声誉。对于从事金融服务行业的职工，要使他们树立绿色金融的理念。从理论上讲，所谓"绿色金融"是指金融部门把环境保护作为一项基本政策，在投融资决策中要考虑潜在的环境影响，把与环境条件相关的潜在的回报、风险和成本都要融合进日常业务中，在金融经营活动中注重对生态环境的保护以及环境污染的治理，通过对社会资金的引导，促进社会的可持续发展。绿色金融有两层含义：一是金融业如何促进环保和经济社会的可持续发展；另一个是指金融业自身的可持续发展。前者指出"绿色金融"的作用主要是引导资金流向节约资源技术开发和生态环境保护产业，引导企业生产注重绿色环保，引导消费者形成绿色消费理念；后者则明确金融业要保持可持续发展，避免注重短期利益的过度投机行为。

第三，公众环境道德教育的目标。人类社会由于世代形成的肆意索取自然资源的惯性，再加上人们获得生态保护知识渠道的有限且被动性，致使大多数人没有或不能充分了解自然环境日益恶化的现状。许多人对生态保护的认识还停留在可有可无阶段，或认为那仅是环保局、林业局等专业部门的事。他们还在不自觉地破坏生态环境,从而出现了生态资源破坏加剧威胁人类发展和人们生态保护不力的客观矛盾。要解决这一矛盾,必须将公众环境道德教育摆在重要的战略高度来认识,全方位进行切实有效的教育,增强社会公众环保意识,使更多的人了解自然、关爱保护自然。公众环境道德教育的主要目标是树立环境保护的理念。要使公众认识环境问题及其危害,了解初步的环境道德知识,树立正确的环境道德观,自觉承担环境保护的责任和义务,并能积极参与到环境保护的行动中去,促进经济、社会与环境的可持续发展。同时还要树立绿色消费理念。绿色消费是指一种综合考虑环境影响、资源效率、消费者权利的现代消费模式。它不仅指购买具有省材、节能、易回收、易分解、安全无毒为特征的绿色产品和服务,同时也是一种超越自我的高层次理念,是带有环境保护意识的消费活动。绿色消费有三层内涵:倡导消费有助于公众健康的绿色产品;在消费过程中不造成环境污染;引导消费者转变消费观念,向崇尚自然、追求健康的方向转变。

第四,国家工作人员环境道德教育的目标。国家工作人员指在党政、事业和社会团体机关单位中行使管理、决策、宣传、教育等职权的群体,他们整体素质较高,人生观价值观已经在长期的生活工作中形成,自主性强,接受新的理念需要一定的过程和实践结果作为依据。各级国家工作人员是党政方针政策、法制法规、社会经济重大事项的决策者,在环境保护和公民道德建设中起着主导作用,对他们进行环境道德教育存在着更大的潜在效力。除了系统的自然价值观教育、环境道德基本理念和环境道德规范教育之外,国家工作人员环境道德教育的主要目标是树立绿色决策的理念。绿色决策就是指政府领导在政策制定、产业规划等方面,不仅要考虑经济效益及一个地区的经济发展,还要考虑对产业布局、政策导向对于生态环境的影响和治理环境所需要的费用,在评价预期经济效益和政绩的时候,也要考虑所取得的环境生态效益和绿色决策的信誉,以及为此付出的代价。环境道德教育要使他们掌握有关环境道德的知识,并深入学习环境保护的法律法规及相关政策,提高环境保护的职责意识,强化环境管理,积极发挥示范作用。此外,管理干部还肩负着环境道德再教育的责任,他们要积极宣传和教育基层领导和群众,提高他们的环境道德意识,更好的推进环境保护的各项工作。

第五,学生环境道德教育的目标。学校教育是实施环境道德教育的最有效方式和渠道,学生是教育的主要对象。学校环境道德教育的优势在于能够严格按照预定目标,通过有力的组织保障,排除各种干扰,控制教育发展过程,减少偏差,引导学生关注环境问题,积极参与保护生态环境的行动,从而树立起热爱自然、保护地球家园的高尚道德情操。当然,不同阶段学生教育的目标也不相同。

一是小学生环境道德教育的目标。小学生的年龄一般在 6—12 岁,他们的环境道德道德判断正由他律转向自律,对待环境道德规范的认识也随认知水平的提高由浮浅、片面逐渐过渡到深入和全面,对外部道德行为的调节也由依靠外部监督的服从型逐步发展为依靠自我监督的自觉习惯型。因此,在小学环境道德教育目标的确定上要明确教育对象的特殊性。

小学低年级学生处于环境道德启蒙阶段,环境道德意识具有直观性和以情感和兴趣为基础的特点。低年级学生对规则的认知能力有限,因此这一阶段教育的主要目标是引导孩子对环境的感知以及行为的养成教育。通过让学生亲近、欣赏大自然,激发他们内心对自然的美好情感,体验和观察周围环境变化以及日常生活与环境间的关系,引导他们关心、热爱大自然,帮助他们初步建立起对环境正确的认识,为其今后环境道德品质的形成和发展打下良好的情感基础和认识基础。

小学高年级的学生,已有了一定的知识储备和认识能力,初步具备了对事物的自我判断能力和辨别能力,对环境道德行为的调控也他律逐步过渡为自律。这一阶段教育的主要目标是让学生通过自主探究和分析比较,了解周围环境基本特点和主要问题,分析自己和他人行为与环境的关系,比较环境行为的优劣和产生的影响,引导他们逐步形成正确的环境道德判断标准,树立起自觉自愿和相对稳定的环境保护参与意识,培养他们良好的环境道德责任感和持之以恒对环境友善的行为习惯。

二是中学生环境道德教育的目标。包括初中、高中及职业中学阶段在内的中学环境道德教育,是建立在青少年心理、生理特征和认知特点基础之上的,是儿童环境道德教育的顺时延续,是一种基础环境道德教育。其价值目标是教育和培养有关环境的知识、情感、价值观以及正确的环境参与和环境行动模式,建构青少年时期的环境价值观念和相应的环境基础知识体系。该阶段的环境道德教育是建立在青少年对自然环境的了解及认识的基础之上,树立人与自然环境是辩证统一关系的环境理念,使之明白人与自然应当既矛盾对立又和谐统一的内在规律。教育内容来源于学生的学习、生活以及学校、家庭、社会生活中与环境体系有关的各种环境道德教育元素。通过较系统的环境教育,建立和培养青少年对自然、环境的情感和态度,积极参与环境保护的行动,并通过自己的行动去影响周围的人。目前,我国的基础环境教育开展得相对较好,也是我们所理解的普遍意义上的环境教育,从目标、内容、课程、教学到评价,从理论到实践,已初步形成了相应的体系和模式,并已成为我国各级各类环境教育的主体。

三是大学生(研究生)环境道德教育的目标。根据美国心理学家科尔伯格的道德发展理论,不同年龄阶段的人接受教育的效果不同,因此环境道德教育在学校教育的不同阶段目标也有所不同。大学生已具有较高水平的理论知识和理性分析问题能力。对他们进行环境道德教育时,一方面要引导他们深刻理解人类对生态系统的依赖性,使他们尊重自然、热爱自然;另一方面,则要使他们建立起保护生态和自然环境的责任感和使命感,放眼未来和全局,自觉处理和协调经济发展和生态保护的矛盾,阻止他人对环境的破坏和防止自己受到环境恶化的侵害,为全球协调一致保护生态和环境做出努力。这一切不仅需要一定的环境知识为基础,更需要心灵的感悟和内心精神世界的撞击与升华,需要在世界观、人生观和价值观层面上形成信念甚至信仰。

在校大学生(研究生)将来都是各行各业的研究者、决策者和行动者,他们的环境意识和环境行动对未来环境问题的预防和解决,将产生重要影响,对我国经济社会可持续发展将起着至关重要的作用。通过实施大学环境道德教育不仅培养广大学生的环境情感、态度、价值观,更重要的是培养他们的环境道德意识,培养他们关心环境、保护环境所必需的知识、技能以及行动、参与的意识和能力。

因此,与中学相比,大学环境道德教育应该更多地关注人类经济社会发展过程中的可持续发展问题、环境决策问题以及对环境的批判性思考问题等。《第比利斯政府间环境教育会议宣言和建议》特别指出:"大学的环境教育将逐渐区别于传统的教育,它会传授给学生在未来职业中所需的基本知识,使他们能对环境产生有益的影响。"①并建议各成员国根据大学教育结构和特点进行不同形式的合作,发挥物理学、化学、生物学、生态学、地理学、社会经济学、伦理学、教育学和美学等学科的作用,将环境道德教育进行有机渗透。随着经济发展和大学教育普及,我国大学生(研究生)人数已大幅增长,他们是国家未来建设和决策的主力,对他们进行环境道德教育,无疑具有重要的战略意义。但是,与儿童和中学相比较,大学生(研究生)环境道德教育主要以各类环境专业教育为主,如环境工程、环境保护、环境科学、环境伦理等,而对在校大学生(研究生)的跨学科、渗透式或专题式的尽可能广泛的环境道德教育还相当薄弱,必修课程基本处于"空白状态"。我国大学(研究生)教育还没有将环境道德教育作为"优先考虑的目标",更没有作为"教育的最高目标。"②

二、环境道德教育目标体系层次

所谓环境道德教育目标体系的层次,是指按照社会发展的阶段、人的环境道德素养发展阶段、目标规格等级的不同特点以及相应的目标要求,对目标进行分解所形成的具体目标的总和。它是目标的纵向划分。根据人的环境道德素养发展阶段,环境道德教育的目标可以分为环境道德认知教育目标、情感教育目标、意志教育目标和行为教育目标。

（一）环境道德认知教育目标

环境道德认知,就是教育者向受教育者传授、灌输环境道德知

① 《第比利斯政府间环境教育会议宣言》,2005 年 11 月 18 日,见 http://xjs.mep.gov.cn/xjwx/200511/t20051118_71827.htm。

② 赵中建:《全球教育发展的研究热点——90 年代来自联合国教科文组织的报告》,教育科学出版社 1999 年版,第 108 页。

识和一定的生态知识。这是整个环境道德教育过程的第一环节。认知目标在整个目标层次体系中处于基础性、关键性的地位,是情感目标、意志目标、行为目标得以实现的知识依托和载体,它主要包括三个方面的具体目标。

一是获得环境道德感性认知。它由环境道德感觉、知觉和统觉所构成。环境道德感觉是指环境道德范例直接作用于道德主体的视觉、听觉、肤觉、味觉、嗅觉等感觉器官,使其大脑对这一具体范例产生道德反应的过程。如《孟子》记载齐宣王在大堂上看见有人牵牛走过,便问干什么?回答是杀牛做"血祭"。齐宣王以其"无罪"而被杀,"不忍其觳觫"。齐宣王见杀牛做"血祭"而生恻隐之心就是一种环境道德感觉。环境道德知觉则指人在环境道德感觉基础上形成的道德印象,它借助人的时间、空间、运动等知觉形式,将环境道德感觉的对象与情景、以往环境道德感觉与当下环境道德感觉串联起来,使环境道德范例施加的言谈举止、音容笑貌等各种刺激综合成一个整体性、恒常性的道德表象。环境道德统觉则是指道德主体借助想象力将各种环境道德表象汇聚统一起来,使之连成一定的系列,通过再造的综合形成各种特定的道德范畴,如关于处理人与自然关系时的善恶、罪恶、羞耻、荣誉等。

二是获得环境道德理性认识。它由环境道德概念、判断、推理构成。环境道德概念是指人们借助环境道德统觉将反映人与自然的各种道德现象、特性、关系、方面的本质认识确定下来,用以指导和影响人们认识自然、改造自然、爱护自然的行为。环境道德判断是指通过肯定或否定的裁决形式来反映道德现象之间的相互关系,它包括环境道德评价判断、规则判断、指令判断三种类型,环境道德判断具有反映与描述、推荐与导向、评价与号召等功能。环境道德推理则是指人们以已有的道德知识为前提,通过逻辑推导和论证而求解出未知的应然判断的理性思维过程。它包括环境道德归纳推理和演绎推理两种形式,环境道德推理作为道德认知的高级形式,是道德主体由环境道德认识向环境道德行为转化的桥梁,是人们摆脱道德冲突和道德悖论获得道德自由的重要手段,是推动环境道德理论进步的重要动力。

三是获得环境道德直观和环境道德智慧。环境道德直观是建立在道德感性认识和道德理性认识基础上的一种普遍性、综合性、本质性的认识活动。它是个人在特定环境道德境遇下省去一系列道德认知环节而直接把握环境道德规定的一种高级道德认知形式。其本质是时代相传的环境道德经验在道德主体身上长期积累并得以升华的结果,它以多种多样的方式呈现出来。环境道德智慧则指道德主体面对纷繁复杂的环境道德冲突或道德悖论,科学把握环境道德必然性的本领和能力。具有高超环境道德智慧的人往往具备广博的知识、深刻的睿智和坚定的信念,他们在长期的环境道德探索过程中,站得高,看得远,为了实现远大的道德目标,不惜牺牲眼前利益,给人以大智若愚的感觉①。

（二）环境道德情感教育目标

环境道德情感,是指人们在道德认知和实践过程中产生的,对现实生活中的环境道德关系和行为的热爱、满意、愉悦、愤怒、羞愧等比较持久而稳定的内心体验和主观态度。它是人们环境道德品质结构中的一个重要组成部分。其核心内容是对生态环境和维护生态环境行为的热爱和尊重。在环境道德教育中进行道德情感的陶冶,是提高教育效果的一个重要维度。正如大地伦理学的创始人利奥波德所说:"我不能想象,在没有对土地的热爱、尊敬和赞

①　参见靳凤林:《领导干部的道德认知》,《学习时报》2010 年 7 月 2 日。

美,以及高度认识它的价值的情况下,能有一种对土地的道德关系。"①美国当代著名环境道德学家彼特.S.温茨也说:"为保护物种多样性和自然生态系统而作出转变的意志中一个必要的部分就是对自然本身的爱与尊重。"②环境道德教育情感目标在整个目标体系中起着桥梁、纽带作用,即是认知目标与行为目标沟通的中介。

环境道德教育情感目标主要表现在以下几个方面。一是培养人的移情能力。科学家爱因斯坦曾说过,人生的意义就在于设身处地地为别人着想,乐别人之乐,忧别人之忧。人要能够达到这种境界,移情能力的培养是关键。在环境道德教育中,移情主要是指把对他人的同情、关爱转移至动植物乃至自然万物身上,实现由"爱人"向"爱物"的转换。二是丰富人的道德情感。首先就是培养人的自我认知感、自我适应感、自我同一感、自爱自尊感、自信自强感等良好情感;其次是培养人对自然环境的同情感、关怀感、仁慈感、友谊感、挚爱感、依恋感和正义感。第三是培养自然责任感。如热爱自然、热爱家乡、热爱祖国、热爱生活、奋发向上的情操;还有培养人对自然的良心感。良心作为道德现象,是人们在环境行为过程中,由于社会责任感、义务感所产生出的内心的道德自觉性。道德实践是在良心的主导下进行的,良心在人们的道德生活中具有特殊的意义。

环境道德情感的形成,不仅需要以一定的环境道德认知(包括感性经验)为基础,而且需要在环境道德实践中不断加以磨炼

① [美]利奥波德:《沙乡的沉思》,侯文蕙译,经济科学出版社1992年版,第22页。
② [美]彼特·S.温茨:《现代环境伦理》,宋玉波、朱丹琼译,上海人民出版社2007年版,第449页。

和陶冶。但它一经形成,就成为一种稳定的力量,积极推动着人们环境道德信念的确立和意志产生和发展,并不断影响和调节着人们的实践。因此,环境道德情感在环境道德教育过程中是一个关键性的环节,而培养人们高尚的环境道德情感,则是环境道德教育中的一项重要任务。

（三）环境道德意志教育目标

环境道德意志,是指人们在履行环境道德义务的过程中所表现出来的自觉克服一切困难和障碍去实现环境道德目标的能力和毅力,突出表现为环境道德实践中果断、坚决、勇敢、自制和坚持不懈的精神。环境道德意志是环境道德认知向环境道德行为转化的关键因素,也是环境道德品质形成过程中的重要阶段。因此,在实践中,自觉地磨炼自己的环境道德意志,塑造环境道德信念,是培养和造就个人环境道德品质的关键环节,同时这也是环境道德教育过程的必要环节。环境道德意志教育目标主要表现在以下几个方面:

一是环境道德意志的一贯性。道德意志的一贯性是指一个人在环境行为中有明确的道德目的,并时刻认识到人与自然关系对社会和谐的意义,从而使自己在环境行为过程中,始终如一地为实现人与自然和谐而不懈努力。道德意志一贯性反映了一个人坚定的环境道德原则和立场,它既是坚强道德意志的体现,又是激发坚强道德意志的源泉。一个有正确环境道德目标并能主动进行追求的人,往往能自觉地以环境道德原则为准绳来调节自己的行为,对于符合人与自然和谐要求的行为,即便是在实施过程中遇到困难和阻碍,也会全身心投入,不懈地去追求。

二是环境道德意志的自制性。道德意志自制性是指在环境行为中所表现出的控制自己情绪、约束个人言行的一种品质。道德意志自制性是一种抗干扰的能力,包括抗外部干扰的能力和抗内部干扰能力。抗内部干扰的意志自制力表现为对不道德动机的抵制。比如,道德意志坚强的人更有抗拒诸如"自然是人类的奴仆"等不良道德动机的能力;而道德意志薄弱的人往往不能控制自己不合理的道德动机。抗外部干扰能力则表现在不因为外界的困难或者诱惑而产生与实现人与自然和谐目标相背离的动机或行为。在道德意志的约束下,意志坚定的人能够抵制外部的腐蚀和引诱,能将一定的社会环境道德规范内化为个体的道德品质,转化为个体自觉的行为活动。反之,如果没有坚强的道德意志,就会经不起外界的引诱,不能战胜自己不道德的动机,而在一瞬间选择不利于人与自然关系和谐的行为。

三是环境道德意志的坚韧性。道德意志的坚韧性是在环境行为中所表现出的对待困难的心理特征和态度。它表现为在处理人与自然中坚持正确的决定,以坚韧的毅力、百折不挠的精神去克服碰到的挫折与困难,从而实现人与自然和谐相处。道德意志的坚韧性要求一个人在环境行为中做到锲而不舍,始终如一。在挫折面前不气馁,不退却,在成绩面前不陶醉止步。比如,一个人在做了促进人与自然和谐的事情之后没有得到社会公正的评价,甚至被人们误会和责难,这会给行为主体带来思想上的斗争和情绪上的波动,如果处理不当,就会影响到他以后的态度和行为。因此,面对困难,人们能不能按照自己的道德信念将促进人与自然和谐的行为持之以恒地坚持下来,其关键在于有没有坚强的道德意志力。意志坚定的人会控制自己的道德情感,将促进人与自然和谐的行为坚持做下去,而意志薄弱的人往往做不到。

四是环境道德意志的果断性。在人的环境行为过程中,特别是在紧急情况下,常常需要行为主体能迅速而正确地处理自身与环境的利益关系。这就要求人们要有足够的勇气来正确看待自身利益的得失，没有坚强的道德意志，人们就很难迅速、果断地作出选择。道德意志的果断性就是指在环境行为中，能迅速选择正确目标和恰当方法的一种品质。它体现为在处理具体环境行为所产生的问题时，能做到因势利导、迅速决断。它要求尽量避免草率决定和优柔寡断。草率决定是缺乏认真思考的盲目选择，只能是冒失。而优柔寡断的人长时间不做决定，或者总是怀疑自己所做决定的正确性，便会贻误选择有利于人与自然和谐行为的时机。

（四）环境道德行为教育目标

道德本质上是实践的。亚里士多德认为，伦理学就是关于社会实践活动的科学，环境道德教育也是如此。"环境道德学是关乎自然和人二者的，因此就要学以致用。"①蔡元培的看法是，"道德不是记熟几句格言就可以了事的"②，而是要注重实际行为。环境道德教育的目标最终要落实在受教育者的行为上，即最终能否表现出对环境负责的行为。受教育者在具备了环境道德知识、情感、意志后，必须采取行动，参与各种环境问题的解决。因此，行为目标是整个环境道德教育目标体系的最后一个环节，也是认知目标、情感目标、意志目标的最终检验。

参考美国学者亨格福德的负责任环境行为的分类方法，环境道德教育的行为目标包括以下几个方面。一是积极参加环境保护人际沟通行动。即用适当的言辞、方式来促使人们采取正向的环境行为，如参加环境保护宣传等。二是选择环保的日常消费方式。这里的"环保消费方式"主要是指绿色消费方式，属于"经济行为"

① 卢风：《享乐与生存》，广东教育出版社 2000 年版，第 87 页。
② 高平叔：《蔡元培教育文选》，人民教育出版社 1980 年版，第 117—118 页。

类的环境行为。即个人或团体对某种商业行为或工业行为改变所做的经济威胁,通过不购买(或不消费)某种商品(或产品),来达到保护环境的目的。三是积极参与生态管理。指个人或团体为维护或促进现有生态系统所采取的实际行动,从捡垃圾到森林保护都是属于生态管理,其目的在于维护良好的环境现状或改进环境的缺点。因此,如垃圾处理,水土保持,栽种花木,资源回收,节约能源,扑杀害虫,清扫校园,修剪树枝,清扫河道,开辟公园等均可称为是生态管理的行动。这类环境行为又有积极的环境行为与消极的环境行为之分,如植树造林、资源回收等属于积极的环境行为,而节水、节电等则属于消极的环境行为。四是积极参与环境保护法律行动。指个人或团体采取法律的行动或加强环境法律的执行以解决环境问题,如诉讼,法院强制命令等。五是政治行动。通过游说、投票、竞选、向上级反映等政治行动以达成保护环境的目的。

　　总而言之,环境道德教育是一个不断把外在环境道德原则、规范转化为人们道德品质的复杂系统过程。它遵循着由环境道德认知到情感再到意志,最后落实到环境道德行为的逻辑轨迹。其中,环境道德认知是前提和基础,只有在此环节积淀了充分的认识,后面各环节才可能顺利完成。情感就是接纳、感染和激发,只要积累了充沛的情感,就能从内心深处彻底打动自己,从而使主体自觉为之。环境道德意志具有定向、鼓励、推动的意义,它自然而然地聚合凝结环境道德认识和环境道德情感,直接驱动环境道德行为,进而保证环境道德实践的善始善终。环境道德行为是环境道德教育的终极价值取向,而且成功的环境道德实践又会强化环境道德意志、增进环境道德情感、深化环境道德认识。显而易见,环境道德教育过程中的四个环节缺一不可,它们相互联系、相互影响、相互贯通、相互转化,统一于环境道德教育的整个过程。

三、环境道德教育目标体系序列

所谓环境道德教育目标体系的序列,是指某一域分的不同层次的目标按照一定顺序排列形成的一组目标。目标体系的序列具有如下特点:

第一,序列是域分和层次的有机结合。序列是域分和层次辩证联结的中介环节,目标体系的序列要建立在对目标体系科学合理的进行横向和纵向划分的基础之上。层次是形成序列的要素,序列是层次的系统化。序列是在某一既定域分中层次的系统展开。如在确定某一类对象目标序列的时候,首先要对教育对象进行合理划分,然后对其在环境道德素养不同发展阶段的目标要求和目标的规格等级作出规定。

第二,序列是目标体系构成的核心要素。环境道德教育的目标体系由域分、层次和序列构成,序列是域分和层次的有机结合,因而序列是构成目标体系最核心的一个单位。对目标进行横向和纵向的划分是确立目标系的前提,但是,仅仅这样还不能形成一个目标体系。在域分和层次确定之后,序列就成为构建目标体系的关键要素。环境道德教育目标体系实际上是由一系列不同的序列组合而成的。

第三,目标体系包含多个不同的序列。环境道德教育的目标体系并非只是由一个序列构成的,它是多个不同的序列相互组合的结果。在研究某一类教育对象目标体系的时候,域分基本上是确定的。对学生环境道德教育的目标体系来说,按对象划分,就形成了一个小学生、中学生和大学生目标序列;按学生的环境道德素养发展阶段,就形成了环境道德认知教育、情感教育、意志教育和行为教育等方面的目标序列。在同一层级内部,目标体系也可以细化为若干个序列。它们是社会对受教育者思想环境道德素养要求的广泛性、多样性在类别和规格上的具体反映。由此可见,为了使环境道德教育活动和工作更好地保证目的的实现,就必须在环境道德教育理论的指导下,遵照环境道德教育目的的要求。科学地提出环境道德教育目标并对其进行层次性的分解和提出序列性的要求,同时还要精心地设计和组织实现环境道德教育目标的步骤和内容,选择科学的方法和途径并付诸实施。只有做到了这些,才能为环境道德教育目的的完满实现提供可靠的条件。

第五章　环境道德教育内容

　　环境道德教育是一项系统工程,其内容的合理设置是做好这项工作的关键。环境道德教育效果如何,在很大程度上取决于内容的设置。环境道德教育内容是指体现环境道德教育目标,直接对教育客体发生作用,从而得以形成、发展教育客体环境道德认知、环境道德情感、环境道德意志和环境道德行为的内容总和,它既是一定环境道德的传递与创生、实现个体环境道德社会化的重要途径,也是个体进行环境伦理学习、掌握环境道德规范、进行环境道德实践、提升个体环境道德素养的重要依据。它不仅体现了环境道德教育的性质,反映了环境道德素质培养的要求,而且是环境道德教育目标具体化的第一个步骤,是实现环境道德教育目标的中介和重要依托。教育内容的性质和构成由环境道德教育目标所决定,教育内容的深度和广度为教育客体身心特征和环境道德发展水平所制约。因此,必须准确把握环境道德教育内容的广度与深度,构建层次清晰、内容完善的环境道德教育内容体系。

第一节　环境道德教育内容的价值与选择

　　教育内容是根据教育目的和培养目标以及教育客体的身心发展特点来确定的。环境道德教育内容自然是围绕环境道德展开的,环境道德的重要理念、原则和主要规范和实践是环境道德教育的主要内容。教育内容是环境道德教育的实体成分,它在保证环境道德教育有效性方面有着重要价值。同时,环境道德教育内容的选择需要考虑与教育目标定位一致、符合教育客体特点、承接环境道德传统、指向社会发展趋势等多种影响因素。

一、环境道德教育内容的价值

环境道德教育内容受到社会和人的发展影响与制约,这些制约因素的发展和变化必然会引发环境道德内容丰富和创新。现实的环境问题要求环境道德教育内容必须贴近现实问题。由于环境问题日益突出,新情况新问题层出不穷,社会对环境道德教育提出了越来越高的要求,抱有越来越高的期待。因此,环境道德教育一定要以问题为导向,摒弃陈旧内容,补充新内容,采取动态学习,取代以过去为指向的静态学习和知识记忆,让教育客体能够解决现实环境问题,适应未来发展。随着全球化趋势日趋明显,人类面临着许多共同的环境问题。环境道德教育必须与时俱进,改变传统教育中内容单一、陈旧的状况,把这些世界性的问题更多地充实进来,逐步构建起科学完善的环境道德教育内容体系。

环境道德教育内容的价值不在于为客体预先设计好一个学习和发展的模式,其真正的作用是为提供令人满意的环境道德经验,帮助教育客体发现自我,并加以引导,进而实现自我,服务于社会。因而,环境道德教育内容的创新还应与教育客体的认识、要求、兴趣与能力相适应,适应培养具体生态人格的要求,把培养研究、探讨和创造的态度与能力作为重要目标,力图使环境道德教育内容有助于把教育客体培养成有学识、肯钻研,既能掌握前人大量环境道德认知成果,又会通过自己的努力不断有所发现、有所创新并解决问题的人。为此,环境道德教育必须改变传授单纯书本知识的旧习,使教育客体具有开阔的视野,坚实的环境道德知识和丰富的道德践行能力,以适应未来社会的需要。

环境道德教育内容是环境道德教育的实体成分,它在保证环境道德教育有效性方面有着重要价值。

第一,环境道德教育内容是实现环境道德教育目的的基本保证。环境道德教育目的是对教育结果规定出的总要求,为了保证环境道德教育目的的实现,一个重要的方面就是教育内容的选择与确定。任何理想的教育目的最终都要通过教育内容的传授才能最终得以实现。环境道德教育目的与教育内容之间存在着密切的制约关系,教育目的是教育内容选择的依据和标准,有什么样的教育目的就会有什么性质的教育内容。教育目的制约着教育内容,历史上,不同时代、不同国家,由于而面临的问题不同,各自的教育目的也不同,教育内容也不相同。而教育内容又是教育目的的科学体现,它的选择、确定、编排、传授等科学与否,又反过来影响着教育目的的实现。教育内容的动态补充和不断更新将有助于教育目的更符合当下社会发展与教育客体个性心理的需要。环境道德教育内容应该直接反映当前的环境问题和社会的期待,具有明确的目的指向性,就是要通过教育改变人的认识和观念,进而解决环境问题、预防环境危机、维护生态平衡、和谐人与自然的关系,实现可持续发展。

第二,环境道德教育内容是开展环境道德教育的依据与准绳。环境道德教育既需要创造性,也需要规范性。好的教育内容可使环境道德教育更有计划性、组织性、创造性和发展性。教育的基本职能是传递人类社会在长期历史实践过程中所积累下来的知识与经验。人类社会发展至今创造积累的知识经验浩如烟海,任何一个人即使毕其一生也只能了解其中的极少部分。因此,进行教育就必选筛选教育内容,即根据一定的教育目的、人才培养需要,从人类大量的知识经验中筛选出相关典型的、有限的、基本的材料构成教育内容,然后再组织具体的教育活动。环境道德教育是一个过程,是一种有准备的活动。因为有了教育内容,环境道德教育就可以展开计划、安排、准备等一系列教育活动,就可以查阅、补充、思考、撰写与环境道德教育内容有关的材料,以丰富环境道德教育内容,使教育活动更活泼、更丰满,效果更好,质量更高。

第三,环境道德教育内容是进行环境道德自我教育的重要基础。对环境道德知识的认知主要是借助环道德教育内容完成的,科学完善的教育内容体系可以使人们对环境道德的认知由无到有、由少到多,认知和实践能力不断提高。对环境道德教育内容的获得为他们奠定了进一步扩大道德认知领域的基础,通过对环境道德教育内容的学习,可以把对环境道德的认识由书本扩大到社会、由课内扩大到课外、由校内扩大到校外,由接受他人教育到进行自我教育。当前,知识的承载方式多种多样,书画、报刊、广播、电视、网络、景观、现实事件、人的言谈行为等都承载着环境道德信息。科学的环境道德教育内容体系可以促使人们从这些广泛的载体和繁杂的信息中筛选出有用的的内容,进行自我教育和提升。

二、环境道德教育内容选择的依据

环境道德教育内容的选择需要综合考虑多种影响因素,任何单一的标准和依据都不能为明智而又全面的内容选择提供基础。基于此,环境道德教育内容选择的原则可以概括为以下几点:

第一,与教育目标定位一致。目标对内容选择具有指导作用,是内容选择的主要依据,因此,目标和内容应具有高度的一致性,有何种目标定位,就应有相应的内容载体来促成目标的达成,即内容选择应体现目标的基本规定。基于此,环境道德教育内容选择必然要与目标体系中的要求与定位一致,而不能有丝毫的游离,否则目标体系的构建也失去了其应有的价值。与此同时,环境道德教育内容选择要做到兼顾认知、情感、意志、行为目标领域,尤其要注意有利于情意、行为目标的达成。比如中学阶段的环境道德教育目标是:"了解区域和全球主要环境问题及其后果;思考环境与人类社会发展的相互联系;理解人类社会必须走可持续发展的道路;自觉采取对环境友善的行动。"与之相应,可采用如下教育内容:"1. 了解当前主要的区域性和全球性环境问题,探究其后果。2. 结合地方实际,理解不同生产方式对环境的影响。3. 了解可持续发展的基本含义,理解可持续发展的必要性。4. 了解地方政府和社会组织在解决地方环境问题方面的重要举措。5. 反思日常消费活动对环境的影响,倡导对环境友善的生活方式。"①

第二,符合教育客体特点。内容选择的最终目的是使教育客体的潜能得到最大程度的发挥。环境道德教育除了要考虑教育客体的认知心理特点,还要关注教育客体的道德发展心理特点。为此,环境道德教育内容的深度、广度以及组织安排,应符合教育客体的身心发展水平。基于人的认知发展与道德发展均具有阶段性特点,环境道德教育内容的选择也应体现这一特点,选择与教育客体的认知与道德发展的实际水平相适应的环境道德教育内容,否

---

① 《中小学生环境教育专题教育大纲》,2005 年 11 月 18 日,见 http://www.moe.edu.cn/publicfiles/business/htmlfiles/moe/s3320/201001/81832.html。

则,便无法达到预期的教育效果。此外,环境道德教育内容的选择在充分考虑某一群体主要对象的一般要求的基础上,还应考虑该群体内不同水平教育客体的不同需求,为同一群体处于不同水平层次教育客体的发展创造条件。陶行知先生指出,没有生活做中心的教育是死教育,要回归生活世界,这为环境道德教育内容选择指明了方向。基于此,环境道德教育内容的选取,特别是知识、观念所依托的素材,应面向教育客体的生活世界,密切联系他们的生活经验和社会发展实际。

第三,承接环境道德传统。当代中国的环境道德教育并不是无源之水、无根之木,它是在传统环境道德教育积淀基础上的创造性发展,既体现了时代特点,又具有鲜明的民族特色。可以说中华民族有着丰富的环境道德教育资源,这些优秀的资源为我们开展环境道德教育提供了丰富素材与内容支撑,因此,环境道德教育内容的选择必须承接环境道德教育传统。比如,应把借鉴和吸收儒家环境道德的"仁民爱物""知命畏天""适时而动"原则以及生产领域的"取物有节"、休闲领域的"乐山乐水"、消费领域的"宁俭勿奢"环境道德教育内容。只要我们自觉发掘优良传统文化中的环境道德思想并赋予其新内涵,处理好继承和创造性发展的关系,重点做好创造性转化和创新性发展,就能使传统环境道德思想重新成为实现生态文明的精神力量。2013 年 11 月 26 日,习近平在考察山东曲阜孔庙时指出:"对历史文化特别是先人传承下来的道德规范,要坚持古为今用、推陈出新,有鉴别地加以对待,有扬弃地予以继承。"①

第四,指向社会发展趋势。未来社会发展趋势是影响环境道

---

① 《习近平考察山东谈全面深化改革》,《人民日报》海外版 2013 年 11 月 29 日

德教育内容确定的又一因素,这是因为环境道德教育是具有鲜明的超前性,而且教育周期性较长,使其社会效益具有滞后性。由于科学技术继续向前发展,新的环境问题不断涌现,环境道德教育内容中将会纳入许多新的思想和观点。因此,这种道德教育应该具有预见性,就是说环境道德教育培养出来的人才应该符合社会发展的需要。这就要求我们在组织和选定环境道德教育内容时,必须考虑未来的需要,考虑未来社会发展的趋势,这样才能更好地发挥环境道德教育对社会发展的促进作用。

三、环境道德教育内容的呈现模式

教育内容以何种方式呈现出来,这直接影响到环境道德教育目的的实现。环境道德教育内容十分丰富,在具体的教育实践中,我们既要考虑其精华部分的精神内核,又要考虑环境道德教育的目标、教育客体的身心特征及环境道德素养水平,准确把握环境道德教育内容的广度与深度,构建层次清晰、内容完善的环境道德教育内容体系。一般而言,环境道德教育的内容呈现有四种模式。

（一）结构迁移模式

迁移是学习的一种形式,是指人已经获得的知识、技能,甚至方法和态度对于新知识和新技能的学习产生影响作用的一种心理现象。迁移或有利于新知识和新技能的学习,或降低新知识、新技能学习的效率。结构迁移的观点运用到环境道德教育内容的编排上,就是主张人的道德品质中具有一种基本的共同因素,只要把这种共同的因素培养起来,就可以扩展和迁移到人的其他环境行为中去。如在封建社会中,"仁"是根本的道德素质,只要能培养人对人的"仁",就能培养对万物和自然环境的"仁"。这是因为,

"仁"内涵亲子之间、兄弟之间、朋友之间、君民之间、人与动物之间、人与自然环境之间行为关系的共同要素,即具有关爱、同情的因素。在环境道德规范中,保护环境、与自然和谐相处是各种环境道德规范的核心因素,只要把这一环境道德素养要素培养好了,人们就会迁移到节用爱物、绿色消费、节源能源等环境行为中。这一观点对于现在环境道德教育内容的编制有一定的影响。

（二）阶段连续模式

阶段连续模式从"社会适应说"原理出发,把不同的环境道德教育内容分别安排在婴儿期、幼儿期、小学、初中、高中、大学（研究生）、成人等几个阶段。这几个阶段相互联系,前一阶段是后一阶段的基础,后一阶段的发展又使前一阶段的成果得到巩固。比如对于小学生的环境道德教育,不同的年级应采用不同的教育内容。小学 1—3 年级的环境道德教育内容主要是:感知身边环境的特点及变化;表达自己对身边环境的感受;知道日常生活需要空间,需要自然资源和能源;感知日常生活对自然环境的影响;了解并实践小学生在环保方面的行为规范等。小学 4—6 年级的环境道德教育内容主要是:调查和了解社区和地方环境的基本特点;知道本地区主要环境问题的表现,能初步分析这些问题产生的原因;了解社区自然环境的变化及其与人们生活的联系;知道什么样的环境是好的环境,以及建设良好环境的途径和方法;分析自己和他人的行为可能对环境造成的直接或间接的影响,判断对环境友好的和不友好的行为。

（三）螺旋循环模式

螺旋循环模式把环境道德内容的多层次性与教育客体的道德素养发展水平的不同性合乎规律地统一在一起,即把不同层次的环境道德教育内容组织在人的心理和品质发展的各个阶段进行教育。这种安排要求教育内容层次既不能过高，又不能低于原有发展水平，只能是适当的超前，通过适应性的教育内容以达到促进人环境道德素养发展的要求。这种模式并非要求所有的环境道德教育内容在任何一个教育阶段都普遍进行一次循环，如果某一方面的品质在某一阶段已经能够形成，就不用在下一阶段重复。即使循环，也不是简单的重复，而是每循环一次，在内容的深度和广度上都较以前有所加深和扩大。同时，教育内容的循环在某个层次和教育阶段各项内容之间还有横向的联系。这种模式国内外普遍予以采用。

（四）情景呈现模式

情景呈现模式的基本思想是，根据每个阶段人的中心活动及成人的职业活动，把相应的环境道德要求用"图式"的形式展示出来，让教育客体在观摩"图式"的基础上学习、理解和掌握相应的环境道德要求。在这种模式中，环境道德内容用类似于"连环画"的情景展示，而不是用语言表达的方式展示。在展示的情景中，每一种情景包含了人类个体与自然（动物、植物、非生物等生态因素）个体、人类个体与自然群体、人类群体与自然群体之间的互动事件。这些互动事件均发生或者可能发生在个人身边，也包括人遇到过或者可能遇到的环境问题，具有实践的真实性。在每一种情景包含的环境问题中，均有多种答案甚至无数种答案供学习者选择，给人自由想象和探索留下了相当大的空间。情境叙述方式使人与事件联系在一起，使教育客体作为当事人或事件评价者，介入到情景之中，使人有可能根据亲身经历，对事件的细节加以补充，而调动人参与的积极性。这种模式做到了环境道德教育内容的形象化和理想化，操作简单，实践性强。

第二节　环境道德基本理念教育

环境道德作为调整人与自然关系的行为总则,蕴含着人与自然和谐、可持续发展观、自然价值观、自然权利观和生态文明观等基本理念,开展环境道德教育必须把这些环境道德理念作为重要的教育内容。

一、人与自然和谐观

人与自然的关系,不仅是人类生存的一个基本问题,也是构建和谐社会的一个前提命题。自古以来就存在着把人与自然对立起来的观点,特别是到了近代社会,人们改造自然的能力迅速增强,往往把自己摆在自然的对立面,宣称要战胜和征服自然。针对这种观点,恩格斯明确指出:"我们连同我们的肉、血和头脑都是属于自然界和存在于自然之中的。"[1]随着自然科学的大踏步前进,"我们越来越有可能学会认识并因而控制那些至少是由我们的最常见的生产行为所引起的较远的自然后果。但是这种事情发生得越多,人们就越是不仅再次感觉到,而且也认识到自身和自然界的一体性,而那种关于精神和物质、人类和自然、灵魂和肉体之间的对立的荒谬的、反自然的观点,也就越不可能成立了。"[2]在恩格斯看来,人不是处于自然的外部,而是自然的产物和组成部分。他讲的人与自然的一体性,就是指人本身具有作为自然的产物并始终归属于、依存于自然的属性。如果一味强调人定胜天,我们对大自

---

[1]　《马克思恩格斯选集》第 3 卷,人民出版社 2012 年版,第 998 页。
[2]　《马克思恩格斯选集》第 3 卷,人民出版社 2012 年版,第 999 页。

然的改造就像是物理学中的作用力与反作用力一样也回报在我们的身上。"当前,世界性的环境退化、生态危机日趋严重,土地沙化、臭氧空洞、温室效应、物种灭绝、资源匮乏等直接威胁到人类的生存和发展。这实质上是人与自然矛盾的尖锐化,是人与自然关系的危机。"①因此,自觉调整人与自然的关系,建构人与自然相和谐的关系,是时代提出的严峻课题。所谓人与自然的和谐是指反对将人与自然片面对立,将人与自然和谐发展看作人类追求的最高目标,是实现人类本质力量的重要标志的道德观念。将人与自然和谐观作为环境道德教育的基本理念,就是要通过环境道德教育的开展,促使人们认识并确立如下观念。

第一,人与自然的和谐是社会生产力与自然生产力的和谐。要推动社会进步,就必须大力发展社会生产力,但发展社会生产力不能无视自然生产力。如果自然生产力受到破坏(如地力、水力、自然资源的再生能力等),社会生产力最终得不到发展。在这方面,马克思关于自然生产力的理论应当引起我们的注意。马克思在考虑到农业的"独特性质"时认为:"在农业中(采矿业中也一样),问题不只是劳动的社会生产率,而且还有由劳动的自然条件决定的劳动的自然生产率。可能有这种情况:在农业中,社会生产的增长仅仅补偿甚至还补偿不了自然力的减少,——这种补偿总是只能起暂时的作用,——所以,尽管技术发展,产品还是不会便宜,只是产品的价格不致上涨得更高而已。"②从这里所讲的"补偿"中,不难看到自然生产力对社会生产力的制约关系。

第二,人与自然的和谐是经济再生产与自然再生产的和谐。

---

① 杨波:《建构人与自然和谐观的基本原则》,《学术交流》1993 年第 5 期。
② 《马克思恩格斯全集》第 25 卷,人民出版社 1974 年版,第 864 页。

所谓自然再生产,就是在自然规律的支配下,根据自然气候条件缓慢地、有序地进行的生产和再生产过程。马克思在评述重农学派时曾经指出:"经济的再生产过程,不管它的特殊的社会性质如何,在这个部门(农业)内,总是同一个自然的再生产过程交织在一起。"[1]事实上,不管哪一种生产部门,都或多或少地有一个受自然再生产过程制约的问题,只不过在农业、采矿业、捕鱼业、伐木业、畜牧业等部门更为明显。在现代生产中,虽然土地、风、水、矿藏、草、森林、鱼类等这些对象被人化了,但其还是属于自然的,倘若只注意经济再生产的增长而不注意自然再生产过程的补偿和顺利进行,"竭泽而渔",那就必然使自然再生产的能力即自然资源的再生能力受到破坏,最后又大大抑制经济再生产的正常进行。

第三,人与自然的和谐是经济系统与生态系统的和谐。要把经济规律与生态规律结合起来考虑,强调经济系统与生态系统的叠加和综合效益,注重二者的良性循环。这一道理实际不难理解。就以森林来说,森林是地球上所有生态系统中拥有最大生物量的地方,以致有些学者认为森林是生态平衡的"核心"。但值得注意的是,世界森林正以惊人的速度不断减少,毁林造田和滥砍林木造成了严重的森林生态危机,直接导致了水土流失,农田荒芜、耕地沙漠化,从而制约经济的发展。也就是说生态系统和谐是经济繁荣的基础。

第四,人与自然的和谐是人化自然与未人化自然的和谐。人化自然就是被人改造过的自然,它是人的实践活动的产物。可以这么说,人类几百万年的生成史和几千年的文明史,就是人化自然的历史。人化自然构成了人类文化或文明的重要组成部分。但

---

[1] 《马克思恩格斯全集》第 24 卷,人民出版社 1972 年版,第 398—399 页。

是,人化也有个限度问题。在一定的限度内,确实是人化的程度越高越好,但超出了一定限度,就会使自然受到损害。而这种受伤的自然并不会把伤害忍受和负担起来,而往往会向它周围的自然即未人化的自然继续传播、蔓延。这样一来,未人化的自然无形中就受到了伤害,导致整个生态系统发生危机。就以前边所讲的森林问题来说,如果森林遭到破坏,那么在它周围的气候圈、土壤圈等均会遭到破坏。而且这种破坏一经发生,短时期内根本不可能恢复过来。因此,在自然被人化的时候,一定要考虑到人化的自然与未人化的自然的和谐、协调①。

二、可持续发展观

　　当前制约人类发展的突出矛盾主要是:经济快速增长与资源大量消耗、生态破坏之间的矛盾,区域之间经济社会发展不平衡的矛盾,人口众多与资源相对短缺的矛盾,一些现行政策和法规与实施可持续发展战略的实际需求之间的矛盾等。解决这些矛盾必须树立起正确的发展观,即可持续发展观。所谓可持续发展,就是既要考虑当前发展的需要,又要考虑未来发展的需要,不要以牺牲后代人的利益为代价来满足当代人的利益。可持续发展观是一个综合发展的新理念,它既要达到发展经济的目的,又要保护好人类赖以生存的大气、淡水、海洋、土地和森林等自然资源和环境,使子孙后代能够永续发展和安居乐业。它将经济发展、人的发展、社会发展与资源和环境问题置于一个有机联系的整体中统筹思考,充分反映了对生态环境的关注和保护,以及对可持续发展的渴望;是以保护自然资源环境为基础,以激励经济发展为条件,以改善和提高

---

① 丰子义:《略论人与自然的和谐观》,《青海社会科学》1991 年第 1 期。

人类生活质量为目标的发展理论和战略,是一种新的发展观、道德观和文明观。

可持续发展要求人们有较高的知识水平,明白人的活动对自然和社会的长远影响与后果;要求人们有较高的道德水平,认识到自己对子孙后代不可推卸的责任,自觉地为人类社会的长远利益而牺牲一些眼前利益和局部利益。这就需要大力开展可持续发展观教育,不仅使人们获得可持续发展的科学知识,也使人们具备可持续发展的道德水平。这种教育既包括学校教育这种主要形式,也包括广泛的潜移默化的社会教育。具体而言,开展可持续发展观教育应主要从以下方面入手。

第一,坚持"以人为本"的价值诉求。"以人为本"的可持续发展观并不是片面地追求经济的增长,而是坚持把满足人的理性需求作为社会发展的最高的价值取向,作为发展的目标。这就意味着社会发展观基本的价值追求从"以物为本"转向"以人为本"。环境道德所展现的人本精神也是一种"以人为本"的价值取向,是对人的生存和发展的深层次关切。其实,早在马克思那里就有批判人类中心主义的环境道德思想。马克思指出:"人本身是自然界的产物,是在自己所处的环境中并且和这个环境一起发展起来的。"①这就是对人类中心主义的否定。同时,又由于人与自然之间的关系是一种对象性的关系,环境创造人,人也创造环境。这就是要坚持以人为本,要承认人的主体性地位,把人作为全部活动和思考的中心,人类应该把同自然之间的物质变换置于自己的共同控制之下,靠消耗最小的力量,在最无愧于和最适合于人类本性的条件下进行。这正是环境道德所倡导的以人的生存与发展为根本目

① 《马克思恩格斯选集》第3卷,人民出版社2012年版,第410页。

的的人本精神。可持续发展观"以人为本"的价值诉求和环境道德所提倡的人文精神有着内在的一致性。可持续发展观所蕴涵的这种环境道德精神,正是人类生存和发展应该具有的价值取向。它不仅对可持续发展观的全面落实和实施具有价值导向作用,而且可以向人们传播环境道德思想,从而在实践层面调节、约束和规范人们的行为,进而有助于可持续发展观的贯彻和落实。

第二,确立"全面协调"的道德原则。现代生态科学指出,要做到既保证人类的生存和发展,又要维护和健全自然生态系统,人与自然就要相互促进、相互适应,从而形成一种相互依赖的合作关系,实现人与自然的协同进化。这就要求人的角色进行转换,从自然界的征服者转变成自然界的保护者。自然万物同样应该具有存在和发展的权利,人们在发展自己的同时有责任维护生态平衡,不断提高生态系统维持生命的能力。人与自然和谐发展正体现了人与自然协同进化的环境道德思想。人的全面发展也是"全面协调"的题中就有之义,也体现着环境道德思想,因为"人的全面发展主要表现为人的社会关系的和谐和人与自然关系的和谐,只有在这种双重的和谐中,人的全面发展才是现实的[①]"。人的全面发展是在各种关系当中完成的,他们对生活于其中的生态环境的态度与行为选择本身就构成了自身全面发展的重要内容,人能否做到尊重生命和自然,能否自觉遵守保护环境的行为准则和道德规范,是其道德是否高尚的重要标志。

第三,制定与可持续发展相适应的战略规划。我国进一步深入推进可持续发展战略的总体思路,可以从五个方面来概括:一是把

---

① 李培超:《论环境伦理学的现代化价值理念》,《道德与文明》2000 年第 1 期。

转变经济发展方式和对经济结构进行战略性调整作为推进经济可持续发展的重大决策。要调整需求结构,把国民经济增长更多地建立在扩大内需的基础上。要调整产业结构,更好、更快地发展现代制造业以及第三产业。还要调整要素投入结构,使整个国民经济增长不能仅仅依赖物质要素的投入,而是要把它转向依靠科技进步、劳动者的素质提高和管理的创新上来。二是要把建立资源节约型和环境友好型社会作为推进可持续发展的重要着力点。要深入贯彻节约资源和环境保护这个基本国策,在全社会的各个系统都要推进有利于资源节约和环境保护的生产方式、生活方式和消费模式,促进经济社会发展与人口、资源和环境相协调。三是要把保障和改善民生作为可持续发展的核心要求。可持续发展这个概念有一个非常重要的内涵叫代内平等,它实际上讲的是人的平等、人的基本权利,我们要以民生为重点来加强社会建设,来推进公平、正义和平等。四是要把科技创新作为推进可持续发展的不竭动力。实际上很多不可持续问题的根本解决要靠科技的突破、科技的创新。五是要把深化体制改革和扩大对外开放和合作作为推进可持续发展的基本保障。要建立有利于资源节约和环境保护这样的体制和机制,特别是要深化资源要素价格改革,建立生态补偿机制,强化节能减排的责任制,保障人人享有良好环境的权利①。

三、自然价值观

自然价值是指哲学上"价值一般"的特殊体现,包括人类主体在对自然环境客体满足其需要和发展过程中的经济判断、人类在

---

① 《中国发布可持续发展国家报告强调推进民生改善》,2012 年 6 月 1 日,见 http://www.china.com.cn/news.

处理与自然环境主客体关系上的伦理判断,以及自然环境系统作为独立于人类主体而独立存在的系统功能判断。关于自然界有无价值的问题,长期以来存在一种错误的观点,即认为自然界相对于人的需要而言,其价值只是或主要是经济价值。从实践论的角度看,人是主体,自然是人的实践和消费对象。在这个关系中,只有当自然物进入人的生产实践领域,作为生产的原料被改造时,自然物才具有了价值。这就是人们常说的"资源价值"和"经济价值"。这种人与自然之间的实践关系所引发的后果,一方面使人获得了生活资料,满足了人的消费需要与欲望;另一方面也使自然物在人的生产与消费中被彻底毁灭,失去了其本来的存在性。当前,上述观点仍在许多人的思想意识中处于主导地位,支配着他们的日常行为并给自然环境带来了极大的伤害①。环境道德教育必扭转这种错误认识,正确认识自然价值,树立正确的自然价值观,引导人们正确处理人与自然的关系。具体而言,通过自然价值观教育,应该在如下几方面达成共识。

第一,通过自然价值观教育,使人们认识到自然具有外在价值和内在价值。自然环境的外在价值主要是对人而言的,主要包括经济价值、科学价值、审美价值等。人类从自然界获得了谋求生存与发展所需的一切资源,无论是粮食、木材、矿物、金属还是石油等都取之于自然,这是自然的经济价值。虽然这种价值的取得离不开人的劳动,但自然财富的存在是一个既定的前提。

自然界的内在价值是以自然本身为尺度的,也就是说,自然事物本身就是好的,就是目的,无需借助其他尺度(如人的评价)来

---

① 王妍:《环境伦理:人与自然关系和谐的伦理支点》,博士学位论文,吉林大学,2000年,第39—49页。

加以衡量,因为自然事物本身就是尺度。首先,自然界是一个有机的整体。每一个存在物在维护整个生态系统的稳定、完整、有序中扮演着一定的角色,这是自然的最高内在价值。其次,自然界中同一物种之间也会形成价值关系。最后,自然界不同物种间也形成价值关系。任何事物都是与周围其他事物相互联系、相互依存、相互斗争的,每一种生物都会成为他物的手段或工具,能满足其他生命存在与发展的需要。自然的内在价值是客观存在的,是不以人的意志为转移的,维持自然系统自身存在与发展的目的就是它的价值所在。对自然价值的承认,尤其是对自然内在价值的认同,是爱护自然、尊重自然的前提和基础。通过环境道德教育,要使人们认识到:自然界不仅对人的需要而言具有价值,而且它自身也具有价值,即自然的价值是工具价值与内在价值的统一。

第二,通过自然价值观教育,使人们认识到自然的外在价值是多样的。自然不仅具有经济价值,还具有其他多方面的价值。许多人认为,自然价值是指自然可供人类使用的经济价值,经济价值主要由生态系统中生物和非生物的资源性决定的。随着社会生产力的发展和人口的增多及需要的增加,自然界自身的生产已无法满足人类的需要,人类需要投入必要的劳动对自然生态系统进行改造,对自然物质进行社会再生产,让它们参与到商品生产和交换。这种社会再生产与凝结在商品中的一般的无差别的人类劳动或抽象的人类劳动一样,使得自然物质具有了经济价值,这就是生态系统的经济价值。

而事实上,自然所承载的价值是多种多样的,不仅具有经济价值,还具有其他多方面的价值。美国学者罗尔斯顿在其所著的《环境伦理学:自然的价值和人对自然的责任》一书中详尽地探讨了自然界所承载的 13 种价值,分别为:支持生命的价值、经济价值、消遣价值、科学研究价值、治疗价值、基因多样性价值、历史价值、文化象征价值、塑造性格价值、辩证的价值、稳定性和自发性的价值、尊重生命的价值、宗教价值。美国环境教育学者亨格福德则认为自然环境具有下列 10 种价值:伦理价值、道德价值、政治价值、经济价值、宗教价值、教育价值、游憩价值、生态价值、健康价值、美学价值。人们尽管对自然所承载的价值还有其他不同的表述,但都说明自然界所承载的价值具有多样性。环境道德教育就是要使人们认识到:自然界所承载的价值具有多样性,除供人类使用的经济价值外,它还具有其他多方面的价值,决不能为了经济价值而破坏或毁灭其他价值。这是一种得不偿失、挂一漏万的愚蠢行为。

第三,通过自然价值观教育,使人们认识到自然外在价值是有限的。这可以从静态和动态两方面分析。从静态看,以自然资源为例,当今支撑世界经济发展的能源主要是石化能源,即煤炭、石油和天然气。这些能源资都是亿万年前远古太阳能的积存。然而,这种漫长的地质年代和地壳的巨大变化,已不可能在近期内重复出现。尽管今后仍会有地震发生,而地球本身早已进入了稳定期。否则,像过去一样的造山运动,恐怕人类也将不复存在了。所以说,像煤炭、石油和天然气等这些天赐的自然资源是有限的,其数量是不可能增加的。非但不可能增加,它还随着开采的增加而不断减小。"从动态看,自然的再生能力也是有限的,且十分脆弱。由于人类无限度的掠夺和索取,自然遭到了严重的破坏,再生能力被削弱。"[①]通过环境道德教育的一个重要任务,就是要引导人们认识到自然外在价值的有限性,自然承载力可以借助于技术

---

① 庞瑞雨:《内蒙古草原生态环境恶化原因的伦理分析及教育对策研究》,硕士学位论文,内蒙古师范大学,2011 年。

而增大,然而在任何情况下也不可能无限增大。所以,对自然的加工与利用要在以不损害自然价值性和价值度的前提下进行,要在地球承载力范围内进行,否则人类生存的持续性是不可能保持的。

四、自然权利观

"权利"作为伦理学的一个基本概念,是一个不断发展的范畴。我们通常所说的权利,是指人享有一定利益与待遇的资格。当前,关于自然权利的理解还存在一定的理论分歧,如有人认为自然权利是指动物的权利,有人认为是指生态系统整体应当受到尊重和保护的资格,但大多数人倾向于认为自然权利是指自然生物的权利,即"生物所固有的、按生态规律存在并受到人类尊重的资格。"①进行自然权利观教育,要从以下两方面入手:

第一,通过自然权利观教育,使人们认识到权利并非人类所特有。一切生命和自然都可言权利,这里既有地球上的生命实体也有地球上的非生命实体与过程。他们都可言权利,权利并非人类所特有。不过,在环境伦理学视域里,人们首先关注的是生命形式,即生物的权利。生物的基本权利有三种,即生存权利、自主权利、生态安全权利。

生存权就是生物存在、生长的权利。任何生物都有生存的权利,任何生命都珍惜。地球上的任何地方,哪怕是沙漠、冻原、盐碱滩涂、海岸泥沼、峭壁裸岩,甚至在极地,我们都可以发现顽强生存的生物。这些生物以其生机向人们展示了各自种类持续存在的能力。生物的生机是生物个体存在的固有价值,个体固有价值是种群、群落和生态系统固有价值的组成部分并受到这些整体固有价

---

① 刘湘溶:《论自然权利》,《求索》1997 年第 4 期。

值的选择和制约。因此,在地球生态系统中现存的生物个体,总要经过其整体的自然选择,个体生物的生存权利,是参与生存竞争并接受自然选择的权利。生物参与生存竞争接受自然选择的权利,既有正权利,即获取生存资源、利用环境条件的权利;也有负权利,即成为其他生物(包括人类)生存资源并被环境同化的权利。在人与自然关系中,人类应尊重各种生物生存的正权利,不应该以人类的意愿决定它们的存在与否。

自主权就是指任何生物都有按其种群的生态活动方式,追求自由的权利。但这种权利的实现应该适应生态系统整体支配并决定部分的自然选择机制,否则,就谈不上生物的自主权利。例如,老虎有在山林中自由活动的权利;松鼠有采集松果谋求生存的权利;候鸟有依据物候变化迁徙的权利;中华鲟有在江河中出生并洄游到海里发育成长的权利;大鸨有在山区溪流、沼泽、江河滩涂啄食小动物的权利等等。生物正是以其不同的自主性活动反映不同种类的特征。

生态安全权,是指生物维持种类协同和进化所必需的生态条件有不受人类破坏的权利。它包括生物所需要的一般生态安全权利和特殊生态安全权利。任何生物所必需的特定的气候、温度、湿度、光照通量等生态条件,是在地球上几十亿年漫长的生物与环境协同进化过程中形成的。生物适应这些基本的生态参数变化,有一定的自然波动阈限。任何生物,包括人类,没有权利破坏这些生态参数的稳态,保持并促进这些生态参数的稳态发展,是一切生物拥有的一般生态安全的权利。生物参与生存竞争,接受自然选择,占据特定的生态位,从而在种间呈现明显的生态时间节律和空间秩序。生物的多样性,既维持着生物群落和生态系统的稳定性,也映射着生态条件的多样性和特殊性,人类有责任不破坏各种生物的生境,这是维持物种延续的特殊生态安全权①。

第二,通过自然权利观教育,使人们认识到要维护其他物种的权利。一般而言,人类享有的自然权利包括:享受良好环境的权利;获得关于环境状况可靠信息的权利;要求赔偿因生态环境破坏所导致的身心健康损害和财产损失的权利;土地和其他自然资源的所有权。人类的自然权利是需要严格限定的,并不是个人的一切需要和利益都可以作为这种权利。例如奢靡的消费就不能纳入人类自然权利的范畴。人类自然权利包括个体和群体两个层次。个体自然权利是指任何人都有维持生存而获取新鲜空气、淡水和食物的权利,有创造性地参与改造自然获取基本文化生活的权利。从群体自然权利上看,"明智地利用"自然资源,满足人类社会生活的需要,是群体自然权利的基础和出发点。而要明智地利用自然,就必须放弃单纯的经济观点,放弃急功近利的思想方法,用人类长远利益来评价对自然是否利用得明智,最终达到自然资源为我永续利用的目的。

其实,人类具有在自然中居住、利用自然的价值来满足自身需求、享受自然的权利。但这一权利的成立是以自然具有可享用性为前提的,而这一前提又是以自然中生物多样性为具体内容和保证的。因此,人类要想实现享受自然的权利就必须维护自然的可享受性,就必须维护生物物种的多样性,承认并尊重生物按自然规律存在的权利,就必须履行维护基本生态过程稳定的义务,这体现了权利与义务的统一。为此,人类不能一味只强调改造自然、向自然索取,而要将其与建设自然相结合。因为单纯地改造,单向地向自然索取,只会降低自然的可享受性,甚至会使其彻底丧失。人类

---

① 叶平:《非人类的生态权利》,《道德与文明》2000年第1期。

只能享受自然,而不能主宰、控制自然,"对于自然要有关切之心、热爱之情……万不可迷恋于人类无所不知、无所不能的信条,克服对自然的骄纵、自负和傲慢,全身心地投入自然的怀抱,感受自然之美,领略自然之妙,接受自然的陶冶,消除工业文明酿就的人类与自然的隔膜与敌视。"①

五、生态文明观

全球性生态危机——这柄达摩克利斯悬剑正在当代人类头顶上回荡,给人类未来,投下一抹阴影,由此生态文明观应运而生。党的十八大以来,以习近平同志为总书记的党中央站在谋求中华民族长远发展、实现人民福祉的战略高度,围绕建设美丽中国、推动社会主义生态文明建设,提出了一系列新思想、新论断、新举措,大力促进实现经济社会发展与生态环境保护相协调,开辟了人与自然和谐发展的新境界。由此,生态文明观也成为环境道德教育的基本理念之一。

第一,要通过开展环境道德教育,引导公众从人类共同利益的唯物主义立场出发,来讨论生态文明问题,倡导"人类命运共同体意识"。2013年4月,习近平同志在海南考察时强调:良好生态环境是最公平的公共产品,是最普惠的民生福祉。头顶着蓝天白云,在清洁的河道里畅快游泳,田地盛产安全的瓜果蔬菜……这些是人民群众对生态文明最朴素的理解和对环境保护最起码的诉求。确实如此,一个人每天要吸入18立方米的新鲜空气,要饮约两升纯净的水,要吃约一公斤多的各种安全食物。人的生命之所以存

---

① 刘湘溶:《人与自然的道德话语——环境伦理学的进展与反思》,湖南师范大学出版社2004年版,第115页。

在,就是不断地与外界环境进行物质与能量交换,称为新陈代谢。因此,外界环境因素的优劣,直接决定着人的健康与幸福,涉及广大人民的福祉。习近平在中央政治局第六次集体学习时进一步强调:要坚持节约资源和保护环境的基本国策,坚持节约优先、保护优先、自然恢复为主的方针,着力树立生态观念、完善生态制度、维护生态安全、优化生态环境,形成节约资源和保护环境的空间格局、产业结构、生产方式、生活方式。这一切,皆是从最大多数人长远利益的唯物立场出发,既代表全体中国人民的利益,也符合全人类的共同利益。

第二,要通过开展环境道德教育,引导公众树立尊重自然、顺应自然、保护自然的生态文明理念。近代西方文化片面主张人定胜天,强调用一切科技手段战胜自然,对自然无穷尽地掠取,以获得更多财富。印度甘地曾说过,大自然满足人的需求绰绰有余,但却不能满足人的贪婪。如果任由这种思想泛滥,将会给环境带来灾难。因此,应该通过开展环境道德教育引导公众认识到人同自然、文明同生态、经济同环保是统一、和谐、相辅相成的,特别是对习近平关于生态文明的论述和观点形成正确的认识:一是正确认识生态与文明兴衰的关系。习近平强调:"生态兴则文明兴,生态衰则文明衰"。二是正确认识保护生态环境与发展生产力的关系。习近平提出,保护生态环境就是保护生产力,改善环境就是发展生产力。他还形象地把二者的关系比喻成金山银山与绿水青山的关系,并提出:"宁要绿水青山,不要金山银山。"脱离环保搞经济发展,是"竭泽而渔";离开经济发展抓环境保护,是"缘木求鱼"。三是正确认识经济增长和环境保护的关系。他反对走先污染后治理,用牺牲环境换取经济增长的老路,要求创新思维,把环境保护的本质,看成是经济结构、生产方式、消费方式之问题,并主张把环境治理同我国的国情与发展阶段相结合。

　　第三,通过开展环境道德教育,引导公众把生态文明建设作为一个复杂的系统工程来操作。这可以从以下几个方面来领会和把握。一是学会系统思维,把生态文明建设,融入经济建设、政治建设、文化建设、社会建设的各方面与全过程中,作为一个复杂的系统工程来操作,实行严格的制度、严密的法治。要加快生态文明制度建设,健全国土空间开发、资源节约利用、生态环境保护的体制机制,推动形成人与自然和谐发展现代化建设新格局。二是学会战略思维。在宏观战略上,搞好顶层设计;在微观实践中,立足于生产全过程,包括生产、流通、分配、消费等环节,还要强化制度建设,并以环保作为生态文明建设的主阵地。三是学会底线思维。在生态环境保护问题上,就是要不能越雷池一步,否则就应该受到惩罚。这就使操作中,具有明确的底线。诸如耕地、森林、湿地、荒漠植被、物种等,皆有明确的红线指标①。

第三节　环境道德基本原则教育

　　环境道德原则是一定社会用以调整人与自然关系的指导原则,是对一定社会人与自然道德关系的本质概括,表现了环境道德的基本方向。因此,环境道德原则在整个环境道德规范体系中居于重要地位,决定和支配着环境道德规范的确立,是制定环境道德规范的依据。环境道德基本原则主要包括环境公正、生态优先、全球伦理等原则,开展环境道德教育应将这些原则作为基本内容。

---

① 　参见朱相远:《学习习近平同志关于生态文明重要讲话中的哲学思想》,《北京日报》2014 年 5 月 12 日。

一、环境公正原则

公平这一概念往往和公道、正义、平等连在一起,从语义上看,含有公正、平等的意思。公正就是在调节人们的关系中,出于无私的公心,不偏袒其中的一方而损害另一方应该得到的利益。它是对人们的权利与义务之间、报酬与贡献之间、奖惩与功过之间相称性关系的确立和认可,这里的公正涉及的仅仅是人与人之间的社会公正。环境伦理学主张把公正范畴从人与人关系的领域扩展到人与自然关系的领域,不仅要在人与人之间合理地分配环境利益和义务,还应考虑人对自然的公正。环境公正指在环境法律、法规、政策的制定、遵守和执行等方面,全体人民,不论其种族、民族、收入、国籍和教育程度,应得到公平对待并卓有成效地参与。环境公正是社会公正的重要组成部分,是生态文明建设的基本内容,是构建和谐社会的思想基础。

当今的环境问题不仅反映出人与自然关系的失调,而且越来越反映出人与人关系的失调。这种由人与人之间的社会关系的失调所形成的环境公正问题,直接危害着弱势地区、弱势群体的环境利益和社会利益,必须予以重视并加以解决。因此必须进行环境公正教育。具体而言,开展环境公正原则教育就是引导人们形成种际公正、代内公正、代际公正和国际公正、性别公正等基本的环境道德原则。

(一) 引导人们树立种际公正原则

环境道德既然不仅关怀人类,还关怀动物、植物乃至生态系统,承认它们具有存在的权利和内在价值,那么就应当对它们给予保护。换言之,所有生物也获得了要求正义的资格。公正地对待生物要求人类首先做到保护生命支持系统。这是保持地球适合于生命的生态学过程,这些生态学过程决定了气候、清洁空气和水源,调节水流量,再循环必需的元素,创造和重新生成土壤,并且使生态系统自我更新。其次要保护生物多样化。这包括植物、动物和其他生物的所有种类,每个物种储存的遗传信息、生境、生态系统和景观,都是独一无二的,保护则主要寻求保证人类引起的变化对生物多样性造成的损失最少。最后要保证对可再生性资源的利用是可持续的。这些资源包括野生和家养生物以及生产这些生物产品的海洋和淡水生态系统、森林、牧场和种植地的土壤。

（二）引导人们树立代内公正原则

代内公正是指现实存在和活动着的同代人在自然资源的利用过程中应体现机会平等、责任共担、合理赔偿。代内公正原则包括三方面:首先是公平拥有享受良好环境的权利。经济上较发达地区、条件较优越的个人或群体要努力在资源和技术等方面支持环境保护,并切实从自身出发,减少污染、降低能量消耗,遵守有偿利用原则。作为独立的主体,要教育他们自主地支配自己的活动,超越"物化"的人、"单向度"的人,能够从社会整体利益出发,协调社会经济与人口、资源、环境的复杂关系。其次是公平拥有环境知情权。环境信息关系到每一个公民的身心健康,公民有权公平获得关于自然环境状况及其对居民健康影响等方面的确实可靠的全部信息。一方面,可以使公民在了解信息后趋利避害,采取必要的防护措施,减少环境污染对自身造成的损害;另一方面,它也是国民参与国家环境监督和管理的前提。可以促使全社会都能关心环境,对破坏环境的行为形成强大的道德舆论压力。最后是公平拥有环境参与权。公民参与环境保护可以采取多种途径,例如:组成环境保护的团体,参与环境保护的宣传教育和实施公益性环境保护行为;参与环境保护方面的监督、检举和控告,能够运用法律武器起诉任何违反环境权利的行为;参与环境纠纷的处理;参与和公众环境利益有着重大关系的各方面的决策等。

（三）引导人们树立代际公正原则

代际公正是指人类在发展中不仅要满足当代人的需要,还要考虑下一代人及子孙后代的需要,当代人的发展不能以损害后代人的发展为代价,即当代人要对后代人负责。马克思曾对代际公正进行过深刻的论述,这也是马克思对可持续发展思想的重要贡献。他提出:"甚至整个社会,一个民族,以及一切同时存在的社会加在一起,都不是土地的所有者。他们只是土地的占有者,土地的利用者,并且他们必须像好家长那样,把土地改良后传给后代。"①代际公正教育要求将道德关怀的对象由当代人扩展到后代人,但后代人由于不在场,不具有制度安排权、话语权和资源控制权,不能争取自己的利益,只能由当代人充当他们的代言人,关怀他们的利益和发展。环境道德教育要建立一种与过去只追求一代人的幸福与欲望满足不同的道德体系和行为规范,这种道德体系必须是跨越时间的,让人们在追求自身幸福时必须充分考虑到代际间的平等,考虑到我们欲望的满足有可能剥夺后代人生存和发展的资源,要正确对待我们对环境的权利与对于下一代应当承担的义务。

（四）引导人们树立国际公正原则

国际公正是指在经济全球化发展过程中,任何国家和地区的发展都不能以损害其他国家和地区的发展为代价,特别要注意维护后发展地区和国家的需要。毋庸置疑,在环境方面的不公正是当今国际社会非常严重的现实问题,其突出表现是贫富差距明显

---

① 《马克思恩格斯全集》第25卷,人民出版社1974年版,第875页。

且有不断扩大的趋势。尽管世界经济在不断增长,但贫困并没有因此而减少。同时,由于发达或富裕往往是建立在消耗生态资源基础上的,所以贫富差距反映出了国际不公正的一个主要方面,即发达国家与发展中国家在享用生态资源上存在巨大差距。尽管几十年来发展中国家使用的能源大大增加,但发达国家对非再生性生态资源和能源的使用,无论是人均消费量还是消费总量,却依然大大超过发展中国家占绝对优势。生态污染转移是当今国际不公正的又一种表现形式,包括由貌似公正的国际贸易导致的发展中国家生态资源的不合理过度耗用、生态污染物随生态污染型产业而向发展中国家转移、生态废弃物向发展中国家的直接输出(即国际垃圾买卖)三个方面的内容。国际环境公正要求某些地区与国家在自身发展时放弃所奉行的环境利己主义观念,不能以损害其他国家和地区的发展为代价,反对对其他地区与国家的生态掠夺、生态殖民。

(五) 引导人们树立男女公正原则

男女公正问题之所以在环境问题层面上被重视与聚焦,主要是因为男女之间的不公正与生态危机获得了某种理论上的关联。在人类历史的发展过程中,从母系氏族后,男权主义就开始泛滥起来,这导致现实社会没有充分考虑和发挥妇女在环境管理中的作用,甚至女性被剥夺了作为科技和生产力主体的资格。今天我们倡导男女公正,不是追究是男性还是女性应为生态危机承担多少责任的问题,而是要使人们在协调人与自然的关系上充分重视妇女的作用。在《中国妇女环境宣言》中,明确了女性在环境保护及教育等多项领域中的作用:如中国妇女有保护环境的权利和义务;支持可持续发展的思想;自觉遵守环境保护法;从本职工作做起,以自己的行为和观念影响他人一道保护环境;努力学习、传播环境保护和可持续发展的思想,促进全体公民树立绿色文明观念;积极为中国的经济发展和环境事业作出贡献;在生产和消费活动中避免浪费和破坏环境的行为;主动关心、积极参与环境活动;在环境管理、环境科研、污染防治、人口控制、自然保护、宣传教育等工作中发挥主要作用;热情配合社会对青少年儿童进行环境教育,并努力提高青年、少年、儿童的环境意识;在全球环保工作中,与世界各地妇女携手并肩,促进人类共同进步,创造美好明天,等等。基于妇女对于环境的重要作用,我们在进行环境道德教育中,必须强调体现男女公正原则。充分发挥妇女在参与环境管理、解决环境问题等方面的重要作用。要给予妇女平等参与自然管理的机会和条件,同时尽快地消除由生态恶化给妇女所带来的生活、工作上的压力以及其他负面影响①。

二、全球伦理原则

环境道德是一种全球伦理。只有全人类在环境问题的解决上达成共识,才能彻底、有效地解决当今世界所面临的全球性环境问题。全球伦理原则主要涉及以下两方面:一是对地球价值唯一性的确认,明确"人类只有一个地球";二是全球环境问题的解决需要世界各国的共同参与、一致行动。

一方面,明确地球价值的唯一性。1972 年在斯德哥尔摩召开的首届"人类环境会议"通过的《人类环境宣言》首次提出了"只有一个地球"的著名口号。对此内容的最佳渗透点在于对"地球价值唯一性"的确认。迄今为止,在整个宇宙中,地球是唯一适合人

① 参见彭立威:《论环境教育的价值目标》,硕士学位论文,湖南师范大学,2003 年,第 34—43 页。

类和其他生命生存和繁衍的星球,是我们唯一的家园。正因为地球的唯一性,我们对地球的破坏行为可能会对其他的当代人、非人类生命,甚至后代人造成影响。所以,为了人类的生存和发展、为了生命的存在,我们必须保护地球,这是人类的共识。

另一方面,树立共同合作原则。在发展问题上,尤其是在解决环境、能源、生态等问题上,需要人类相互合作,共同保护。今天人类面临的全球环境问题与人类缺乏合作意识有密不可分的关系。合作原则主要表现在如下几方面:首先,与自然的合作。以人与自然的血肉联系为起点,重新认识人、规范人,重新认识自然、爱护自然,确立人与自然的生存关系,明确人对自然的义务与责任,以广博的胸怀谋求人与自然间全面、彻底、真诚的合作。其次,与他人、与社会的合作。以人类生存的整体利益和长远利益为视角,自觉抵制对生态环境的破坏,协调合作,共同发展。最后,国际合作。在全球环境问题凸显的情况下,解决环境、能源、生存问题必须要求各国在国际范围内进行合作。全球性的合作是十分复杂与艰难的,它要求抛弃种族优越感和国家至上论,反对生态霸权主义,实现真正公平合理的合作。

联合国环境规划署、世界自然保护联盟和世界自然基金会等机构于 1991 年出版《关怀地球———一个永续生存的策略》一书。书中提出了有关全球伦理的观点,可以作为环境道德全球伦理原则教育的要点,其内容如下:

每个人都是生命社区的一部分,这个社区是由所有生物所组成。这社区将人类社会和自然联成一体。每个人都有基本的平等的权利,这权利包括个人生存、自由和安全、自由思想、宗教、集会和结社、参与公务、教育等。没有人有权利剥夺他人的谋生方法。每个人和每个社会必须尊重这些权利并负责保护这些权利。保证每个生物获得人类的尊重,无论它对人类有何价值。人类的发展不应威胁自然的完整,或其他物种的生存。人类应该适当地对待所有生物,并保护牠们免于残暴、受苦和不需要的杀害。每个人应负起他对自然影响的责任,人类应保育生态过程及自然的多样性,并节俭地和有效率地使用资源,并保证再生性资源的永续利用。每个人应公平地分享资源使用的利益与成本。每个世代所遗留的世界,应像他传承的一样,多样的和具生产力的。一个社会或世代不应该限制其他社会或世代的机会。保护人类的权利和自然的权利是全世界的责任,它超越文化、意识形态和地理。

三、生态优先原则

2005 年 12 月,中国政府出台了《关于落实科学发展观加强环境保护的决定》,第一次明确提出了"环境优先"这个战略性理念,并且将过去的"环境保护与经济社会发展相协调"的观念正式改变为"经济社会发展与环境保护相协调",这是一个伟大的道德进步。这个转变的中心思想是什么呢? 也就是说,当环境问题与经济发展产生剧烈矛盾冲突时,再也不是环境保护顺从于经济发展,而是让经济发展服从于生态环境,从而实行生态优先原则。坚持生态优先,具有重要的现实意义。我国经济发展取得了伟大成就,现已成为世界第二大经济体。但经济发展面临越来越突出的资源环境的制约,环境污染严重,生态退化,形势严峻。坚持生态优先,注意生态环境的承载能力,注重保护生态环境与生态建设,有利于实现生态经济系统的均衡,真正实现可持续发展。坚持生态优先的发展模式还有利于各地因地制宜,形成发展特色,发挥不同地区的功能、作用。各地的生态环境各有特色、资源禀赋各有不同,但传统的发展模式总是把工业化、GDP 总量作为发展的目标,促使很多地区舍长取短,加剧了经济发展与环境的冲突。"而坚持生态优先,以经济与生态协调发展为目标,有利于各地发挥优势;走各具特色的发展道路,实现经济、社会、生态的协调发展。"①

贯彻生态优先原则,离不开行之有效的环境道德教育。目前各地对 GDP、财政收入增长的宣传都非常重视,但对生态环境、生态效益的宣传教育很不到位。因此,我们必须要大力宣传生态优先的原则,加强对传统经济发展模式与生态环境的矛盾、冲突及人类面临的各种生态危机的宣传教育。让群众、企业充分认识传统发展模式与生态优先发展模式的区别与优劣,牢固树立生态优先观念。进而在行动上自觉贯彻生态优先的发展理念,自觉加入环保行列,采用清洁生产、循环经济的先进的生态生产方法、技术,减少对环境的污染排放;大力提倡生态消费观念,转变个人消费行为,让普通群众养成良好的消费习惯,鼓励环保行为。形成人人讲环保、爱护环境、实践生态优先的社会环境。这对生态优先发展理念的贯彻,必将是事半功倍。在开展生态优先原则教育的过程中,必须注重两方面的内容。

一是通过开展生态优先原则教育,使人们认识到生态优先原则的提出是相对应于经济优先原则的,它的基本意义是指在处理经济快速增长与生态环境恶化之间的矛盾上,应该把生态环境保护和建设放在首要地位上。当经济的发展与生态环境的保护发生剧烈冲突的时候,要坚决满足首先保护生态环境的需求,也坚决反对那种以牺牲环境作为代价来谋求经济快速发展的做法。当经济效益与生态效益两者发生冲突时,就必须舍弃一时的经济快速效

---

① 刘培明《生态优先的发展模式》,《北方经济》2009 第 11 期

益,而坚决保护更为根本和且更为长远的生态效益,不能为了一时的经济发展而损害代际的公平。

二是通过开展生态优先原则教育,使人们认识到生态优先原则并不是要求经济的零发展,或者实行经济的缓增长,而是反对那种传统的以破坏环境来实现经济的快速发展的理念,提倡一种"绿色经济"、一种生态健康的经济。生态优先原则要求我们"坚决并且彻底地改变传统的高投入、高消耗、高污染、低效益的发展模式,主张以人为本、以人类的代际效益为本,全面协调的科学发展"①。生态优先原则坚持拒绝再走"先污染、后治理"的传统发展老路,要求用"资源节约型、环境友好型"的绿色经济取代传统的造成严重环境危机的工业经济,并致力于推动工业文明向生态文明转轨。

第四节　环境道德实践教育

环境状况是由环境实践引发的,一切环境道德教育最根本的目的是让人们选择环保行为,进行环保实践。因此,环境道德实践教育理应是环境道德教育的最重要内容,这种教育就是要让人们在环境道德理念和原则的指导进行与环境相适应的各类活动,比如发展生态产业、合理开发和利用资源、实施绿色营销和进行绿色消费等。

一、发展生态产业

现代农业大部分是通过大量机械、化肥、农药的投入,换取农

---

① 赵红梅:《何为"生态优先"原则》,《河北日报》2015 年 6 月 17 日。

业的高产,这种耕作方式会导致土壤结构的破坏,农作物抗灾性降低,农产品残毒性增加,环境遭污染,影响人的身体健康和其他生物之间的平衡。针对这些弊端,生态农业应运而生。生态农业是一个高效的人工生态系统,是结构与功能协调的高效农业。不同于自然生态系统,它加进了人的劳动和干预,因而不只是单纯的自然再生产过程,同时也是个经济再生产过程。二者交织在一起,通过人的劳动和干预,不断调整和优化其结构和功能,从而能够以比较少的投入得到较大的产出,取得较好的经济效益、社会效益和生态效益。推进生态农业,从宏观上讲,必须通过环境道德教育,引导农业从业者遵守如下环境道德要求:生产结构的确定、产品布局的安排等都必须切实做到因地制宜,和当地的环境条件相匹配;对自然资源的利用不能超过资源的可更新能力;在能量和物质的利用上,要做到有取有补,维护生态平衡;在利用可更新自然资源的同时,要注意培育和增殖自然资源,使整个生产的发展,走向良性循环。从微观上讲,必须教育广大农民不过度使用农药;不使用化学合成的植物生长调节剂;不使用抗生素;不使用转基因技术;少使用易溶的化学肥料多使用有机肥或长效肥;利用腐植质保持土壤肥力;采用轮作或间作等方式种植;控制牧场载畜量;采用天然饲料饲养动物等。

　　企业是现代社会的基本生产单位。作为一个利益主体,企业在生产经营活动中,常常按照自我利益最大化原则确定生产发展战略。但是,当利益的追求被抬升到压倒一切的地位时,获得利益的目的就成为至上的追求,至于采取什么方式和手段却很少有人再去理会,于是自我利益最大化原则就会蜕变成为一种狭隘的利己主义原则。特别是在利益主体多元化、生态价值被忽视和否认的情况下,极易导致对生态资源的粗放性甚至掠夺性开发,造成

"公用地悲剧"①的发生。"公有地悲剧"是现代商品经济社会中市场调节失灵造成的,或者说,是市场竞争造成的悲剧。要避免"公用地悲剧"的发生或者扼制正在发生的"公用地悲剧"的发展势头,必须通过开展生态产业教育,增强生产者的环境伦理意识,使企业能够从人类与生态系统的公共利益、整体利益、长远利益出发,把减少生态污染作为企业行为的道德底线,义无反顾地选择清洁生产,自觉承担起企业的环境保护责任。

实施清洁生产有助于企业实现经济效益和生态效益的真正统一。所谓清洁生产,根据联合国规划署提出的定义,是指对生产过程与产品采取整体预防性的策略,以减少其对生态的可能的危害。对生产过程而言,清洁生产包括节约原材料与能源、尽可能不用或少用有毒原材料,并在全部排放物和废物离开生产过程以前减少它们的数量和毒性;对产品而言,则是通过产品生命周期分析,使得从原材料获取至产品最终处置的全部过程都尽可能地将对生态的影响减至最低。过去,人们一直把生态保护与经济活动相对立,认为保护生态会限制企业生产,降低企业的经济效益。实际上,生态保护限制的只是那些生态资源浪费从而经济效益也低下的企业的生产。只要通过适当的途径,生态资源就可以尽可能地转化为

---

① 1968 年发表在《科学》杂志上的《公用地悲剧》一文,作者加勒特·哈丁总结出一个著名论断,即"公共资源的自由使用会毁灭所有的公共资源"。哈丁设想,古老的英国村庄有一片牧民可以自由放牧的公用地,一旦牧民的放牧数超过草地的承受能力,过度放牧就会导致草地逐渐耗尽,而牲畜因不能得到足够的食物就只能挤少量的奶。倘若更多的牲畜加入到拥挤的草地上,结果便是草地毁坏,牧民无法从放牧中得到更高收益,这时便发生了"公用地悲剧"。"公用地悲剧"现象在我们现实社会中是非常常见的,比如森林的过度砍伐、环境的恶化、公海的过度捕捞等等。这种低效率利用资源的方式无疑同现在的可持续发展战略是背道而驰的。

产品,生产中绝大部分的废弃物就可以资源化。这样既有利于减少生态资源的浪费,降低生产成本,提高经济效益;也有利于减少生态污染,保护生态资源,提高生态效益,从而实现经济效益与生态效益的高度统一。

二、合理开发资源

资源耗竭、浪费、污染主要是由于人类不适当的开发利用引起的,必须规范和制止人类不适当的资源利用行为。要通过环境道德教育,引导公众树立资源有限、取之有度的正确观念。资源有限,是从自然资源数量的角度来说的。可以从静态和动态两个方面去分析。从静态方面来看,自然资源的既存量是有限的。从动态方面来看,自然资源的再生能力是有限的,主要体现在可再生资源的更新和循环再现需要一定的周期。通过环境道德教育,要使教育客体认识到:自然资源是有限的,应"科学开发、合理利用"。具体来说,在生产中要合理开发利用各种资源,杜绝资源的浪费,降低资源的消耗,提高资源的利用率;在生活中要改变浪费和滥用资源的不良习惯,养成爱惜和节约资源的良好习惯。

要通过环境道德教育,引导公众形成资源有主、应公平共享的正确认识。资源有主,是从自然资源权属的角度来说的。自然资源的主权具有双重性:一方面它是私有的,属于现实的所有权主体;另一方面它又是共有的,属于共主体(即共时态的当代人和历时态的后代人)。通过环境道德教育,要使教育客体认识到:利用自然资源时应考虑自然资源的双重身份,做到资源共享。

最后,还要通过环境道德教育,引导公众树立资源有价、应有偿使用的正确认识。长期以来人们一直认为自然资源是没有价值的,可以无偿地任意取用,其结果造成资源的极大浪费,造成生态环境的破坏和环境质量的不断恶化。由于人口的迅速增长,自然资源储备已经相当有限,已不允许人们任意取用,即使是较为丰富的空气、水等资源,也应考虑其价值,收取合理的补偿费,采取合理的限制措施,否则,也必将会加剧自然资源的危机。通过环境道德教育,要使教育客体认识到:自然资源是有价的,使用资源有必要支付一定的费用。

合理利用资源,除了树立上述对待资源的正确观念外,还需要正确利用科学技术。科学技术是一把双刃剑,它给人类带来丰富的物质文明与精神文明的同时,也带来了很多问题,特别是环境问题。其实,科学技术本身并无善恶之分,但由于人的应用,它便产生了行善与作恶两种可能性。对于科学技术产生的负面效应我们不能因噎废食,反而还要充分发挥先进科技在治理污染、培育新品种、开发新能源方面发挥的巨大作用。为了避免在开发利用科技中出现非道德化倾向,一方面,必须培养人们的科技道德,帮助树立正确的科技道德观,使他们在科技活动中自觉减少乃至消除科技副作用,发挥科技正面作用,推动环境与生态保护的进程。另一方面,帮助认识绿色科技发展的必要性及对于环境保护的重要意义,从而使人们能够积极参与绿色科技的创造与发明。还要加强环境污染治理与环境质量改善方面的科学技术研究,研制与开发一批符合清洁生产原理的新工艺、新技术,减少物耗与能耗,减少污染物排放,使资源循环利用和循环替代①。

三、实施绿色营销

所谓"绿色营销",是指社会和企业在充分意识到消费者日益

---

① 王大中:《创建"绿色大学"实现可持续发展》,《清华大学教育研究》1998 年第 4 期。

提高的环保意识和由此产生的对清洁型无公害产品需要的基础上,发现、创造并选择市场机会,通过一系列理性化的营销手段来满足消费者以及社会生态环境发展的需要,实现可持续发展的过程。绿色营销的核心是按照环保与生态原则来选择和确定营销组合的策略,是建立在绿色技术、绿色市场和绿色经济基础上的、对人类的生态关注给予回应的一种经营方式。绿色营销不是一种诱导顾客消费的手段,也不是企业塑造公众形象的"美容法",它是一个导向持续发展、永续经营的过程,其最终目的是在化解环境危机过程中获得商业机会,在实现企业利润和消费者满意的同时,达成人与自然的和谐相处,共存共荣。

实施绿色营销教育应着力实现如下目的:

第一,引导企业设计绿色产品。企业实施绿色营销必须以绿色产品为载体,为社会和消费者提供满足绿色需求的绿色产品。所谓绿色产品是指对社会、对环境改善有利的产品,或称无公害产品。这种绿色产品与传统同类产品相比,至少具有下列特征:一是产品的核心功能既要能满足消费者的传统需要,更要满足对社会、自然环境和人类身心健康有利的绿色需求。二是产品的实体部分应减少资源的消耗,尽可能利用再生资源。三是产品的包装应减少对资源的消耗。四是产品生产和销售的着眼点,不在于引导消费者大量消费而大量生产,而是指导消费者正确消费而适量生产。

第二,引导企业制订绿色产品的价格。价格是市场的敏感因素,定价是市场营销的重要策略,实施绿色营销不能不研究绿色产品价格的制定。一般来说,绿色产品在市场的投入期,生产成本会高于同类传统产品,因为绿色产品成本中包含有产品环保成本。但是,产品价格的上升会是暂时的,随着科学技术的发展和各种环保措施的完善,绿色产品的制造成本会逐步下降,趋向稳定。企业制订绿色产品价格,一方面当然应考虑上述因素,另一方面应注意到,随着人们环保意识的增强,消费者经济收入的增加,消费者对商品可接受的价格观念也会逐步改变,转而购买绿色产品。所以,企业经销绿色产品不仅能使企业盈利,更能在同行竞争中取得优势。

第三,引导企业实施绿色营销的渠道策略。一是启发和引导中间商的绿色意识,建立与中间商恰当的利益关系,逐步建立稳定的营销网络。二是注重营销渠道有关环节的工作。为了真正实施绿色营销,从绿色交通工具的选择,绿色仓库的建立,到绿色装卸、运输、贮存、管理办法的制定与实施,认真做好绿色营销渠道的一系列基础工作。三是尽可能建立短渠道、宽渠道,减少渠道资源消耗,降低渠道费用。

第四,引导企业搞好绿色营销的促销活动。绿色促销的主要手段有以下几方面。一是绿色广告。通过广告对产品的绿色功能定位,引导消费者理解并接受广告诉求。二是绿色推广。从销售现场到推销实地,直接向消费者宣传、推广产品绿色信息,讲解、示范产品的绿色功能,回答消费者绿色咨询,宣讲绿色营销的各种环境现状和发展趋势,激励消费者的消费欲望。三是绿色公关。通过企业的公关人员参与一系列公关活动,诸如发表文章、演讲、影视资料的播放,社交联谊、环保公益活动的参与、赞助等,广泛与社会公众进行接触,增强公众的绿色意识,树立企业的绿色形象,为绿色营销建立广泛的社会基础,促进绿色营销业的发展①。

四、倡导生态消费

消费活动是人类一种永恒的生命现象,只要人类生命有机体

---

① 林旻、马宗国:《关于绿色营销的思考及对策》,《商业经济研究》2004 年第 3 期。

存在,消费活动就不会停止。因此,人类必须从自身的活动——消费角度探寻适合人类自身发展需要的消费方式,来解决人类所面临的环境危机。《国际清洁生产宣言》指出:"我们认识到实现可持续发展是一种集体责任。保护全球环境的行动必须包括采用改善的可持续生产与消费实践。"①在这种背景下,生态消费应运而生。具体来讲,环境道德教育中的生态消费要求如下:

通过环境道德教育,引导公众实行文明消费。当前人的生活片面强调物质消费,失去了生命本真的意义,在许多情况下,人们对某种物品的购买,只是为了通过高额的交换价值换取虚伪的声望。科学、健康的消费生活应该讲求物质需求与精神需求的和谐统一,因此,人们应该强调精神需求的重要性,提高自己的道德修养,实现自身的全面发展和个性凸显。

通过环境道德教育,引导公众实行绿色消费。绿色消费的内涵相当广泛,几乎涉及人类的一切消费领域,核心是在使用产品过程中及产品失效后尽量减少对环境的负担,减少负面效应对环境的影响。绿色消费首先要求消费者选择绿色产品,进行生态消费。这意味着消费者不仅关注产品的使用价值,而且关注产品的生态价值,从而选择一种对生态负责任的消费方式。

通过环境道德教育,引导公众实行适度消费。从环境道德角度去看问题,过度消费更具有以下三个不道德性:侵占别人平等享受自然财富的权利;加速能量消耗,使众多自然资源超前接近可持续利用的临界值;直接侵占和掠夺子孙后代未来生存发展的权利,对人类作为类存在带来了威胁。因此适度消费就变成了当前消费

---

① 联合国环境规划署委员会:《国际清洁生产宣言》,《产业与环境》1998年第4期。

领域中一项最突出的环境道德要求。适度消费是既能满足人的基本需要、又不超越生态系统的承受能力的消费。适度消费要求在消费过程中,应考虑到环境承载能力,采取与社会发展阶段相适应的生活方式,反对攀比性、炫耀性、浪费性、一次性等非环保消费。

通过环境道德教育,引导公众实行责任消费。人的消费是一种具有社会性的行为,它要求消费者在消费活动中承担消费责任。也就是说,每一个人在充分享受个人消费权利的同时,必须考虑在消费过程中应该为他人和社会承担的责任。即消费者应当从生态文明的角度出发,既要将自己的消费行为控制在资源环境的承受范围之内,又不会对他人带来损害和造成负面的社会影响。消费者应该承担环境责任,自觉减少其在消费行为中对自然生态系统的压力,维护人与自然和谐。

通过环境道德教育,引导公众实行公正消费。公正消费是指每个人在行使消费自由权时,应当以不影响他人消费和整个社会消费等方面权益的实现为前提。传统的消费公正的立足点是商品的公平交易、等价交换,环境资源被看作是没有价值的"取之不尽、用之不竭"的自然物。事实上,由于资源和环境的承载力是有限的,这使得任何人对资源的浪费、对环境的污染都在一定程度上损害他人的利益,在本质上是一种自私、自利的不道德行为。

通过环境道德教育,引导公众实行精神消费。精神消费是指在消费中突出人的精神心理方面的需要,这与高消费所一味追求的物质方面的需要有明显的区别。精神消费不是通过消费量的无限增长来谋求幸福,而是注重通过提高精神生活水平来获得幸福感。精神消费不是以消耗更多的物质财富和自然资源为标志,而是以智慧和知识价值含量的高低为尺度。它在量上应是一种充实而舒适的生活,表现为商品和服务的种类、数量的多样化;在质上是能够满足消费者发挥自己个性的主观要求和爱好、提供更多消费选择的自由。精神消费以提高生活质量为目标,注重的是生活质量的提高与完善,强调的是生活舒适、便利的程度,精神上得到的享受和乐趣,生活的意义和精神价值。精神消费使人们不再为消费而消费、为虚荣而消费,人们开始渴望回归自然、返璞归真,提高生活品味。

第六章　环境道德教育方法

　　当前环境道德教育面临着与以往完全不同的时代背景与条件，面对着人们已然深刻改变了的思想活动特点与道德实际，唯有在科学理论的指导下，坚持与时俱进与创新发展，才能使教育始终保持生机与活力，发挥出应有的功能，充分实现其价值。但是，长期以来，我们对环境道德教育方法重视不够，自主创新的教育方法较少，这与推进、深化环境道德教育发展的要求极其不相适应。因此，正确把握环境道德教育方法的科学内涵、体系结构及其现代发展与运用原则，研究并创新教育方法，对于增强教育实效性，提高公众环境道德素养，无疑具有十分重要意义。

第一节　环境道德教育方法的一般分析

　　开展环境道德教育，离不开科学方法的指导与运用。环境道德教育方法就是在环境道德教育过程中，教育主体为了达到特定教育目的对教育客体采用的手段和方式。教育方法在环境道德教育中占有重要地位，它是贯彻环境道德教育理念、完成环境道德教育内容、实现环境道德教育目标的中介、桥梁。实施环境道德教育，不能不考虑环境道德教育的规律，也不能忽视教育客体的实际情况，更不能不重视所采用的方法和手段。环境道德教育的方法是否合理会直接影响教育目标的实现。因此,如何针对不同群体的特点选择恰当的方法,以促进他们环境道德的形成和发展,是值得思考的一个问题。

一、环境道德教育方法的内涵

要对环境道德教育方法进行理性分析与现实省思,首先要厘清方法、教育方法、环境道德教育方法等相关概念,正确把握环境道德教育方法的特征、价值。这既有助于澄清对相关范畴的模糊认识,更重要的是为后续论述提供必要的概念基础和推演框架。"方法"是一个高度抽象和概括的概念,古往今来中外学者对其均有阐释和论述。在中国古代,对"方法"常以"方"与"术"、"矩"与"器"来表示。如在《墨子·天志》中记载:"中吾矩者,谓之方,不中吾矩者,谓之不方。是以方与不方,皆可得而知之。此其何故?则方法明也。"此"方法",乃指量度方形的法则。此后,该词被逐渐扩大和演化为达到某种目的而采取的途径、步骤、手段等。《现代汉语词典》从大众生活角度将方法界定为"关于解决思想、说话、行动等问题的门路、程序等"。这种描述性的概念阐述,揭示了方法在人们生活中无所不在的形态方式。哲学上往往从认识论和实践论的角度阐释"方法"的内涵,即"方法是人们为了认识世界和改造世界,达到某种目的所采取的活动方式、程序和手段的综合。简单地说,方法就是人们的活动法则。"[1]这种高度抽象的概念,深刻揭示了方法的本质。在西方,方法源于希腊文 odos,意指"路"和"道"的意识,泛指沿着某一方向或道路行进而达到某一目的。在英文中方法被称为 method,表示研究和认识的途径、理论

----

① 刘蔚华:《方法论词典》,广西人民出版社1998年版,第1页。

或学说。美国《哲学百科全书》指出:"方法,严格地说应该是'按照某种途径'这个术语,是指某种步骤的详细说明,这些步骤是为了达到一定的目的而必须按规定的顺序进行的。"前苏联《哲学辞典》中记载:"方法,就一般意义说,是达到目的的方式,是按一定方式进行的有次序的活动。在专门的哲学意义上,作为认识手段的方法,就是在思维中复制研究对象的那种方式。"①德国《哲学和自然科学辞典》中描述:"方法,人的一切有意识、有目的的活动的调节原则所组成的体系;达到业已精确陈述的目的的途径。"

综上所述,可以将"方法"概括为:人们在认识世界和改造世界的实践活动中,按照主体活动的目的和客观对象的规律建立起来的,为达到预期效果所采取的各种方式、手段或活动规则的总和。它是"在给定的前提下,为达到一个目的而采用的行动、手段和方式。"②要准确理解"方法"概念,必须把握好以下几点:(1)方法总是与人的活动紧密地联系在一起。作为活动主体的人与作为活动客体的具体对象,正是通过方法才得以在活动中相互联系、相互作用的。因此,方法表现为人的活动(认识活动或者实践活动)的中介因素,是人们渡河的"船",过河的"桥"。(2)方法服务于人们的目的、活动的目的,总是和任务联系在一起的。(3)方法与理论是联系在一起的,无论是实践经验上升到理论,还是理论指导、运用于实践,都要靠一定的方法来完成。(4)方法是人类思维活动的产物,人们在认识活动、实践活动中积累的方法经验一旦上升为思维方式,就变成了可以传承的方法。(5)人们在对客观世

---

① 转引孙小礼、韩增禄、傅杰青主编:《科学方法》译文集,知识出版社1990年版。
② [德]阿·迈纳:《方法论引论》,王路译,生活·读书·新知三联书店1991年版,第6页。

界的认识和改造过程中,使用的方法很多,但由于受主观因素诸如习惯、权威等的影响,并非所有的方法都是科学的。

教育方法是一般方法在教育领域的实际运用。具体而言,教育方法是指教育主体和教育客体在教学过程中,为了完成一定的教学任务并达到引导学生掌握知识技能,获得身心发展目的,而采用的工作方法、学习方法及活动方式的总和,它主要解决教育主体"怎么教"和教育客体"怎么学"的问题。

环境道德教育方法是保证环境道德教育有效性的关键,是连接环境道德教育主体与客体的纽带与桥梁。所谓环境道德教育方法,就是在环境道德教育过程中,为了实现环境道德教育目标、传递环境道德教育内容,所采取的方式、手段、形式、工具、程序等工具要素、中介要素、关系要素的总和。正确理解环境道德教育方法的科学内涵需要把握好以下几点:

第一,环境道德教育方法是人类认识活动和实践活动的产物。环境道德教育方法不是凭空产生的,而是在人们环境道德教育实践活动中形成的,人们的实践经验一旦上升为思维方式,就形成了科学性方法并随着教育实践活动的深入和思维方式的变动而发展。

第二,环境道德教育方法是一种非实体因素。非实体性因素不同于教育实践活动中看得见、摸得着的现实存在因素,如教育主体、客体、物质资源、具体工具等等。方法解决的是如何做、怎么做的问题,是依附在主体和实践活动之中的活动中介,是人们进行环境道德教育活动的规则和程序。尽管其存在要依靠语言、文字等作为载体,但其本身是存在于人的头脑中一种观念和意识,其作用的发挥靠人们的智力支出,从对操作活动的方式、程序的控制上来作用于对象。

第三,环境道德教育方法是依附于教育活动的动态因素。教育方法与教育活动及其目的联系密切、相生相伴,它是在实践活动中产生,并随实践活动的发展而发展。相反,若离开了教育活动及其目的,方法也就没有存在条件和必要。由于环境道德教育活动随着社会的发展不断地深化,实践的条件、目的以及实践主体的综合素质都处于发展变化之中,因此方法也势必发生相应的变化以便适应实践活动和实践目的的需要,更好地发挥其功能作用。

第四,环境道德教育方法是主、客体之间的关系因素。列宁在《哲学笔记》指出:"在探索的认识中,方法也就是工具,是在主体方面的某个手段,主体方面通过这个手段和客体相联系。"[1]它犹如人们渡河的"船"、过河的"桥","作为活动主体的人与作为活动客体的具体对象,正是通过方法才得以在活动中相互联系、相互作用"[2]。

第五,环境道德教育方法是一个体系。从广义上,可以将其分为认识方法、实施方法、调节评估方法、研究提高方法。从狭义上来说,主要指环境道德教育实施方法,即环境道德教育的工作方法,是主体在教育过程中所采用的方法,它是方法体系中最重要的方法。本书所论及的环境道德教育方法主要取其狭义,即环境道德教育的实施方法。

第六,环境道德教育实施方法是多种多样的。根据其媒介不同,可以将环境道德教育实施方法的体系结构分为六大部分:一是以语言为媒介的方法。包括讲授法、谈话法、讨论法、案例教学法

---

① 《列宁全集》第55卷,人民出版社1990年版,第189页。
② 万美容:《思想政治教育方法发展研究》,中国社会科学出版社2007年版,第11页。

等。二是以情感渗透为媒介的方法。包括生态环境熏陶法、生态伦理典型示范法、生态伦理"两难选择"教育法等。三是以社会实践为媒介的方法。包括专业实习法、社会调查法、劳动教育法、志愿服务法、勤工助学法等。四是以个体自我活动为媒介的方法。包括自我修养法、读书法等。五是以行为结果反馈为媒介的方法。包括环境道德品德评价法、表扬奖励法、惩罚法等。六是环境道德教育综合方法,即上述六种教育方法的综合运用。这些方法适用于不同的范围和各种不同的情况,在实际运用时,要根据教育对象和教育环境具体情况进行选择,使环境道德教育方法具有针对性和有效性。

二、环境道德教育方法的特征

为了准确把握环境道德教育方法的实质,还必须进一步认识其基本特征。一般而言,环境道德教育方法具有目的性、客观性、中介性、辩证性、系统性等特征。

第一,环境道德教育方法具有目的性与客观性。任何方法总是和教育目的相联系而存在,它是实现目的不可缺少的条件和实现形式,没有了目的指向,教育方法也就失去了意义。因此,环境道德教育方法和目的之间的关系,往往表现为手段和结果的辩证关系。实现环境道德教育结果需要各式各样的手段和条件,方法就是其中一种不可缺少的手段或条件。在环境道德教育实践过程中,人们往往是根据具体的目的选择相应的方法。目的不同,方法也不同;目的的变化,教育手段也随之变化。同时,只有将环境道德教育目的设定的合理、科学,才有可能找到科学方法,否则任何方法都不能将结果变成现实。环境道德教育方法具有客观性。它不是人们任意制定的,更不是所谓心灵的"自由创造"。方法的客观性是由环境道德教育所处的客观历史条件所决定的。如前所述，方法是为目的服务的，目的虽然是主体需要的一种主观反映，但方法与目的之间有着客观的联系，列宁说："事实上，人的目的是客观世界所产生的，是以它为前提的。"①既然目的是受客观因素制约的，那么为实现目的而制定的方法必然也受客观因素制约。同时，方法的客观性还要受教育对象自身特点的制约。一定的方法必须与一定的教育对象相适应。教育对象不同，教育方法也不同，否则制定出的方法就达不到预期目的。

第二，环境道德教育方法具有主体性与实践性。从其基本理念和内涵角度来说，方法的主体性特征首先是指方法的选择运用要体现以人为本的理念，强调方法运用形成的结果指标对人本身的意义和价值，要在最终意义上服务于人的全面发展。环境道德教育方法还应内含对受教育者个性特点的肯定和尊重以及对受教育者主体性的承认，要用尊重其个性和主体性的方法促进教育目标的实现。最后，环境道德教育方法的主体性特征还体现在教育方法的选择运用应注重教育者和受教者双方地位和关系，在一种平等和互动的氛围和条件下开展教育。环境道德教育方法的实践性表现在如下四方面：一是从中介属性看，教育方法是教育实践的桥梁和纽带；没有或不掌握相应的方法，相应的实践活动就不能或不能有效地开展、进行。二是从产生上看，各种方式方法都源自于教育实践活动，并不断在具体的实践活动中健全、发展和完善。三是从内容上看，教育方法解决的是教育实践活动"怎样做"、"先做什么、后做什么"等具体操作问题，这些内容本身就是对环境道德教育实践活动具体开展的详细规定和实施细则。四是从评价标准

① 《列宁选集》第55卷，人民出版社1990年版，第159页。

上看,一种教育方法最终发挥的功能价值如何,主要衡量标准在于看运用这种方法开展教育实践活动的效果如何。可见,环境道德教育方法呈现出了显明的实践性特征。

第三,环境道德教育方法具有传承性与创新性。如前所述,方法存在形态之一是以知识形态而存在的。"在人的具体实践活动中,方法就是世界观,就是方法论,就是客观规律,就是实践原则,方法也因此具有理论形态的世界观、方法论、客观规律、实践原则所具有的理论属性、知识形态。"①它是"人的感性经验向理性知识、理性知识向实践转化的中间知识形态"②。因此,环境道德教育方法,也是具有知识形态的理论体系,它形成后,可以通过文字记载、语言表达等方式而脱离产生它的时空条件及客观对象独立存在,并且得以存留下来、传承下去,以便于在新的历史条件下对新的客观对象经过改良或创新重新焕发生机,发挥其功能价值作用。另外,环境道德教育方法具有创新性。它不是静止不前、凝固不变的,而是一个不断改进、不断创新、不断发展的动态过程。社会在发展、时代在进步、教育对象在变化,对环境道德教育的要求也会不断改变、发展,相应地,环境道德教育的方法也要与时俱进、不断发展。

第四,环境道德教育方法具有多样性与综合性。由于环境道德教育过程的系统性和复杂性,决定了教育方法的多样性。从方法的内在构成上看,数量众多、类型多样的方法不是杂乱无章地堆积在一起,更不是彼此排斥和独立的,而是相互联系、相互交错、相

---

① 万美容:《思想政治教育方法发展研究》,中国社会科学出版社2007年版,第35页。
② 万美容:《思想政治教育方法发展研究》,中国社会科学出版社2007年版,第36页。

互补充,进而相互渗透和转化的,是一个有序的方法体系和系统。根据环境道德教育方法适用的范围和对象以及发挥作用的不同,一般将其划分为三个层面:一是哲学方法。它是最根本、最普遍的方法,能为其他方法的提供指导和基础,对环境道德教育的影响最深、作用最大,如归纳和演绎方法等。二是一般科学方法。它的适应范围不只是限定在特定教育对象,而是具有普适性,适合各种环境道德教育活动。三是具体的科学方法。这种方法是指为实现特定目的而采取的具体措施、手段或规则,往往适用于特定的教育群体。环境道德教育的各种方法不是彼此孤立的,而是相互联系、相互影响、相互作用的。现代社会影响环境道德教育的因素很多、很复杂,因此不能靠单一的方法来解决问题,而要综合运用多种方法。

三、环境道德教育方法的价值

在环境道德教育体系中,教育方法以其特有的中介性质而居于重要地位,它是发挥环境道德教育的引导、激励、协调和提高作用的必要手段。具体来讲,教育方法在环境道德教育中的价值和作用可以概括为以下几点:

第一,教育方法是环境道德教育互动的重要桥梁中介。在环境道德教育过程中,教育主体与教育客体是人的因素,方法是中介因素。环境道德教育的有效运行、发展,既取决于教育主体的教育活动又取决于教育客体在主体指导下的学习接受活动,也就是以主体与客体之间的协调互动为基础。教育方法是这种协调互动的重要中介。教育方法的中介性质决定了它是联系教育主体与教育客体的桥梁。没有教育方法这个中介,也就不可能产生教育主体与教育客体的相互作用,环境道德教育也不会有任何效果。只有选择那些合乎人的身心发展特点以及思想品德形成发展规律,合乎环境道德教育一般特点以及现代活动规律的科学方法,才能使教育主体与教育客体之间建立起良性协调的互动关系。也就是说,环境道德教育活动的科学组织、有效运作以及预期效果的获得,都不能缺少教育方法的这种纽带联结作用。当今社会,我们已经不能单纯把教育客体当作消极接受的客体,而应该看作一个能动的变量。所以,必须正确利用教育方法这个中介,把教育主体与教育客体紧密地联结起来,充分发挥两者的能动性。

第二,教育方法是实现环境道德教育目的的必要条件。人与动物的区别之一,在于人具有意识与自我意识,在于人的全部活动都具有明确的目的性,在于人具有选择合适的方法去实现自己的目的的能力。"我们不但要提出任务,而且要解决完成任务的方法问题。我们的任务是过河,但是没有桥和船就不能过。不解决桥和船的问题,过河就是一句空话。不解决方法问题,任务也只是瞎说一顿。"①毛泽东同志的这一形象比喻,生动具体地说明了方法的属性及其对实现目的的重要性。环境道德教育的价值目的,既有以铸造个人"生态人格"的个体性价值目的,也有以培养社会整体"生态意识"的社会性价值目的。其最终目的是"把道德关怀引入到人与自热的关系中,树立起人对于自然的道德义务感,变习惯号令自然、改造自然的'主人'为善待自然、与自然和谐相处的'朋友',变人在自然之上为人在自热之中。"②要想实现其教育目的,就"必须借助能够将教育主体目的要求与教育对象思想实际

① 《毛泽东选集》第一卷,人民出版 1991 年版,第 139 页。
② 国家林业局宣传办公室编:《环境道德教育的理论与实践》,中国林业出版社 2009 年版,第 95 页。

连接为一个活动整体的方法来充当中介联系,搭建教育主体的教育目的与教育对象接受心理结合的通道,进而推动教育目的逐渐地分阶段地向教育对象思想转化。"①因此,能否正确选择和运用教育方法,是实现环境道德教育目的、完成环境道德教育任务的关键。环境道德教育目的就是要把一定的环境道德观念与原则规范凝结在教育对象身上,转化为他们具有稳定个性特征和倾向性的道德品质。实现这个转化的途径和条件就是针对教育对象的具体状况,实施正确有效的环境道德教育方法。不实施正确有效的环境道德教育方法,环境道德教育的目标与任务就不可能完成,环境道德教育的作用也无从发挥。

第三,教育方法是完善环境道德教育内容的有效途径。教育内容是教育的基本要素,教育方法、手段途径的选择,应该根据教育内容的差异而有所不同。同样,要使环境道德教育的内容对教育对象产生持续有效的影响,也必须借助正确恰当的环境道德教育方法,使这些内容与教育对象的实际生活联结起来。否则,再好的环境道德教育内容也无从对教育对象产生实质性影响。因此,教育方法是完善环境道德教育内容的重要手段和有效途径。当前,受教育者自觉接受环境道德教育内容的动机、主动性和热情相对较弱。那么,如何缩小受教育者需要和环境道德教育内容上的差距,使其在认知环境道德要求的基础上,进而感知或认同环境道德教育内容的合理性、科学性和价值性,并实现将其吸收内化到形成自觉行为外化转变,是环境道德教育的根本任务,也是其面临的最大困难和挑战。解决这一难题的

---

① 董娅:《当代思想政治教育方法发展新论》,中国社会科学出版社 2012 年版,第 11 页。

根本途径,就是寻找出合适的教育方法,探索更为科学的教育措施、教育载体和平台、操作方式等,多途径、有效地向受教育者传播环境道德教育内容,对不同层次、不同群体的受教育者施加影响,完成环境道德教育的目标。随着现代教育的大众化、终身化等新特点和传播媒介的信息化、多样化的变化,环境道德教育方法还会不断地发展和创新,发挥出传播环境道德教育内容的更好作用和效果。

第四,环境道德教育方法是保证环境道德教育效果的重要条件。教育效果是指教育主体开展教育实践活动对受教育者所产生的功能价值。判断效果的优劣,主要是根据教育实践活动后表现出来的结果判断。其结果只要是符合预设的教育目的,对受教育者的思想观念、行为规范产生了所期望的影响,并促进教育价值目标的实现,就是正面的效果、好的效果;反之就是负面的效果、差的效果。影响环境道德教育效果的因素很多,如面临的教育环境和条件、教育主体的素质能力、政府的支持力度以及受教育者自身条件等。但如果在其他因素大致相同的情况下,教育主体所采用不同的方法,就会产生不同的教育效果。科学的环境道德教育方法,是环境道德教育规律的体现,它揭示了教育对象的环境道德现状和活动特点,能针对教育对象生活世界中的具体因素对人的环境品德发展以及环境道德教育活动产生积极影响,为环境道德教育获得实效提供条件和保证。如果不能对方法进行科学选择,环境道德教育就可能事倍功半,甚至劳而无功;如果采用了错误的方法,更只会事与愿违,不仅谈不上教育的有效性,甚至会造成环境道德教育的严重失误。因此,选择和运用好教育方法,是不断增强环境道德教育有效性的关键因素。

四、环境道德教育方法的选择依据

在环境道德教育的过程中,要根据教育目标的不同要求、教育内容的不同特点,以及教育对象不同特点等,选择适当的方法。在选择环境道德教育方法过程中,需要遵循以下准则和要求。

（一）遵循针对性原则

俗话说"一把钥匙开一把锁"。环境道德教育必须具有针对性,强调针对不同的教育任务、不同对象,选择不同的教育方式方法。针对性就是从实际出发,有的放矢,用不同的方法完成不同的任务,解决不同的问题。其实质是要求教育方法的运用合乎环境道德教育过程的客观规律,合乎人的环境道德品质形成发展的客观规律,适合具体的教育对象。环境道德教育方法的针对性原则,具体要求做到以下几点:

一是根据环境道德教育的目标任务和具体内容选择方法。方法是人们完成任务,实现目标的工具和手段,是为目标任务服务的,受到目标任务的制约。在环境道德教育过程中也是如此,一定的目标任务总是需要某些特定的方法来完成,一定的方法也总是在适应某些特定的目标任务时才会表现出显著的效果。根据环境道德教育的目标任务选择方法,正是目标任务与具体方法之间辩证关系的要求,体现了方法的合目的性特征。我们知道,环境道德教育的目标任务往往以具体的教育内容来体现,目标清晰、任务明确,教育内容也就随之清晰、具体。因此,在环境道德教育过程中,根据环境目标任务选择方法这一针对性要求,在这里也就转换成了根据教育内容的性质和要求来选择适当的教育方法。

二是针对教育对象的具体特点选择方法。教育对象有个体和群体之分,年龄、职业、党派、所处社会地位各不相同。在选择环境道德教育方法时都需要考虑到。对个体进行教育,必须考虑教育对象的文化知识状况、个人经历、家庭环境、个性特点等。比如,教育对象的性格不同,有的豪爽,有的细腻;有的活泼热情,有的孤僻冷淡。还要考虑不同人在思想道德水平方面的差异和活动特点方面的不同。选择环境道德教育方法时,这些都是不可忽视的因素,方法的运用只能因人而异,因人而异。

三是针对具体环境道德热点问题选择不同的方法。一定时期表现出来的环境道德热点问题,往往为环境道德教育提供了重要的教育时机。但教育方法的选择一定要正确把握环境道德热点的性质,准确判断其影响范围和程度,深刻分析引发环境道德热点问题的原因,并据此采用不同的教育方法。比如,属于全局性、普遍性、长远性问题采用解决局部性、个别性、暂时性问题的方法就难以使问题得到真正解决,而解决局部性、个别性、暂时性问题若运用解决全局性、普遍性、长远性问题的方法也未必有效,不仅浪费人力物力等教育资源,甚至会引起人们的反感、抵触情绪,引发其他新的问题。同样,针对问题形成的原因选择适当的方法也很重要。比如,针对生产方式落后等生产生活实际引发的环境道德问题,就要先从解决实际生产生活问题入手,然后再进行思想教育;而针对认识片面引发的环境道德问题,就要加强理论教育,提高思想认识,着重从思想方法的角度进行引导。

(二)遵循综合性原则

现代社会影响人们环境道德素养的因素很多、很复杂,变化又快,环境道德教育也就不能靠单一的方法解决问题,而要综合运用各种方法。另外,社会环境对人的思想影响作用加大,环境道德教育因而具有反复性,要克服这种反复性,强化和巩固环境道德教育的成效,也必须采取多种手段。选择环境道德教育方法的综合性要求,就是根据现代社会发展和人们思想活动特点而提出的。所谓综合性的要求,就是指教育主体在实施环境道德教育的过程中,要综合分析教育体系内部各要素的特点以及环境因素影响的复杂性特点,同时或先后选择一种以上的教育方法加以运用,并在把握不同教育方法各自特点及共同趋向的基础上,进行有效协调综合,有机地构成为共同教育目标服务的统一性方法体系,形成整体性优势和综合性效果。

现代环境道德教育之所以强调方法运用的综合性,主要是因为:影响人们思想行为发展变化的因素是复杂的、综合的,要应对这些互相联系、互相制约的主客观条件和各种复杂因素的影响,唯有选择多种教育方法加以综合运用,才能保证产生实效。人们参与的社会活动是多方面的,接触的人物、事物是多方面的,接受的信息是多方面的,因此需要环境道德教育主体了解和引导的内容和方法也必然是综合性的。只有跟上时代潮流的变化,能够从各个方面引导教育对象,才能适应现今社会对环境道德教育的要求。再者,随着现代科技的迅速发展,社会各项工作和研究领域,都出现了社会化和综合化的倾向,单一的学科,单一的工作,已经让位于学科的互相渗透和交叉以及工作的综合联系。现代环境道德教育应该适应这种整合发展趋势,多兵团作战,多方法配合,以系统科学的思维方式构建教育方法体系,强化方法的系统运作、整体协调,形成教育合力和综合优势,不断增强方法运用的有效性。

环境道德教育方法的综合性运用,其实质是,多种方法在教育过程中如何构成协调、有序的关系,形成教育合力,产生综合效果。根据在具体教育过程中所构成的不同关系,环境道德教育方法的综合运用形成了多种具体的综合方式,主要有主从式综合方式与并列式综合方式,协调式综合方式与交替式综合方式,渗透式综合方式与融合式综合方式。选择环境道德教育方法的综合性要求,就是要根据不同的教育任务、教育内容以及教育对象、教育环境条件的不同特点选择具体的综合方式。

（三）遵循创造性原则

方法是联系理论与实践的桥梁，是理论与实践相互转换的中介。理论具有普遍性，而人的实践活动具有特殊性，一般性的理论能解决特殊性的实践问题，靠的就是方法的创造性运用。环境道德教育作为人类的一种实践活动，以人的思想活动为其工作对象、实践领域，较之一般的实践活动更具有特殊性和复杂性。因此，对方法选择运用的创造性要求更高。不仅如此，现代社会发展变化的速度越来越快，人们的思想道德领域新情况、新问题层出不穷，现成的教育方法往往难以直接解决，只有克服教条主义和经验主义，对已有方法进行创造性改造，才能适应环境道德教育的现代发展步伐。我国正在进行的改革开放，是一场深刻的社会变革。随着人们生活环境的变化，引起了人们的生活方式、思维方式、行为方式和思想观念的巨大变化。环境道德教育必须根据这些新情况实现方法创新。如果无视历史条件的变化，把特定历史条件下产生的具体方法绝对化，拒绝研究新情况，就会导致思想方法僵化，在新的历史条件下被淘汰。

选择环境道德教育方法的创造性要求，具体表现为以下几个方面：一是要坚持解放思想、与时俱进的思想路线，以增强环境道德教育的实效性为基本要求，自觉研究新情况，解决新问题，探索新方法。现代社会发展的丰富内容和复杂情况，要求人们勇于开拓和创新，注重效果和效益，运用系统的思维方式，通过方法的创新，从整体上思考问题，预见问题，解决问题。现代环境道德教育的对象和环境都在不断地发生着变化，一味用过去曾经发挥过积极作用，取得过良好效果的方法，来解决现代环境道德教育面临的新任务、新课题,很可能会碰壁。不重视方法选择运用的创造性,必定跟不上社会发展的步伐,也难以适应教育对象和教育环境的新要求。二是要吸取和运用现代科学研究成果,创新环境道德教育方法。环境道德教育方法不仅以马克思主义理论为指导,也以哲学、心理学、教育学等学科理论为基础。这就需要不断综合运用这些相关学科所取得的新的研究成果,丰富和发展适应现代化要求的环教育科学方法论体系。三是要运用现代科学技术成果,实现教育手段的现代化。家庭电脑的出现和不断改进,多媒体技术的普及应用,互联网信息的迅速发展,为环境道德教育提供了更加丰富的载体和条件。在这样新的基础上,环境道德教育必须掌握这些新的手段,改进和更新方法,以取得理想的教育效果。在选择教育方法时必须具有这样的创新意识,才能把握和运用适合现代化需要的教育方法。

(四) 其他原则

一是目标性原则。前苏联教育家马卡连柯指出,方法和目的的关系应当是教育逻辑的正确性实验场所。从这种逻辑出发,我们就不能允许有不去实现既定目标的任何方法①。目标性原则就是指教育方法的实施应该紧扣环境道德教育的目标和任务。不同层次、不同类型的环境道德教育活动,应该在总目标的统摄下选择恰当的互动途径与方法。

二是科学性原则。科学性原则即客观性原则,指环境道德教育应以事实为依据,遵循环境道德教育客观规律,充分考虑教育对象的个性特征以及实施活动的各种客观物质条件,采取科学可行

---

① [苏联]马卡连柯:《马卡连柯教育文集》下卷,吴式颖等译,人民教育出版社 1985年版,第57页。

的教育方法,因地制宜,因时制宜,保证教育活动能够确实有效地开展。

三是实践性原则。环境问题是人类不合理的行为导致的,产生于实践过程之中,环境问题的解决落脚于正确观念引导下的人类的合理行为,因此,环境道德观念的树立不能脱离实践。观念层次的改变最终要向实践的理性转化,环境道德教育成果最终也要通过实践的检验。环境道德寓于教育对象生活的方方面面,没有能与生活分离的纯道德,个体环境道德品质的形成源于他们在实践中同环境作用过程中对生活的体验、认识和感悟。实践性原则就是教育方法的确立要围绕教育的实践性和体验性,通过互动增加教育对象与环境的接触和联系,引导他们在自主探究和亲身体验的过程中增进与自然界的交流和对大自然的理解,形成正确的环境价值观,以及与环境和谐相处的健康的生活习惯与行为方式。

四是整体性原则。整体性原则是指教育方法体系的建立要立足于环境道德教育的整体性,发挥教育的整体力量,以实现教育的整体功能为目标。这一原则是由环境道德教育的综合性、系统性和环境道德教育的现实状况决定的。环境道德具有综合、系统的特点,当前以渗透为主的教育模式以及实践不足的状况要求环境道德教育的方法必须着眼于整体,立足于实现教育的优化整合。此外,由于个体环境道德的形成与发展具有不稳定性,易受来自于不同方面的影响,各种影响之间可能存在着对立和不相一致。因此,也应该从整体的角度考虑,协调和控制学校、家庭、社会的各种影响,使环境道德教育输出取得最大实效。

五是协调性原则。这里的协调包括三层含义:教育方法内部各要素间要协调一致,即微观要素间的协调;教育方法相互之间要协调一致,即中观要素间的协调;教育方法与外部环境间要协调,即宏观要素间的协调。兼顾协调性原则要求不同教育主体要有充分的沟通和交流,在共同目标的统领下,保持认识和步调的一致性,有计划、系统、连贯地影响教育对象,以期实现教育资源优化整合和知识经验多向流动。

第二节　环境道德教育方法的呈现形式

环境道德教育是一个崭新的时代课题,它的教育方法也是一个不断探索、创新的实践过程。根据环境道德教育展开的逻辑顺序,可以将其依次划分为环境道德教育认识过程、环境道德教育决策过程、环境道德教育实施过程等若干个具体过程,每一个具体过程都有相应的教育方法与之对应。因此,可以从环境道德教育展开过程的角度,将环境道德教育方法分为环境道德教育认识过程中的方法、环境道德教育决策过程中的方法和环境道德教育实施过程中的方法。这三个阶段的教育方法构成了基于过程角度的环境道德教育方法体系。这些方法既相对独立,又相互联系。既相互制约,又互相促进。

一、环境道德教育认识方法

环境道德教育的认识方法是教育主体在认识教育客体和教育环境,搜集和分析教育信息过程中所采用的方法。依据教育客体、环境道德信息从感性认识到理性认识的逻辑顺序来分,它主要包括信息收集方法、信息分析方法、信息预测方法等内容。

（一）环境道德信息收集方法

环境道德信息收集法就是收集与教育对象相关的环境道德信息的方法,这是环境道德教育认识过程中最基本的方法。环境道德信息收集包括直接收集与间接收集。直接收集就是教育主体亲自深入到教育客体生活中进行信息收集,如调查访问、座谈交流、观察体验、民意测验等;间接收集就是通过他人转述、录音录像或档案等进行收集。

环境道德教育过程实际上就是一个信息流通过程,它包括环境道德信息输入、存储、处理、输出等诸多环节。要用信息收集方法进行教育,首先是教育主体要掌握有关教育客体、教育环境等方面的充足信息。虽然教育客体的环境道德状况具有模糊性,但它作为一个有机体,又必然和外界发生联系,通过自身的环境道德实践和具体言行而在一定程度上表现出来。因此,我们可以通过拓展获取途径,去获取教育客体相对正确而充分的环境道德信息。

（二）环境道德信息分析方法

环境道德信息分析法是将收集到的教育对象的环境道德信息材料按照一定要求或者按信息的性质、类型等进行归纳分类、抽象综合,形成对教育对象综合性、整体性、规律性、本质性的认识。这是环境道德教育认识过程从感性上升到理性一种方法。环境道德信息分析方法包括:因果分析方法、比较分析方法、矛盾分析方法、系统分析方法等一系列的信息分析方法。

实施环境道德信息分析方法需要做到如下两点:第一点,了解环境道德信息分析的内容和重点。教育对象环境道德信息分析的内容重点有两个方面:一方面是有关环境道德教育对象的相关信息,分析教育对象信息要坚持动态性、全面性、共性和个性相结合;另一方面是有关环境道德教育环境的信息。从目前说来,要注意分析家庭、学校和社会三方面环境信息的分析。第二点,需要创造和提供一定的分析主客观条件。要尽可能占有丰富而真实的信息资料,这是优化环境道德信息分析的前提。还要提高分析者的分析能力,这是优化环境道德信息分析的关键。此外,还要提供必需的、先进的信息分析技术手段,这是优化环境道德信息分析的保障,特别是在当代,像计算机、网络、系统软件等更是必须拥有和能够运用的。

（三）环境道德信息预测方法

环境道德信息预测法就是在掌握比较可靠的信息基础上,对未来可能出现的不确定或未知情况,作出符合环境道德教育发展规律的设想或猜测的一种认识方法。这是提高环境道德教育预见性、前瞻性、针对性的有效方法。环境道德信息预测方法主要有:判断性预测法、因果预测法、规范性预测法、类推预测法以及症候分析法等。环境道德信息预测方法既为决策过程的方法运用提供依据,也为环境道德教育实施过程中进行预防教育打下基础。

环境道德信息预测方法可以分为三个步骤:一是确定预测目标。环境道德信息预测目标的确定包括:预测的对象,如预测哪一类型教育客体的环境道德动向;预测的目的,是预测环境道德的发展趋势,以便利于引导,或者是预测可能发生的环境道德缺失问题,以便为了防范;预测的范围,是全面性教育客体信息预测,还是一个群体的信息预测。预测的目标要具体、详尽,不能含混、抽象,否则作出的预测对环境道德教育没有多大作用。二是收集资料。根据信息预测目标的要求,通过调查,广泛收集预测所需要的信息资料。这主要包括全面的教育对象环境道德信息资料和个体的教育对象环境道德信息资料两个方面,以及定性教育客体环境道德信息资料、定量教育客体环境道德信息资料两类。三是熟悉教育形势。也就是把教育对象信息同教育客观形势联系起来,进行分析,从中找到相互联系。四是选择预测方法。根据不同的预测目的、范围、内容,采用不同的信息资料预测方法,将所得的预测结果征求有关人员意见,进行评审与检验,把取得基本一致的信息资料预测结论交付,为制订计划和进行环境道德教育决策提供依据。

二、环境道德教育决策方法

环境道德教育决策方法就是教育主体为了实现特定教育目的,而按照一定的程序,通过某种方式进行环境道德教育方案最优化选择的方式、途径、步骤的总称。这一定义包括三方面涵义:一是环境道德教育决策是为实现一定的教育目标服务的;二是要对实现目标的环境道德教育方案进行最优化选择;三是环境道德教育决策方案要能够付诸实施。按照环境道德教育决策的功能和特点不同,可将环境道德教育决策方法分为:战略性决策方法和战术性决策方法;规范性决策方法和非规范性决策方法;确定性决策方法和非确定性决策方法;集团性决策方法和个人性决策方法。

第一,环境道德教育战略性决策方法和战术性决策方法,这是按作用范围和影响程度不同来划分的。战略性决策方法是指对决定环境道德教育发展方向、解决全局性重大问题的决策进行创新,主要表现为制订环境道德教育方针、政策及重大方案等。它所涉及的范围大、因素多、关系复杂,通常属于环境道德教育领导层的决策创新范围之内,是一种以决定性为主的决策。战术性决策方法是指对在环境道德教育过程中解决局部性或具体性问题的决策。这种方法是为了实现战略决策、解决某一具体问题而作出的决策。它是战略决策方法的延续和指令化,以战略决策方法规定的目标为决策标准,通常具有微观性、具体化、定量化特点。

第二,环境道德教育规范性决策方法和非规范性决策方法,这是按解决问题的形式不同而划分的。规范性决策方法是指对那些旨在解决经常重复出现的环境道德问题而作出的决策。对于这类问题,由于以往已积累了比较成熟的经验,并形成了一定的相应制度和办法,可以按照常规即按照熟知的原则或比较确定的程序去加以解决。因此,规范性决策方法又称程序性决策方法或常规性决策方法。非规范性决策方法是指对偶然发生的或首次发生的环境道德新问题所进行的决策。这类决策创新没有常规可循,需要认真调查研究、分析判断,寻找出适当的解决方法。因此,又被称为非程序性环境道德教育决策方法或非常规性环境道德教育决策方法。

第三,环境道德教育确定性决策方法和非确定性决策方法,这是按所处条件和行动结果不同而划分的。确定性决策方法是指决策者对所要解决的环境问题的未来发展趋势有比较准确的预测,并对每一个行动方案所要达到的结果有确定的把握时所作的决策。非确定性决策方法,是指决策者对所要解决的环境问题的未来发展情况、每一个行动方案将会达到的结果,都难以完全确定时所作的决策。教育对象的环境道德认知和践行活动虽有规律,但往往又带有一定的随机性、可变性和偶发性,所以,环境道德教育的决策方法大多属于非确定性决策方法。

第四,环境道德教育集团性决策方法和个人性决策方法,这是按决策方法主体不同而划分的。集团性决策方法是指决策方法的主体是集体,比如政府领导集体、社区领导集体、学校领导集体等,常用于对环境道德教育重大问题进行的决策方法。个人性决策方法,指环境道德教育决策的主体是个人,比如教师、家长等,常用于对日常性、突发性、具体性环境道德教育问题进行的决策方法。

三、环境道德教育实施方法

环境道德教育实施方法也叫环境道德教育工作方法,是教育主体面向教育客体在教育过程中所采用的方法。它是有效实施教育、实现教育目标的必要条件,是环境道德教育方法体系中最重要的方法。根据实施媒介不同,可以将环境道德教育实施方法概括为以下几个系列。

(一)课堂宣教式方法

课堂宣教式环境道德教育方法,是指以环境道德教育为课程内容,通过直接地、面对面地向学生灌输生态科学知识、传授环境道德教育内容,提高学生的环境道德素质和水平。课堂宣教的优势在于能够严格按照预定课程目标,通过有力地课堂组织保障,有效地排除各种干扰、控制教育发展过程,减少偏差,使学生达到预定的环境道德要求。在操作层面上,要设置专业课程进行系统的环境道德教育,根据不同学生年龄阶段、知识结构、接受能力等方面的差异,制定明确的教学任务、教学目标和具体教案,确保课堂教育的针对性和实效性。还要注意环境道德教育课程设置的全面性。除了设置《环境伦理学》等专业课程外,还要设置如《人与自然》《生态美学》等生态学专业理论和环境审美知识课程。如此有利于激发学生的环境忧患意识、培养生态道德情感,也有利于加深学生对环境道德原则和行为规范要求的理解。最后要有目的地加大学校环境道德教育师资力量的培养力度。在课堂宣教中,教师无疑是教育的直接策划者和实施者,在课堂教育过程中处于主体性地位。因此,教师的数量和质量直接关系环境道德教育实现的效果。

(二)舆论引导式方法

该方法确立的依据是社会道德调控中的社会道德评价理论。

社会道德评价既是人类道德活动的一种重要方式,也是社会道德调控的一种重要形式。它是以社会或他人为评价主体,对当事人的道德行为、品质或可感知的意向所作出的善恶判断和褒贬态度的舆论评价。社会舆论通过对某一件事或某一个人作出肯定与否、赞誉与否的评价,将道德准则、道德规范潜移默化地传达给个体,从而对社会个体道德品质的养成起到引导作用。实质上,舆论引导是一种运用舆论操纵人们意识、引导人们意向,从而影响甚至控制人们行为的传播行为。因此,环境道德价值舆论引导,就是运用舆论载体宣传正面的环境道德实践活动和典型人物或反面破坏生态环境的事件和责任人。通过舆论评价和导向,将环境道德知识、环境道德准则以及环境道德规范深入人们心中,促使其养成良好的道德品质和行为习惯;让人们知道在生态实践活动中,什么是善、什么是恶,应该怎么做、不应该怎么做,肯定善行,否认恶行,使环境道德知识不断丰富完善。从操作层面上来讲,环境道德价值舆论引导主要有大众传媒宏观舆论引导和个体之间的微观舆论两种方法。

电视台、广播电台、网络、报纸、杂志等是大众传媒的主要平台和载体,它是向广大群众进行环境道德教育信息流泻式传播的方式,具有广泛的社会影响力。其突出特点在于:能够对环境道德教育相关信息资源进行快速、形象、立体、有感染力的广而告之式的传播;通过正面赞誉或反面谴责的道德评价,营造环境道德价值取向一致的社会舆论;从事实性信息和社会心理取向的两个层面,最大限度地影响和左右广大群众环境道德认知和行为倾向。在具体实践中,要高度重视大众媒体舆论引导的与时俱进。一方面,要紧跟信息时代的发展,多层面、立体式介入各类传播媒介,特别是积极运用计算机、网络、智能手机、数字电视等为载体的信息网络技术,把环境道德教育的内容延伸到各种新兴传媒之中,尽量扩大环境道德宣传的覆盖面,使环境道德教育信息时时刻刻、无处不在地充斥和刺激人们耳目,强化人们了解。当然也要继续坚守和巩固电视、电台、报纸、杂志等传统的舆论阵地,并且要增加环境道德宣传信息的数量和流量,适当增加其传播时间和频率。另一方面,要不断提高环境道德信息传播的自身吸引力,这是促使人们主动接触和吸收环境道德信息的前提。因为舆论宣传活动中,信息选择权往往掌握到受众手中,如果作为宣传内容的道德信息缺乏吸引力或影响力,就很难被人们关注,就不会形成强大的舆论,也不会从中主动吸收环境道德的价值理念。这就要求在进行舆论宣传时,要用新视角、新观念、新思想制作环境道德宣传信息,用良好题材和生动话语吸引人们耳目,增强舆论引导功能。

相比大众舆论,广大群众的街谈巷议、熟人之间的品头论足等非正式舆论也会对人们的道德选择起到重大影响作用,人们往往用"人言可畏"、"众口铄金"等词形容它的影响力。特别是在中国特色的"熟人圈社会",相互间的认同或排斥、赞誉或谴责、喜爱或憎恶等态度,就是对社会个体价值观、行为倾向等方面的肯定或否定的评价。这种自发、微观的舆论对一部分人而言则更具有直接的影响力,有时对人们的行为选择和价值认同有决定作用。

（三）榜样示范式方法

环境道德榜样示范方法,是运用环境道德实践典型的群体或个体,使教育对象从其具体的行为样态中学到道德原则和道德规范,从而提高其环境道德觉悟和水平的一种方法。榜样的力量是无穷的,榜样示范式方法,就是通过活生生的典型人物、典型集体的典型事迹来开展教育,促使人们学习、对照和效仿。这种典型事迹,形象生动,更能引起人们思想共鸣和观念认同,激励人们效仿榜样去做人做事,自觉地控制自己的行为,逐步筑牢环境道德意志和提升环境道德素养。先进典型所表现出或代表的环境道德思想,往往寓于具体的事例之中,生动而形象,易于学习理解,也更具有感召力、说服力和可接受性,能够起到较大的正能量。

榜样示范式方法往往以大众媒体舆论宣传为平台,利用各种传播媒介将其先进事迹宣传出去。在这种方法的操作和运行中,要注意两个问题:一是要能及时发现和推广走在环境保护和环境道德实践前列的典型。特别是各级政府、环保部门和具有生态保护责任的单位、集体和企业,要组织各级、各行业、各单位的环境保护或环境道德教育先进集体和个人的评选活动。评选的范围、程序和结果,要具有广泛性、公正性和代表性、时代性,使人们都能找到典型并能被典型感染。二是要注重对典型单位和个人的宣传并注重把握宣传尺度和真实性。不宣传人们就不知晓,就不会形成榜样的力量,也不会形成对全社会的感召力。同时,对典型事迹的总结、提炼,要符合实际,不要过度拔高、言过其实,要让人们看到这种事迹、做法距离自己不远,能够学习、效仿并参与其中,而不是认为宣传倡导的行为取向高不可攀、无法做到。同时,在实践中,还要对先进群体和个人进行持续的培养和教育,使其不断进步并保持先进性,发挥持久性的榜样示范功能作用。

（四）强化推动式方法

这种方法,主要是以各级政府、有关行政部门或社会组织等为施教主体,通过其拥有的公权力和社会影响力,有计划、有针对性地组织环境道德教育培训班、座谈会、交流会,以及与政府合作创建生态城市、生态社区、美丽乡村等活动,出版普及生态知识、环境保护或环境道德教育等方面的著作或教材,强化对相关生态理论的灌输和教化,提升全民对环境道德的认知程度。这种教育方法往往是依靠或借助政府的公权力和社会组织、社会团体的支持来开展,教育的内容一般侧重于理论知识传播和环境保护倡导。主要形式有:一是组织培训研讨活动。通过进行培训、交流讨论,传播环境伦理知识,探讨解决环境危机的措施和方法,在全社会倡导环境伦理理念和环境保护的实际行动。二是以生态空域的创建为载体开展环境道德教育。各级政府通过争创生态城市、生态社区、生态风景区、美丽乡村等主题活动,向市民宣传以"人与自然和谐发展"为核心的生态文明建设的必要性,通过会议精神学习、新闻媒体宣传等形式加强环境道德教育。三是有针对性出版相关著作,强化环境道德理论教育。如前所述,我国生态学的发展以及环境道德教育起步较晚,相关理论著作也较少,为了强化普及环境道德知识,政府、学者、社会组织等应加强研究和著作的出版发表,扩大教育力度。

（五）赏罚激励式方法

这种方法确立的理论依据是道德调控中社会赏罚的相关理论。社会赏罚和社会评价是社会道德调控的主要操作方式。所谓社会赏罚,就是社会组织根据其价值标准和一定的组织形式对其成员履行社会义务的不同表现及其行为后果,以物化、量化的形式施行报偿,包括对行为优良者给以物质或精神奖励,对行为不良者给以物质或精神惩罚。社会赏罚就其蕴含的道德意义来讲,其本身也是一种道德评价,通过判断个体行为是否符合道德规范要求,运用利益得失杠杆,对人们的行为进行引导和调控。就社会赏罚对个人行为的约束管理来看,具有权威性、规范性、针对性和强制性特点。这种赏罚蕴含着一定的道德价值选择和价值取向的提倡、宣示和导向,能造成扬善惩恶的道德氛围,从而对个体道德发生发展和人格塑造具有重要的影响作用。环境道德监督约束和评价奖惩相结合的教育方法,是指具有环境保护责任的行政机关或社会组织,对社会个体环境行为进行优劣、善恶评价,从而对善行褒奖、对恶行惩罚,引导社会个体养成良好的环境道德品质和环境道德行为习惯。环境道德评价的范围包括各种环境保护活动、绿色生产、绿色消费、环保宣传等活动及其参与者,其评价赏罚的方式有物质利益赏罚、舆论赏罚以及行政性赏罚等。这种赏罚为促进社会个体、组织单位履行道德义务,追求环境道德目标,提供了内在驱动力、外在压力和目标吸引力。

(六) 主题实践式方法

该方法确立的直接依据是马克思主义实践理论。马克思主义认为,实践是认识的来源,是认识发展的根本动力,它是人们形成正确认识和能力的根本途径,人们只有在改造客观世界的同时才能更好地改造主观世界。因此,只有坚持在实践中深化认识,提升认识,发展认识,坚持从实践中来,到实践中去,才能实现知行统一。主题实践式方法,就是指环境道德教育主体有目的、有计划地组织教育对象参加各种有益的环保实践活动,引导受教育者在实践中学习和培养优良品质和行为习惯的方法。环保实践是环境道德内化与践行的过程,是由知向行转化的中介,任何环境道德素质的培养都要通过主体社会实践活动来实现。社会个体只有通过自觉、主动地参与社会实践,才能感受提高对环境道德的认知,才能有力地推动环境道德建设的开展。

环境道德教育主题实践能为教育对象提供真实的社会活动情景,加深教育对象对道德要求的认识和体验。环境道德教育提出的伦理要求和道德规范,是对人与自然关系的本质反映,只有在实际的道德实践中才能深刻体验其内涵和意义。环境道德教育主题实践有利于促进教育对象实现环境伦理的知行统一。环保实践过程是教育对象用所学的环境伦理知识和观念指导自己的活动,在实践中践行环境道德规范,实现从知到行的转变,培养环境道德能力和品质。

按照实践活动的方式和环境道德教育功能的不同,还可以将环境道德教育主题实践方法分为三类:一类是以环境道德教育为主题的参观考察。教育主体预先设定参观考察主题,有计划地、有目的地组织受教育者走出机关、学校、企业,深入到现实环境之中,从对环境危机的感性体悟中激发环保意识;从对人与自然的和谐相处中,感受生态文明建设的现实价值,陶冶环境道德情操。第二类是以环境道德教育为主题的志愿者活动。以环境保护和环境道德教育为宗旨,组织形式多样、内容丰富、参与面广的志愿者活动,坚持从自身做起、从身边做起,倡导人们积极参与解决环境问题的实际工作,践行环境道德要求,扎实推动环境道德建设向着新境界有序发展。第三类是以环境道德教育为主题的实践活动。现实生活是道德教育的源头,任何道德教育都不可能脱离现实的实践活动。应通过开展形式多样的环境道德教育主题实践活动,如植树造林、清除污染、创建生态文明城市和美丽乡村等,在社会上营造出浓厚的环保氛围,形成良好的环境道德风尚。

可以说上述教育方法都是显性的教育方法,"显性教育是指充分利用各种公开的手段、公共场所,有领导、有组织、有系统的教育方法"①。与之相对,隐性教育方法是指为了实现环境道德教育目标,以不明确的、内隐的方式,实施的各种教育方法的总和。总体来说,以上显性环境道德教育方法是我们当前开展环境道德教育使用的重要方法。为使这些方法充分发挥作用,就要与时俱进,

---

① 王瑞孙:《比较思想政治教育学》,高等教育出版社 2001 年版第 215 页。

主动地适应不断发展变化的社会现实和教育对象的思想实际;同时还要避免操作过程中出现错误。具体来说,在操作过程中应注意以下问题:

一是要坚持外显性环境道德教育方法的主导性地位。当前,随着社会的发展,其他环境道德教育方法层出不穷,特别是间接的、潜隐的、渗透性的环境道德教育方法发挥的作用越来越大,用其替代外显性环境道德教育方法作为主导地位的呼声,也经常被一些人视为新观念、新思路而被重视。但从方法的功能上看,外显性方法具有直接的、强烈的影响力,渗透性方法是间接的、潜隐的影响力。两者是主辅关系,后者对前者起补充和辅助作用,而不能关系颠倒,否则就不能旗帜鲜明、有效地控制教育局面。

二是要增强外显性环境道德教育方法的易接受性。如前所述,个体对外界的思想有天然的“自我免疫力”,人们往往对教育者公开的、正式的、直接的且带有强制性的教育方法持有排斥的情绪而不自觉地接受。因此,外显性环境道德教育方法也需要进一步加以改进,要按照人们的接受心理规律进一步建立立体式全方位教育网络,不断深化自主性实践活动,改进教育方法的表达形式和活动方式,通过提高教育方法的可接受性和吸引力,充分地发挥其主导性作用。

三是要加强教育方法的整体协调应用。如前所述,外显性环境道德教育方法是由课堂宣教式、舆论引导式、榜样示范式、强化推动式、赏罚激励式、主题实践式等多种方法综合而成的方法体系,这些方法不是独立的,而是相互衔接、相互配合、相互补充的有机整体。只有这些方法整体发展、整合协同使用才能产生广泛的、深层次的合力。

四是要注意与其他方法配合使用。因为外显性的环境道德教育方法具有覆盖面有限、强制诉求色彩突出的问题，因此要主动结合一些渗透性的教育方法，做到方法之间的相互依存、相互补充。

另外，如前文所述，个体道德形成过程是教育者对受教育者采取道德教育和受教育者自主构建活动的统一。因此，在注重外在教育方法的同时，也要高度重视受教育者的个人道德修养和自我教育。自我修养具有明确的指向性、高度的自觉性，其实质在于修养者个人对自我种种不道德思想和行为自觉开展斗争和克服的过程。个体道德修养的方法是丰富多彩的，因个体的具体情况、自身道德发展水平以及自身性格特征而有差异。古往今来，人们在自我修养实践中形成了多种方法，正确运用有助于个体开展环境道德素养的不断提高。

环境道德自我修养的方法主要包括以下几种：一是自我学习思考。就是个人通过深入学习环境科学知识，了解和掌握环境伦理原理，不断扩大和深化环境道德认知，提升环境道德素养，提升认识，完善自我。二是省察克治。这种方法要求不断地反省、检查、检验自己的思想和行为，对照环境道德要求反省自身观念和行为，切实找出存在的不足和问题，用"改恶从善"的勇气有针对性地去加以克服和整治，进一步实现自我观念的更新和行为的调整。三是积善成德。反映到自身环境道德修养上，就是要求崇尚环保行为，培育环境美德，深入环保实践积累善行，积少成多，逐步沉淀成优良的美德。四是慎独。"慎独"语出《礼记·大学》："此谓诚于中，形于外。故君子必慎其独也。"[1]它是指人们在独自活动无人监督的情况下，凭着高度自觉，按照一定的道德规范行动，而不做任何有违道

---

[1]　《礼记·大学》。

德原则之事。这既是进行个人道德修养的重要方法，也是评定一个人道德水准的关键性环节。慎独要求修养者要着眼于"隐"和"微"，在没有外在监督时，始终坚持道德理念，自觉按照道德规范行事，不因无人监督而恣意妄为。同时，我们要看到，个体的环境道德修养不能脱离环境道德实践，而是要强调自我环境道德修养与认识和改造客观世界的实践活动紧密相联，特别是要与自身所从事的社会工作、业务实践充分结合起来，切实把环境道德理念贯彻到工作实践中，实现由环保观念到实践的转变，自己也在生态实践过程中进一步进行生态体悟和行为修正。

第三节　环境道德教育方法的综合运用

环境道德教育认识方法、决策方法和实施方法这三个子系统既相对独立，又互相联系，并随着时代、教育主体、教育客体、环境的发展变化而发展变化。在环境道德教育方法系统中，每个方法都与其他方法互为前提、互为补充。因此，环境道德教育方法是认识方法、决策方法和实施方法三个子系统的综合体系，是通过一定的组织结构形式，形成一个有机的整体，相互促进，共同发展，而不是各个、各类方法的简单加总。要想达到环境道德教育的最优化，就必须对这些方法进行综合运用，以唯物辩证法关于全面的观点、联系的观点和发展的观点为指导，运用系统论的方法，在把握各种方法各自特点及共同趋向的基础上，通过协调综合，把各个方面、各种层次的教育方法有机联系起来，使之成为具有最佳教育作用的方法整体。这是环境道德教育主体同时或先后运用多种方法进行综合运用的措施和手段。不管是同时运用多种方法还是先后运用多种方法，都可称为环境道德教育方法的综合运用。

环境道德教育方法综合运用本质是一种创造方法,它不是将环境道德教育方法简单地、机械地相加运用,而是在充分了解各种教育方法的实质和特点的基础上,将它们融会贯通、选择组合运用,这本身就是一种创造。另外,环境道德教育方法综合运用可以形成各种单个教育方法所不能取得的创造性的教育合力。环境道德教育方法的综合运用具有全面性、协调性特点,既要克服手段的单调与机械性,全面系统地整合各种教育方法;又要围绕着统一目标,和谐配合,协调同步,顺利进行,才能取得最佳教育效果。

一、环境道德教育方法综合运用的依据

环境道德教育方法的综合运用既有理论依据,也有实践依据。从理论上说,马克思主义的普遍联系观和发展观是其哲学依据。马克思主义认为,联系是普遍存在的,世界上的一切事物、现象和过程都不是孤立存在的,相互间均有着千丝万缕的联系,整个世界就是一个相互联系的统一体。同时,世界上的任何事物或系统内部的各个要素和各部分之间也是相互联系、相互作用的。环境道德教育作为一种复杂的、系统的道德教育实践活动,其采用的方法或手段也是综合协同的,而非孤立的采取单一的方法或手段。唯物辩证法认为,世界不仅是普遍联系的,又是不断运动、变化和发展的,在事物变化的基础上,新事物代替旧事物成为必然趋势。在环境道德教育实践发展过程中,内部各要素以及其外部环境均不断变化,这就对环境道德教育方法提出了新的要求和挑战。为适应环境道德教育实践中出现的种种新变化,就必须用发展的观点。一方面整合各种具体的环境道德教育方法;另一方面借鉴、吸收其他领域、其他学科的有益方法,不断充实和创新环境道德教育,从而促进教育方法不断向综合协同方向发展。

　　系统论是环境道德教育方法综合运用的方法论依据。现代系统论是 20 世纪 40 年代以来科学发展的产物。它不是单一的学科,而是一个学科门类,是指以系统为研究对象的学科群。它把自己研究的对象不是看作某个单独事物,而是看作一个整体系统,要求做整体综合性的研究和把握,在这个意义上,它又被称为系统科学。同时,现代系统论具有鲜明的方法论特征,它的理论和方法可以应用到不同领域对象的研究,给不同学科的发展提供方法论的指导,所以又被人们看作是一种科学方法论。从其内容上看,现代系统论是揭示对象的系统存在、系统关系和系统规律性的观点和方法,它不把事物、过程看作是实物、个体和现象的简单堆积,而是把它们看作是系统的存在。现代系统理论的发展,为环境道德教育方法的协同发展提供了一般指导和思想借鉴。当前,环境道德教育已经不是一个单一的系统,而是一个开放的、复杂的系统,其构成要素、子系统之间相互作用、相互交叉,其方法种类也相互嵌套、彼此融合,方法的结构层次也不断优化,其功能作用也日益强大。

　　人们思想观念的不断变化、教育环境日益复杂是教育方法综合运用的现实依据。一是教育对象需要的多样性需求。随着我国社会主义市场经济的发展和改革开放的深入,人的思想行为发生了深刻变化,思想观念越来越多样化,教育对象的自主意识、竞争意识不断增强,只靠某种单一的教育方法已经满足不了环境道德教育的现实需求。在教育过程中,只有因时因地、因人而异地协同运用多种方法和途径,切实将环境道德教育内容渗透到人们的学习、生活、工作等各个领域,才能收到好的教育效果。二是教育环境的复杂性。教育对象环境道德意识的形成、发展和转化是由多种因素决定的,既包括内部因素,也包括外部因素;既包括家庭、学校因素,也包括社会因素;既包括正确思想的影响,也包括错误思想的影响等。只有采取方法综合运用的方式,才能使教育对象形成、发展和巩固正确的环境道德意识,预防、抑制、纠正转化环境道德缺失行为。三是信息网络技术快速发展的要求。现代信息技术特别是网络技术的发展,促进了信息传播的快速化和人际沟通方式的巨大变化,其作用是"双刃"性的,在为人们方便地提供大量信息的同时,也向环境道德教育提出了新的挑战。因此,当代环境道德教育方法离不开对信息网络技术的运用,实践中需要不断拓展信息技术方法的综合发展。四是环境道德教育方法自身发展的需要。环境道德教育各种具体方法本身的局限性和互补性也要求多种方法的协同发展,特别是这些具体的综合运用在教育实践活动中已经取得或正在取得较好效果,也印证了方法协同发展的正确性和科学性。同时,环境道德教育主体专业素质和能力的提高,以及其对教育方法的选择和运用能力的提升,极大地改变了环境道德教育方法运用的单一性和简单性,进一步促进了环境道德教育协同方法的发展。

此外,环境道德教育方法综合运用还有学科依据。环境道德教育随着现代科学技术的发展,也出现了综合化的趋势,比如生态学、心理学、教育学、管理学、伦理学、经济学、政治学、法学等不断发展,这就要求环境道德教育方法综合运用多种现代学科方法,不断提升教育实效。

二、环境道德教育方法综合运用的作用

环境道德教育方法的综合运用,是为适应当代环境道德教育实践的丰富性和现代科学技术发展的迅速性而产生的,与单一、具体的教育方法相比具有多样性和全面性的综合功能,在环境道德

教育实践中越来越发挥着重要作用。

综合运用环境道德教育方法有利于促进教育目标的全面实现。毫无疑问,作为一种道德教育实践活动,环境道德教育有着明确的教育目标向度。具体地说,就是为了促进人的全面发展、促进经济社会的可持续发展,教育人们树立以"人与自然和谐相处"为核心价值取向的世界观、道德观和价值观。从德育过程上看,教育对象的品德养成是知、情、意、行等要素构成的复杂系统,需要采取多种方法综合运用加以培养。环境道德教育的内容涉及环境道德意识的增强、理念的树立、素质的提高以及行为的养成等多个方面、多个层次。因此,单靠单一的、具体的方法难以完成既定教育目标。相反,协同性教育方法依其教育方式的多样性、教育范围的广泛性以及教育内容的丰富性,综合地对教育对象产生影响,不仅能够完成环境道德知识的传授、理论的灌输和规范的学习,而且还能激发教育对象产生环境道德情感,坚定环境道德意志,提高环保实践能力,全面体现对认知、情感、意志、行为方面目标的追求,从而达到环境道德教育目标的全面实现。

综合运用环境道德教育方法有利于形成教育合力。合力即为聚合之力,就是在一定的时间内和一定的条件下,实施综合环境道德教育所产生的综合作用。亚里士多德曾说过"整体大于它的各部分总和"[1],恩格斯也说过:"许多人协作,许多力量溶合为一个总的力量,用马克思的话来说,就造成'新的力量',这种力量和它的单个力量的总和有本质的差别。"[2]环境道德教育方法的运用过程中,不是单独地运用某一个单一的具体方法,而是综合使用多种

---

[1]　转引邬焜:《"整体大于部分之和"到底意味着什么?》,《哲学动态》1992年第6期。

[2]　《马克思恩格斯选集》第3卷,人民出版社2012年版,第505页。

教育方法,形成教育方法的整体实施系统。在这个系统中,各种具体方法相互影响、相互补充,从不同的层面、不同的切入点、立体式地、全方位地影响教育对象心理、思想和行为,共同发挥教育功效,产生了一种单一具体方法不可超越的整体合力。因此,进行环境道德教育方法的综合运用,远比单一的教育方法力量要大得多。

综合运用环境道德教育方法有利于形成综合教育效果。综合运用能够将环境道德教育的各种方法进行系统整合,使它们在空间结构上具有层次性,在时间结构上具有顺序性,从而协调一致,取得最佳效果。否则各种方法就可能重复使用、浪费使用,甚至相互抵消。此项功能作用,一方面是环境道德教育方法综合运用前两项功能作用的逻辑必然,它既然能有利于促进环境道德教育目标的全面实现、有利于形成环境道德教育合力,必然产生综合的最佳实效。从另一方面看,当前环境道德教育对象作为具有独立意识的个体,其自主意识较以往大有提高,这就决定了不可能单纯从教育者那里接受知识灌输和信息传递,也不会只依靠从教育者处获得自身全面发展的信息,一定会通过多种渠道和途径、采取多种方法获得自身发展的信息,达到自我教育、自我修养的目的。环境道德教育方法综合运用就是在充分尊重教育对象自主性的基础上,有计划、有目的地运用协同、综合教育方法,使教育对象自主选择能够接受的教育方法和教育内容,共同提高教育实效。另外,从系统论上看,整体性是系统的首要特征,整体不是组成它的要素和部分的机械组合,而是它们有机结合的整体。整体的功能不是组成整体各个部分功能的简单相加,而是取决于构成系统各个要素的组织方式,即结构。合理的结构会增强系统整体功能,使整体功能大于各部分功能之和;不合理的结构会削弱和破坏整体功能,使整体功能小于各部分功能之和。因此,系统决定功能,综合教育效果是由综合教育方法的系统结构决定的。任何一个系统,只有构成系统的各要素之间的相互联系、相互作用的方式最优,系统的作用和功能才能发挥到最佳状态。环境道德教育方法综合运用,是对多种具体教育方法、措施和手段的科学协调和整合,是一种科学的方法结构系统,因此,它能够形成最大教育合力和最佳效果。

三、环境道德教育方法综合运用的类型

从不同角度划分,环境道德教育方法综合运用有不同的类型。

按单个方法在综合体中所处的地位来划分,可分为主从式环境道德教育方法综合运用和并列式环境道德教育方法综合运用。在主从式方法综合运用中,单个环境道德教育方法各自保持相对独立性,各自发挥作用。但是他们在综合体中的地位和作用是不同的,有的居于主导地位,起着主导作用,制约着另外教育方法的存在和发展;有的则居于从属地位,起着辅助作用。它们之间虽有主次之分,但又不能互相代替,只能依照主从关系,相互制约、相互促进。主从式方法综合运用包括环境道德教育与自我环境道德教育、表扬与批评、精神鼓励与物质鼓励、思想教育与解决实际问题相结合等综合环境道德教育方法。在这些综合运用中,前者居于主导地位,起着主导作用;后者居于次要地位,起着辅导作用。在并列式方法综合运用中,单个环境道德教育方法不仅各自保持独立性,而且在综合体的地位平等,作用难以分出主次。各个方法只能在交互作用中协调、兼顾。并列式方法综合运用包括说服教育与纪律约束相结合,家庭环境道德教育、学校环境道德教育与社会环境道德教育相结合等综合方式。

按单个方法在综合体中的关系来划分,可分为协调式环境道德教育方法综合运用和交替式环境道德教育方法综合运用。在协

调式方法综合运用中,各单个环境道德教育方法既不能各自为政、孤立进行,又不能互相推诿、不负责任,需要协调才能有效发挥作用。否则,就会发生矛盾,互相牵制,抵消力量,妨碍环境道德教育的整体效果。协调式方法综合运用要求必须对各单个环境道德教育方法进行必要的制约、调整,使之搭配好,有主次序列,有轻重缓急。

交替式方法综合运用就是在环境道德教育过程中同时或先后综合使用各种不同的教育方法,以达到最好教育效果的方式。通过定义,可以看出交替式环境道德教育方法综合运用包括两种方式:一是同时使用各种不同的环境道德教育方法;二是先后使用各种不同的环境道德教育方法。

按单个方法在综合体中的状态来划分,可以分为渗透式环境道德教育方法综合运用与融合式环境道德教育方法综合运用。在渗透式方法综合运用中,不同环境道德教育方法还保持相对独立性,其本质未发生明显变化,但各个方法之间已相互渗透,相互包容,发生了局部融合。如把环境道德理论教育法与环境道德实践教学法结合起来,虽然二者各自保持着独立性,有着自身的特点,但理论教育法中已有实践教学法,同样实践教学法中也理论教育法,二者之间有着部分融合。在融合式教育方法综合运用中,各个环境道德教育方法相互结合之后,发生了性质的变化,通过方法之间的相互吸引,相互渗透,融为一体,产生一种新的教育方式。

四、环境道德教育方法综合运用的路径

环境道德教育的实施是一个系统化的工程,需要多管齐下,多种方法并用。从其典型性和关注度来讲,要提高环境道德教育的实效性,就有赖于外显性与渗透性教育方法的融合互补、规范性与

非规范性教育方法的有机结合、传统性与现代性教育方法的协同开展以及灌输式与活动式教育方法的统筹安排。

（一）实现外显性与渗透性教育方法的融合互补

外显性环境道德教育方法具有手段上直接性、组织上公开性、主题上鲜明导向性以及效果快速反应性等特点。渗透性环境道德教育方法具有手段上间接性、内容上弥散性、主题上隐蔽性以及效果上浸润性等特点。一种是张扬的，另一种是内敛的。所谓外显性与渗透性环境道德教育方法融合互补，是指环境道德教育主体根据教育目标、教育对象、教育环境等因素的具体情况，综合运用外显性和渗透性教育方法，充分发挥其合力并力求到达最佳效果的一种教育协同方法。我们知道，每一种外显性方法和渗透性方法，都具有自己侧重的教育手段、适用对象以及功能作用。因此在实际运用中，要充分考虑各种具体方法的特点，使其有机结合、紧密契合，使教育手段更加丰富、教育对象更加宽泛、教育效果更加综合和突出，有力地促进环境道德教育实现方式的创新发展。

从协同运用方式上讲，外显性方法和渗透性方法的协同属于方法的横向协同与综合。两种方法各具特点而又相对独立，在一定条件下又可相互统一、相互联系和相互补充。在环境道德教育实践中，只有有效地、灵活地对两种方法进行协同使用，才能发挥出最佳教育效果。具体实施中应该注意协同运用中的操作技巧。

一是根据具体情况采取并列互补式综合协同方法。两种方法在地位上是平等的，不能相互取代或相互支配，只是在教育过程中相互结合、相互补充并且各尽其用，实现最佳组合。如在社会上，利用外显性环境道德教育方法，公开地、旗帜鲜明地在各种媒体、各种场合宣传教育，立场鲜明地引导人们树立环境道德意识、践行环境道德行为。与此同时，还要充分运行渗透性方法，巧妙地把环境道德教育内容潜隐到人们的日常生活、工作之中，暗暗地对人们进行潜移默化，从而实现全方位、多角度开展环境道德教育。

二是根据具体情况采取主次性综合协同方法。在做好两种方法的相互补充时，还要充分注意各种具体方法的适用范围及其差异，在综合运用上可以将两种方法处于不同的地位。有时可将一种方法位于主导地位，有时可以让其处于次要地位，不能相互替代，只能依照主次式关系，相互制约、相互作用。如渗透性环境道德教育方法在对儿童或青少年进行教育时更加具有优势。因为道德认知发展理论向来都反对对儿童进行道德教育的灌输，反对把成人的道德观点强加给儿童，强迫儿童执行各种道德规范，使他们在强硬意志或威吓恫惧的外力驱使下盲目顺从。相反赞同让儿童有趣、愉快地接近小动物、花草树木，亲近、融入大自然，潜移默化地培养其对环境的情感，进而实现由最简单的环境道德低点拾级而上。因此在对儿童或青少年开展环境道德教育时，可采取以渗透性教育方法为主、外显性教育方法为辅的综合方式，从而收到较好的效果。

（二）实现规范性与非规范性教育方法的有机结合

任何环境道德教育都是由正规教育和非正规教育两种形式来实施的。正规教育存在于国民系列教育包括基础教育和高等教育之中。而在学校教育之外进行的，与环境道德问题有关的，不分年龄、场地、介质，有意识地进行培训、进修、参与、接纳、宣传、宣示、体验等各类活动，都可以宽泛地称为非正规环境道德教育。它包含着参与性和非参与性教育。有学者指出，学前教育、基础教育和高等教育是发展、推广和推行环境道德教育的核心载体和实践方式。而非正规环境道德教育也有重要作用，它与正规环境道德教育是相互补充、相互接续的，共同构成环境道德教育整体。具体到某一位受教育者来看,正规环境道德教育或非正规环境道德教育涵盖了受教育者所有经历的教育阶段或教育空域。因此,本文不专门对正规环境道德教育或非正规环境道德教育方式进行个别的、详细的论述,而是探讨把正规与非正规环境道德教育方法进行协同运用的环境道德教育方法,即"家庭、学校和社会三位一体的协同环境道德教育方法"。此种方法,既包括了学校教育,也涵盖了非正规教育所包含的教育范围和对象。

家庭、学校和社会三位一体的环境道德教育方法,在具体运用上要做到体系性或系统化。首先要形成三位一体的教育目标体系。客观地说,家庭、学校和社会环境道德教育目标在本质上是一致的,但具体教育目标指向也会有个别差异。如企业环境道德教育注重绿色生产观的培养,家庭环境道德教育注重绿色消费观的培养等。这就要求,一方面需要根据国家生态文明建设要求,强化家庭、学校和社会环境道德教育目标的内在联系,形成较为一致的环境道德教育目标体系;另一方面,又要根据各自教育方法的特点,确立起各具特色的教育目标,最终形成既统一又相对独立的教育目标。其次要建立家庭、学校和社会环境道德教育之间的联系机制。在家庭教育和学校教育联系上,教师可以建立定期家访制,可以通过QQ、微信等方式建立信息交流制,充分与家长交流孩子生活习惯、环境道德意识以及在家庭生活中表现出的环境道德行为,以便于教师有针对性地在学校加以引导和强。学校还可以定期邀请家长与孩子一起到学校参与环境道德教育课堂和课外实践课堂,全面了解孩子环境知识水平和环境道德行为能力。在学校教育和社会教育上,学校可以在绿色企业、绿色社区或其他绿色组织建立实践基地,为学生开辟环境道德教育平台,让他们在实践中增强环保意识。学校也可以邀请社会上相关知名学者、企业家到学校作环境道德教育方面的讲座和专题报告,激发学生的环境道德情感。还要加强家庭、学校和社会环境道德教育之间的系统化。在教育过程中,要充分考虑环境道德教育自身的规律和特点、教育对象不同成长阶段以及不同教育方法的具体特点等因素,科学规划,合理调整,切实形成全程、全员和全方位的环境道德教育体系。

（三）实现传统性与现代性教育方法的协同开展

不管是环境道德教育的传统教育方法还是现代教育方法,在教育实践中都还持续发挥着作用,形成了全方位、多层面的教育方法格局。在此基础上,也产生了"传统与现代教育载体相结合的方法"。该方法是指,在环境道德教育活动中,协同运用传统教育载体和现代信息技术载体来获取、传播、加工环境道德教育信息资源,并采用信息化的教育手段和方式进行教育的综合方法。这种方法的发展和应用,除了能够与传统载体形成互为补充、互为支持的作用外,更重要的是可以收到借助传统教育载体实施的单一方法所不能企及的效果和作用,这主要是由现代信息技术自身特点所决定的。这种方法具有重要作用,一是有力提升环境道德教育的辐射力。现代信息技术以其自身的特点大力拓展了环境道德教育的广度和深度,通过环境道德教育网站、BBS 论坛、博客、微博、微信、QQ 群等方式,把环境道德教育资源、信息贯穿到人们生活的方方面面,大大提升环境道德教育的辐射力和影响力。二是有力提升环境道德教育效率。现代信息技术传递环境道德教育信息和资源的实时性、快捷性和交互性,缩短了受教育者接受环境道德教育信息和资源的时间,有利于与教育主体及时对受教育者施加影响。三是有力增强环境道德教育的吸引力。现代信息技术被应用到环境道德教育领域后,教育者把环境道德教育内容通过网络、多媒体、影视技术等信息技术的加工,把抽象的内容生动化、将理性的思想感性化,增强了环境道德教育的感染力和吸引力。

运用此方法应注意把握以下基本要求:一是教育主体的能力要求,即环境道德教育者要具有现代信息理念和操作能力。不仅要随着形势的发展,对传统教育载体有新的了解和实践中的创新应用,而且要对互联网、多媒体、手机智能系统等技术有所把握和运用,只有这样才能提高环境道德教育的信息化程度和高科技发展。二是教育载体建设要求,即在进一步巩固传统载体的基础上,还需要在现代信息网络的基础设施建设、信息教育体系建设、信息资源管理以及多媒体教育课件与互动式教育产品开发上下大力气,为协同性方法的运用奠定基础。三是教育方法的要求,即要确实改进传统教育方法,要把现代信息技术切实融入教育方法的改进和创新中,真正实现环境道德教育从封闭式教育向开放式教育、从单向灌输教育向双向引导教育、从语言文本表述式向网络多媒体交互式教育、从被动应付式教育到主动引导式教育的转变,从而极大地提高环境道德教育方法的信息技术综合性发展。

(四) 实现灌输式与活动式教育方法的统筹安排

这种方法主要是针对学校环境道德教育而言的,即在学校,除了注重通过课堂进行环境道德知识和观念的灌输式教育外,还要注重通过活动性课程设置来实现环境道德教育的目的。课堂灌输属于外显性教育方法,而以活动为载体的环境道德教育方法在性质上更倾向于渗透性教育方法,两者结合更有利于提高教育综合效果。活动式环境道德教育方法,在本质上是由道德形成的实践性和教育的实践性决定的。它是指教育主体有意识地设置各种活动性课程,将环境道德教育内容寓于课程活动之中,使学生在活动的过程中受到教育,提高环境道德觉悟。生动活泼、丰富多彩的活动载体能对人们产生潜移默化的影响,从而实现教育与自我教育的统一,在一定意义上使教育客体主体化。当然,作为环境道德教育载体的各种活动课程要目标明确、组织得力、讲求实效,否则教育效果就会削弱。

对于活动性课程建设,很多学者已进行了深入探讨,如有学者提出了培养理性生态人的策略,即进行活动性课程建设。具体的活动对个体道德发展和道德教育有着积极的意义,可以结合世界各国对环境教育课程模式的探索以及我国长期以来形成的德育传统,在学校环境道德教育实践中采用活动性课程模式。这是立足于我国的德育传统和现实,是一种理论上合理、实践中可行的环境道德教育课程模式。可见,活动性环境道德教育课程,是以学生自主参加的活动为基本课程形式,以思想政治理论课(或思想品德课)为主要依托,通过有目的、有组织的环境道德教育活动培养理性生态人的课程。当然,活动形式可以是丰富多彩的,这些活动应主要是受教育者自主参与的、以受教育者的兴趣和环境道德教育需要为基础的、以促进受教育者实现人类与自然和谐进化为目的的言语交往与行动,包括参观考察、社会调查、样品采集、实验测定、资料收集、讨论交流、情景模拟、角色扮演、景观欣赏等多种形式。

实施活动性环境道德教育课程的具体实施对教育者提出了许多崭新的要求。首先,要求教师要明确活动对环境道德教育的重要意义和作用,要树立起"以活动促进道德发展"的教育理念。其次,要求教师转变传统的师生观,建设新型的师生关系。只有形成民主、平等、合作、对话的师生关系,才能与学生充分沟通交流,才能进而培养和发展学生的与自然对话的能力,并最终生发出自主自觉的环境道德责任感。再次,教师要充分发挥活动中的指导作用,既要尊重学生的自主性和独立人格,又要肩负起学生在向理性生态人成长过程中的培养责任,从而保证环境道德教育的方向。最后,基于环境道德教育是一项全民的终身教育,还要充分注意学校活动性环境道德教育课程在各个阶段的连续和衔接,巧妙地把不同阶段的教育内容融入到活动教育课程中去①。

---

① 参见戴尊红:《生态道德教育与理性生态人的培养》,硕士学位论文,山东师范大学,2003 年,第 36—40 页。

第七章　环境道德教育实现

环境道德教育是一种新型的教育活动,其目的在于引导人们自觉养成爱护自然环境和生态系统的道德意识、道德觉悟和道德习惯。环境道德教育的实现离不开正确观念的引领和制度保障,需要政府、学校、社区、公众和社会组织共同推进,更需要在基层进行实践,以期实现知行合一。

第一节　环境道德教育理念引领

环境道德教育总是处于不断变化发展之中。这种发展不仅依靠科学技术和经济社会的发展,还要依靠思想观念的引导。辩证唯物主义认为,实践是认识的开始,思想观点是实践的总结和升华,又是新实践的向导。恩格斯曾指出:"一个民族要想站在科学的最高峰,就一刻也不能没有理论思维。"①环境道德教育是实践性、应用性的道德教育活动,其发展须臾离不开正确思想观念的支持和引领。

一、坚持以人为本

当前,以人为本逐渐成为整个时代和社会发展的基本诉求,它

---

① 《马克思恩格斯选集》第 3 卷,人民出版社 2012 年版,第 875 页。

首先表现在一种价值取向,即强调的是"人"在世界中的主体性和权利的正当性、应当性。在环境道德教育过程中,始终要抱着以人为本的态度、方式和方法来开展教育。其次它是一种思维方式,即任何个人都应享有作为人的平等权利并应给予合理的、充足的尊重,不管是"代内"的还是"代际"的。同时对人以外的任何事物都需要注入人性化的精神理念,给予人性化的思考和关怀。社会的发展是由人的主导而展开的,环境危机是人造成的,也需要人的努力来解决。人类只有通过有效的方法开展环境道德教育,才能拯救自然,从而拯救自身,实现人与自然和谐相处,最终实现人的根本利益。

环境道德教育在教育目标的确立、内容的选取、方法的应用等方面,都要考虑和体现"人"的因素。一是尊重人的主体性,发挥教育者的主体性作用。教育者往往主导着整个教育过程,采取什么教育方法、如何具体运用教育方法都是教育者根据教育目的需求来决定的,教育效果的优劣与否也直接与选择的方法、运用方法是否正确和得当有关。因此,教育者要不断地在教育实践中充实和发展自己的智力因素,提高设计、选择以及运用环境道德教育方法的能力和水平,巩固自己的教育主体地位。二是要遵循人性化原则,充分注重受教育者的个别差异。从教育主体论角度来讲,受教育者在教育实践中也承担并发挥着主体性作用。在选择环境道德教育实现方法时不仅要立足于受教育者个性特征、生理心理状况、群体特征等实际情况取舍,还要根据受教育者的自身情况或情势变化及时进行调整和调节,坚持以受教育者为中心选择或设计教育实现方。在方法运用过程中,要创设良好的教育情景和条件,激发受教育者的主体意识,促使其充分发挥自身能动性。三是要注重人的利益,充分关注人的需求。环境道德教育的对象具有普遍性,不同年龄、不同行业、不同群体的人都能成为被教育的对象,不同的教育对象有着不同的利益需求。因此,在针对不同教育对象选择或设计环境道德教育实现方法时,要充分考虑受教育者的合理利益需求,在保障受教育者长远利益的基础上让其接受环境道德观点。如对企业家进行环境道德教育时,在教育实践中要充分考虑企业最关心的利润需求,要从促进企业利润的视角入手去设计教育实现方法,这样才能产生好的教育效果。

二、坚持与时俱进

这是对环境道德教育创新上的要求。解放思想、实事求是、与时俱进是中国化马克思主义理论一以贯之的精髓,是马克思主义根本的思想方法和工作方法,也是环境道德教育创新发展的根本指导思想。环境道德教育具有鲜明的实践性、时代性,其社会环境和条件日新月异。环境道德教育实践总是在新环境、新条件和新要求下不停顿地创新发展,这就需要其实现方法必须与时俱进、同步发展。

第一,要从实际出发,符合时代要求。环境道德教育总是与一定的时代要求、环境状况和特定的主客体对象特征相适应。因此,当前环境道德教育创新和发展,必须符合以下要求。

一是需要符合当前生态文明建设的任务和目标。生态文明是人类遵循人、自然、社会和谐发展这一客观规律而设想和努力实现的物质与精神成果的总和,它是以人与人之间、人与社会之间以及人与自然之间和谐共生、良性循环、全面发展、持续繁荣为基本宗旨的伦理文化形态。生态文明建设的任务和目的就是要提升全民环境道德素质,构建人与自然和谐共生关系,促进人类社会的可持续发展。环境道德教育是生态文明建设的重要组成部分,也是实现生态文明的重要途径和手段。众所周知,目的决定和选择手段,规定手段的内在价值,而手段又服务于目的,是目的的实现形式。因此,环境道德教育要紧紧围绕生态文明建设的任务、目的而进行设计或规划,实现手段与目的的相适应。

二是要符合当前社会发展需要。环境道德教育本质上是社会现代化建设的一个重要方面,是社会发展的应有之义,因此也必然要遵循社会发展规律。我们不能只把环境道德教育看作是一种主观的知识形态,它实际上也具有客观性。它是对社会存在的客观反映,也是生态文明建设中有效解决人与自然关系的社会发展客观需求。因此,环境道德教育应当要适应社会发展的需要,而不能脱离社会发展需要随意择取,否则就会阻碍社会发展。

三是要充分体现当前社会道德建设特点。道德建设着眼于解决整个民族的精神动力和精神支柱问题,是人们建设精神家园的主要载体,同时它又是社会道德主体和个体道德主体提升自身道德素质而采取的重要措施和有效途径。环境道德教育是重要的道德实践活动形式,也是社会道德建设的重要组成部分。因此要围绕当前社会道德建设总体要求和基本特征来选择和设计,并根据社会道德建设的变化要求而不断改进、改变形式。在此意义上,环境道德教育根本上从属于社会道德建设的总体要求,适应社会道德建设的发展需要,在实践过程中应充分体现当前社会道德建设的实践性、操作性和全面性。

四是要考虑当前教育主体自身的认知和实践能力。环境道德教育作用发挥的成效如何,还要决定于操作主体运行实现方法的艺术和技巧,而这正与教育主体自身的认知和实践能力息息相关。因此,环境道德教育如何发展、发展到什么程度,都要考虑当前教育主体的认知和实践能力,不能将其脱离实施主体的实际情况。

第二,要解放思想,坚持理论创新。与时俱进是对惯性思维和主观臆断的批评与超越。现代社会发展的丰富内容与复杂情形要求人们在进行环境道德教育的过程中勇于创新和开拓。不超越旧理论,不改变旧思维,不打破旧机制,就不能创新出合乎时代要求的教育方式。因此,坚持环境道德教育与时俱进,需要进行理论创新,积极运用新的理论,促进新的理论成果不断向环境道德教育实践转化。在进行理论创新时,一方面要看到环境道德教育具有自然科学或社会科学的双重特点,因为环境道德教育在本质属性上属于社会科学的一个方面,同时还要借鉴自然科学的一些方法;另一方面还要注意到,环境道德教育属于伦理学、教育学、生态学等学科的交叉研究,这就要求既要运用这些学科的相关知识,又要突出环境道德教育的自身特点。因此,对于环境道德教育的理论创新,要采用一种开放的、综合的、兼收并蓄的创新态度,拓展理论新视野、作出理论新概括。

第三,要注重实践,坚持知行统一。理论与实践相结合,是马克思主义的根本要求。同时,辩证唯物主义认为,认识对实践具有依赖关系,这种关系不仅表现在理论产生于实践过程中,而且也表现于理性认识指导实践过程中。只有把一般性理论和具体实践相结合起来,坚持实事求是、从实际出发,理论才能发挥子指导作用,并随着实践发展而不断得到发展。因此,对于环境道德教育的创新,需要放在环境道德教育实践中去检验,在实践中加以修正、补充和发展。只有这样环境道德教育才具有生命力。

三、坚持科学发展

这是对环境道德教育的科学性要求。随着时代和社会的发展,环境道德教育也处于不断地完善发展之中。科学发展理念包括两个方面的意蕴:一是对"发展"的强调,要想尽办法通过一切可能的方式推动环境道德教育的发展;二是对"科学"的强调,即在对环境道德教育进行创新、完善过程中要充分把握科学性要求。坚持科学发展理念引导,对于形成符合客观规律、适应社会需求、富有时代特色的环境道德教育形式,增进环境道德教育的科学性、实效性以及可持续发展性均具有重要意义。在实践中,坚持环境道德教育的科学发展理念,需要具体做到:

第一,充分利用当代科学技术发展的新成果来实现方法、手段的科学化。如前文提到的,要积极利用 QQ、微博、微信、邮箱、网站、论坛等作为实施环境道德教育的新方法、新载体,提高环境道德教育的科技含量,赋予其现代感和时代感,拓展教育覆盖面,提升教育效果。

第二,有效吸收和借鉴相关学科的科学方法。环境道德教育不仅要以马克思主义理论为指导,也要以生态学、伦理学、心理学、教育学等学科理论为指导。同时,社会学、系统论、信息论、控制论等相关学科方法能为环境道德教育提供重要参考、借鉴,应该予以重视。尽管这些学科理论和方法不能简单地生搬硬套至环境道德教育理论和实践中,但却为其科学发展提供了理论资源和智力支持,拓展了环境道德教育的发展思路和视野。因此,要不断综合运用这些学科新的研究成果,丰富和发展环境道德教育实现形式。

第三,进一步加强对环境道德教育自身发展规律的研究。在一定意义上讲,加强对环境道德教育自身发展规律的研究,是实现其科学发展、长远发展的客观要求和必然趋势。因此,在对其理论研究和教育实践中,要从教育目标的确立、教育内容的选取、教育方法的应用中,提炼和总结其内在规律,进而形成较为成熟的规律体系来指导和反哺环境道德教育实践。

四、坚持整体德育

马克思主义哲学和现代系统论思想为整体德育理念提供了理论基础。马克思说:"关于自然界的所有过程都处在一种系统联系中的认识,推动科学到处从个别部分和整体上去证明这种系统联系。"①同时,当部分以优化的结构组合在一起构成整体时,整体功能就大于部分功能之和。系统论是一门现代科学和现代思维方式,它是研究系统的原则、规律和模式,并对其功能进行数学描述的一门科学。系统论认为,用系统的基本观点看世界,就形成了系统方法,这些方法包括整体性方法、相关性方法、有序性方法等。整体性原则是系统论的核心,它认为系统是由要素构成的,但系统不是要素简单机械相加之和。在要素与要素的相互作用和相互联系中,产生了系统的整体性,并且这种整体性的功能作用要远远大于单个要素的功能作用。作为一个思维方式,这种整体性原则要求我们从对事物的单向研究进入多向研究,从线性研究进入非线性研究,从而开拓了对事物整体性研究的新领域。

环境道德教育从其指向性看是一种素质教育、人格教育,从其空域性上看是一种社会教育、大众教育,从其时序性看是一种全面的、持续的终身教育。上述性质,也要求我们以整体的视角和方法去开展环境道德教育,只有这样才能符合和全面实现环境道德教育在教育目的、教育空域以及教育时序上的要求。牢固树立整体德育理念,在整体德育的理念指导下选择、运用和优

———

① 《马克思恩格斯选集》第3卷,人民出版社2012年版,第412页。

化环境道德教育,就要做到:一要坚持综合运用多种实现方法开展环境道德教育,不能固守或留恋于某种传统的教育实现方法;二要充分重视不同实现方法发挥合力的相互协同作用,最大化地形成方法整体合力;三要充分挖掘环境道德教育多种资源条件,动员更多的教育主体参与到实践中,搭建更多喜闻乐见、形式多样、生动活泼的教育实践平台,充分发挥各种教育资源的整体效益。

第二节　环境道德教育制度保障

人类社会是一个由不同领域、不同层次、不同形式制度构成的复杂系统。在现实社会中,制度是人们社会关系和行为方式的规范体系。"制度是为人类设计的、构造着政治、经济和社会相互关系的一系列约束,是人类设计出来的形塑人们互动行为的一系列约束"。① 同时,也是人们社会活动能够有序进行的基本保证。因此,与其说人们是社会的存在,是在社会中求生存、谋发展,不如说是在"制度之网"中求生存、谋发展。就环境道德教育而言,制度是其实现的基本路径,任何环境道德教育总要在一定的社会制度中进行,任何环境道德教育参与者都必须遵守环境道德教育的制度安排,不能逃离其具体约束,否则就要付出被惩罚的代价。

一、环境道德教育制度选择及作用

在汉语语境中,"制"本义为用刀切割。《韩非子·难二》有

---

① ［美］道格拉斯·C.诺斯:《制度、制度变迁与经济绩效》,刘守英译,上海三联书店 1994 年版,第 64 页。

"管仲善制割"。《说文解字》云："制，裁也。从刀，从末。"后引申为约束、法度。"上之性，就学而愈明；下之性，畏威而寡罪；是故上者可教，而下者可制也。"①其中的"制"即是此意。"度"在古代是指表示长短的单位与器具，后引申为"法制、法度"。《说文解字》云："度，法制也。""制"与"度"合用指"规范、法度"。《礼记·礼运》有"故天子有田以处其子孙，诸侯有国以处其子孙，大夫有采以处其子孙，是谓制度。"②英文 institution（制度）源于拉丁文 institutio，原意为"风俗、习惯、教导、指示"，后引申为规则、规范等。可见从词源上讲，中西方关于制度的理解基本一致。现代意义上的制度"总是与国家权力或某个组织相联，是指这样一些行为规范，它们以某种明确的形式被确定下来，并且由行为人所在的组织进行监督和用强制力保证实施，如各种成文的法律、法规、政策、规章、契约等"③。因此，可以对制度作出如下定义：所谓制度，"是指在特定社会活动中，围绕一定目标、依据一定程序，由社会性正式组织制定、颁布、实施并受到社会权力机构强力保障，具有普遍约束意义、比较稳定的规范体系和运行机制"④。强制性、稳定性、规范性和公共性是其主要特征。

　　制度存在于社会的各个领域，美国社会学家亚历克斯·英克尔斯将其归纳为政治制度、经济制度、表意整合制度和亲属制度四种。"第一组是政治制度，它涉及的是权力的行使和力量的合法使用的垄断。关于其他社会的关系包括战争在内的制度也属于政

① 《韩愈·原性》。
② 《礼记·礼运》。
③ 崔万田、周晔馨：《正式制度与非正式制度的关系探析》，《教学与研究》2006年第8期。
④ 王振华：《公共伦理学》，社会科学文献出版社2010年版，第194—195页。

治这一类。第二组是经济制度,它涉及的是货物和服务的生产和分配。第三组是表意整合制度,它是关于艺术、戏剧和消遣之类的制度。所以我们还可以把科学、宗教、哲学、教育的组织归入这一类。第四组是亲属制度,它主要是关于性的调整问题,同时也为抚育幼小者提供稳定而可靠的制度。"①在我国,根据中国特色社会主义经济建设、政治建设、文化建设、社会建设、生态文明建设五位一体的总体布局,可以将制度分为经济制度、政治制度、社会制度、文化制度、生态文明制度。从某种意义上讲,环境道德教育制度既是一种生态文明制度,又是一种文化制度。

　　环境道德教育制度就是指环境道德教育活动的制度化、法定化,是通过一定程序形成的有关环境道德教育活动的一套规则。环境道德教育制度的建构有赖于一系列法律、法规和政策的出台与实施。本文的环境道德教育制度指将现行环境道德教育的宣传和普及等活动规范为法律、法规、准则等。环境道德教育制度有正式和非正式两种。正式制度是指由国家立法机关、教育部门和环保部门自觉地有意识地制定出的各种法律、法规以及经济活动主体之间签订的契约等。这些正式制度必须由权威机构予以颁布实行,其执行也受国家权力的保障。能干什么不能干什么,一清二楚,如若违反就要受到制裁或惩罚。而非正式制度通常是在社会发展和历史演进过程中自发形成的,不为人们主观意志所转移的文化传统和行为规范,包括意识形态、道德观念、风俗习惯等。这些约束会潜移默化地影响着人的思维方式、行为习惯及选择偏好,而且会形成一种社会无形的压力,令人不得不随众和随大流。环

---

① [美]亚历克斯·英克尔斯:《社会学是什么》,陈观胜、李培茱译,中国社会科学出版社 1981 年版,第 99 页。

境道德教育非正式制度也是如此,即由人们的环境伦理道德以及自然观等自发形成的风俗习惯、实践系统。

"在现代社会,制度安排已经深入到了人们生活的一切空间,成为调整和维系社会秩序的最基本形式和力量。"①习近平同志指出:"改革开放以来,我们党开始以全新的角度思考国家治理体系问题,强调领导制度、组织制度问题更带有根本性、全局性、稳定性和长期性。今天,摆在我们面前的一项重大历史任务,就是推动中国特色社会主义制度更加成熟更加定型,为党和国家事业发展、为人民幸福安康、为社会和谐稳定、为国家长治久安提供一整套更完备、更稳定、更管用的制度体系。"②因此,中国特色社会主义建设事业离不开制度的保驾护航。从小处看,环境道德教育也离不开制度的保障。在环境道德教育的实施过程中,各种制度相互制约、相互作用,共同引导、规范、协调、整合着环境道德教育,促进着公民环境道德意识的提高和生态文明的实现。可以说,制度特别是法律法规与行政规章是环境道德教育的基本保障,它在环境道德教育中具有重要的地位,发挥着不可或缺的作用。

第一,制度的权威性增强了环境道德教育的公信力。环境道德教育制度从起草制定到具体实施需要经过一系列严格的程序。因此,在环境道德教育中,制度具有很高的权威性,任何违反制度的教育行为都要受到惩罚,而没有例外,从而大大增强了环境道德教育的公信力。环境道德教育制度的权威性主要有如下来源:一是来源于它的制定与修订。环境道德教育制度的核心法律法规与行政规章都是由国家强力机关制定或认可,一般有各种正式的文

---

① 张桂珍:《制度伦理与官德建设》,《唯实》2010年第12期。
② 习近平:《完善和发展中国特色社会主义制度,推进国家治理体系和治理能力现代化》,《人民日报》2014年2月18日。

字记载,通常的表达方式是成文的。它的制定颁布和修改废止都要通过一定的程序。二是来源于它的实施。任何环境道德教育制度的实施都有法律、法规予以保障。三是来源于它的监督。环境道德教育制度,特别是相关法律法规与行政规章都有国家强力机关予以监督。维护环境道德教育制度的权威性需要我们做到:一是坚持制度面前人人平等;二是健全确保环境道德教育制度严格执行的具体实施细则,弱化制度执行的随意性;三是实行责任追究,确保环境道德教育制度落到实处,发挥应有的教育功能。

第二,制度的强制性为环境道德教育提供了硬约束。对于环境道德教育制度作用范围内的任何组织和个人来说,制度以一定的公共权力为依托,是一种借助外力来维系的规范,任何人都必须遵守,不得违反。因此,制度的实施可以对环境道德教育主客体进行有效规范与约束。同时,可以有效整合因利益分化而出现的各种社会力量,提高人们相互合作的信任度和安全感,防止和减少环境道德教育的社会内耗,使其处于一种有序的良性状态。

第三,制度的可操作性为环境道德教育提供了具体的准则。"正式制度都有其相应明确的具体存在和表现形式,它通过正式、规范、具体的文本来确定,并借助于正式的组织机构来实施或保障。"[1]它明确告诉人们该做什么、该怎么做和不该做什么、不该怎么做,制度的这些特征使其具有了可操作性。可以说制度对环境道德教育的目的、内容、手段、程度都有明确的具体规定,易于把握与操作,从而消除了实施上的混乱与困惑,极大降低了环境道德教育的随意性、盲目性和不确定性。制度的可操作性还体现为它的

[1] 王文贵:《互动与耦合——非正式制度与经济发展》,中国社会科学出版社2007年版,第49页。

反复适用性,在相同的条件下,可以适用不同的主体与对象。

第四,制度的可移植性为环境道德教育提供了创新经验。"制度创新就是制度主体以新的观念为指导,通过制定新的行为规范,调整主体间的权利平等关系,为实现新的价值目标和理想目标而自主进行的创造性活动。"①制度的可移植性加快了环境道德教育制度创新的速度,使得环境道德教育能够尽快适应社会发展的新趋势、新情况。同时,这种可移植性又大大降低了环境道德教育创新的成本。创新需要耗费大量的人力、物力、财力,而借鉴外界已经成型并有效的制度则会大大降低为此耗费的各种资源。制度可移植性的作用主要体现在两个方面:一是移植国外制度,借鉴国外经验。"西方的制度和规则是可以移植的,甚至能够在一个相对比较短的时期加以移植。"②必须承认,西方国家在环境道德教育的各个领域都形成了一些相对成熟的经验与做法,相较于我国,他们的制度更为完善。立足我国环境道德教育现实,将西方发达国家成熟完善的制度进行移植是我国环境道德教育创新的重要路径。二是国内各地区制度的移植。在环境道德教育的具体实践中,各地探索了一些行之有效、具有推广价值的教育制度,相同的国情使得各地环境道德教育制度的借鉴与移植更具有可行性与必要性。

环境道德教育制度选择的目的是要制定合理的制度,促使国家以最小的成本实现环境道德教育在全社会的普及与强化,带来全民环境素质的提高,实现人与生态环境的可持续发展。所以,环

---

① 桂在泓:《地方政府制度创新的路径选择——制度移植的可行性研究》,《芜湖职业技术学院学报》2009 年第 4 期。

② 田春生:《关于俄罗斯制度移植的评析》,《俄罗斯中亚东欧研究》2007 年第 4 期。

境道德教育制度选择的路径不同,其实施效果也不同。在制度选择过程中要遵循五个主要原则:均衡原则、法制原则、效率性原则、可持续性原则和可操作性原则。

第一,均衡性原则。环境道德教育制度的均衡说到底是教育制度的均衡,它涉及一个公平、公正的问题。中外教育学家和法学家历来都是从公正或正义开始,并把它视为制度的首要价值。美国学者罗尔斯指出:"正义是社会制度的首要价值,正像真理是思想体系的首要价值一样。"①罗尔斯这里的"正义"原则,是对社会制度正当与否的评价,正义意味着平等,一项"正义"的制度安排就是使其最大限度地实现某种平等。所以,环境道德教育制度化首先要体现公平、公正性。为受教育者提供相对平等的机会和条件,使处境不利的地区能获得国家的同等对待和统筹,实力薄弱学校能获得教育执政者对有限资源的合理配置。总之,环境道德教育制度化的公平性既要体现人与人、地区与地区之间的代内公平,也要体现可持续发展中代与代之间的代际公平、代内公平;尤其要做到因地制宜,城市与农村、经济发达地区与经济欠发达地区做到结合特定地区的资源和环境特点来制定相适应的法律法规和教育方式方法。

第二,法制性原则。环境道德教育法制化建设在总体上要有法律上的依据,要遵循宪法、环境保护法、教育法以及我国其他相关法律。法制手段是制度安排的重要体现之一,是一种具有刚性的正式制度安排。所以,在制度化进程中,法制性是其他手段发挥作用的前提和基础,没有法律手段作保证,行政手段就无法可依,经济手段就会失去效能,教育手段就会苍白无力。法制建设主要

---

① [美]约翰·罗尔斯:《正义论》,中国社会科学出版社 1988 年版,第 3 页。

表现在环境道德教育立法和环境道德教育执法两个方面。环境道德教育制度的建立和推行必须有法律法规依据,由科学化、规范化逐步向制度化过渡,并且最终走向法制化。实施环境道德教育制度还必须严格按照规定执行,做到执法必严。在执法过程中我们要尽量避免现行环境管理存在的"重环境立法,轻环境执法"的现象。

第三,效率性原则。在公平性和法制性的基础之上,还应考虑到环境道德教育制度化过程中成本与收益的问题,即效率性问题。效率性是制度生命力的体现,它反映了一个制度能给社会带来多大的效益,需要多大的成本。在制度化建设中往往会不计算或少考虑对法制成本的问题,这就需要我们在制度化进程中向计算成本转变。做到环境道德教育法律制度的出台"有比没有好",法律制度的实施"收益比成本高"。环境道德教育制度的实施旨在增强公众的环境意识,转变现有不正确的环境道德观念,提高人的环境素质,通过公众"觉悟"的提高从而解决市场和政府都管不了的环境问题。从成本——收益的角度来看,环境道德教育制度较其他环境制度对环境保护的成本更省,收益更大,使政府可以以较小的投入获得较大的产出。

第四,可持续性原则。环境道德教育法律、规范的制定要遵循可持续性的原则,即法律、规范的制定要经得起时间的检验。现在制定的法律、规范必须与现在实际情况紧密相关,但事物是不断发展变化的,法规也须随着实际情况的改变而做一定的修改。这就要求法规的制定能够将普遍性与特殊性结合起来,既要做到因地制宜,循时而立,使法律充满生机与活力;又要具有一定的稳定性,不能朝令夕改,那样人们只是忙于修改法律,整日学习新的法律,反而使人无所适从。要想做到这一点,就要使高层级的法律规范更加原则化,低层级的法律规范更具体一些,更贴近现实一些,要注意低层级的法律规范不得与高层级的法律规范相冲突、相抵触。因此,一般的原则要制定得全面,各原则下的具体要求可随实践的不断发展而增减。

第五,可操作性原则。可操作性是指制度在目前的经济条件与社会环境下,是否容易得到执行。再好的制度如果难以操作就等于零。环境道德教育制度化首先要进一步明确环境道德教育的重要性和迫切性,加深对其在教育中的地位和作用的认识。其次,制度的实施要求法律条款的制定要尽可能全面、具体,如教育的目标、原则、内容、实施建议、师资培训、管理职责、评价机制和经费管理等分门别类作出规定,这样环境道德教育的开展就有章可循。最后,要有必要的经费做支撑,经费的来源主要靠政府的财政支持,同时也依赖于社会力量的捐助。通过对我国环境道德教育发展现状尤其是在制度方面存在问题的分析,不难看出我国环境道德教育发展存在的不足,从制度层面推进我国环境道德教育发展已成当务之急。

二、推进环境道德教育立法进程

法制建设是环境道德教育制度创新的重要内容,它是对环境道德教育进行规范、指导、协调、监督和评估的重要依据。我国关于环境道德教育的法律规范散见于屈指可数的法律和司法解释中。如《中华人民共和国环境保护法》的总则第五条提到,"国家鼓励环境保护科学教育事业的发展,加强环境保护科学技术的研究和开发,提高环境保护科学技术水平,普及环境保护的科学知识。"而与之相关的《教育法》没有针对环境道德教育的专门性条款。虽然《环境保护法》第五条对环境道德教育作出了原则性的规定,但由于对环境道德教育界定并不是很清晰,也就给政府对环境道德教育的具体管理留下很大的自由发挥空间,以至于在实际操作中有失规范。虽然后来的一些政策,如《国务院关于环境保护若干问题的决定》、《中小学环境教育实施指南(试行)》等对环境道德教育工作做了细化的要求;但对于我国来说,仅靠这么一点零散的法律法规就想有效地保障环境道德教育的良好运行是不可能的。加之部分领导者和管理人员、教师等环境道德教育实施者缺乏相应的专业知识和技能、自身环境意识不高、缺乏应有的责任感和进取心等,致使其未把环境道德教育放在"优先考虑"的地位,更没有按制度实施环境道德教育。

因此,从长远来看,环境道德教育法制建设的重点是要尽快出台《环境道德教育法》。这一单行法旨在通过法律确定国家对公众进行环境道德教育的责任和义务;规定详细的环境道德教育政策和措施;确认国家对教育和培养有环境保护知识和技能、有环境保护责任感和正确的环境决策能力的高素质公民的迫切需求;全面规范环境道德教育的机构队伍建设、项目管理、经费投入和奖惩办法等。根据我国环境道德教育推广和普及现状需要,环境道德教育立法应当以《宪法》、《环境保护法》和《教育法》为指导,由全国人大常委会制定《中华人民共和国环境道德教育法》,由国务院有关部门制定《环境道德教育法实施细则》。之所以这样设计,原因在于环境保护是我国的一项基本国策,环境问题又是我国当前面临的最紧迫的问题之一,而要从根本上解决环境问题,必须依靠教育。鉴于环境道德教育的地位和作用,以及该教育活动的复杂特征,环境道德教育的立法工作,无论是程序上还是力度上都要比一般教育规章更高、更大、更深,以示其重要性。具体而言,环境道德教育立法的内容主要包括以下三个方面:

第一，规定环境道德教育行政管理，监督和协调机构。规定全国性的统一的行政管理机构是立法得以执行的前提。借鉴国外环境道德教育立法的经验，结合我国的国情，我国应该成立国家环境道德教育办公室。其主要职责是：培育和支持环境道德教育项目，支持和推广环境道德教育示范教学、教材和中小学生以及其他社会成员的环境培训项目；与各级地方政府机构、非营利教育和环境组织、地方环境保护局合作开发、出版和刊（播）发非商业化的广播、影视以及其他媒体环境道德教育材料；开发和支持针对环境道德教育从业人员的研讨会和培训项目；管理为环境道德教育机构、高级教育研究单位、非营利组织和非商业化的新闻媒体等提供的赠款援助项目；管理大学生环境保护实习和大学在职教师环境研究项目；管理环境道德教育奖励项目；与各级地方政府机构合作，评估针对如何应对当前和未来环境问题所必需的环境职业技能和培训需求；与其他相关机构合作开发环境培训项目、环境道德教育课程，以及针对教师、学校领导和有关人员的环境道德教育项目，确保环境道德教育项目与国家法律相一致并杜绝环境道德教育项目之间的重复和不协调；与教育部等相关国家机构合作，确保环境道德教育项目与其他环境保护相关项目协调一致；为地方环境道德教育机构提供环境道德教育信息和培训项目，执行国家环境道德教育法等。

第二，确定环境道德教育经费的法定化来源。资金是环境道德教育顺利开展的最重要因素。环境道德教育立法对资金保障可以从五个方面来考虑：一是国家拨款。国家应把每年的财政收入按一定比例划拨出来，放到"环境道德教育基金"里，用于改进环境道德教育方法、技术等项目。二是地方拨款。各级人民政府应当根据开展环境道德教育的需要，确定保障环境道德教育所需的经费。根据我国是发展中国家的国情,保障环境道德教育所需的经费,既要考虑需要,也要考虑可能。这意味着,一方面,各级人民政府的财政预算中应当有相当固定的、必需的环境道德教育经费;另一方面,环境道德教育经费的规模不能超越国民经济发展的承受能力。三是各组织自筹。国家机关、事业单位、社会团体、企业开展环境道德教育的经费在本单位预算经费中支出,而且应制定一个环境道德教育最低经费标准(可按人头或工会小组),要求各组织必须按标准进行环境道德教育资金的投入。四是社会组织和个人的捐赠。环境道德教育的资金来源不能光靠国家和地方的拨款,而应该广泛开辟其来源渠道,鼓励社会组织和个人的捐赠。如此,可以弥补经费之不足,同时也可以进一步激发广大人民群众环境保护的热情。对于社会组织和个人的捐赠,国家应成立专门的"环境道德教育基金会"统一管理。五是引入国际资金。环境道德教育是世界性的课题,所以我们要与其他国家通力合作,争取尽量多地引入国际资金来更好地推动我国环境道德教育事业的发展。我们可以通过政府间国际环境道德教育组织、国际货币基金组织等提供资金援助。另外,通过国际社会组织合作引入资金也是一种方式。在法律调节下,建立健全稳定和多元的经费投入机制,是我国环境道德教育稳步发展的关键因素。

第三,健全环境道德教育、培训和研究的激励机制。要安排在校大学生和在职大学教师参与与环境保护有关的实习和研究,要提供相应的人员工资和其他经费等,以鼓励大学学生和教师从事环境道德教育工作,补充环境道德教育人力资源,优化环境保护人力资源结构。这些机构和人员在法律的约束下,各负其责、各司其职,形成科学、完整的环境道德教育组织网络,确保环境道德教育的质量和投资效益。同时设立多项奖项,对为环境道德教育作出突出贡献的人士颁发奖励。

另外,《环境道德教育法》是针对全国普遍情况制定的一部法律,不少内容只能作出比较原则的规定。在具体的实施过程中,需要各省、市、自治区针对本地区环境道德教育工作中存在的突出问题,结合各地环境道德教育的实际情况作出具体规定,使法律更具有可操作性,逐步把环境道德教育工作全面纳入法制轨道。

三、完善环境道德教育行政规章

行政规章是指中央政府及各级地方政府以采取强制性的行政命令、指示、规定等措施,进行环境道德教育的制度安排。行政规章在环境道德教育中具有如下治理优势:一是能维持环境道德教育的统一。各级行政机关,通过各种命令、指示、规定、决定和严格的组织纪律,以及计划、组织、指挥、协调、监督、控制等活动,可以保证整个国家的环境道德教育朝着一个共同的目标前进,并逐步达到既定目的。二是行政手段具有一定弹性,能比较灵活地处理各种特殊问题。行政部门可以根据环境道德教育中出现的特殊情况与问题,灵活、有针对性地发布指示、命令等,及时处理问题。在这一点上,相较于法律,它具有灵活性。三是有利于政府直接领导、协调和控制环境道德教育的发展。我国环境道德教育立法起步虽然较晚,但由于政府的高度重视,从 20 世纪 70 年代开展环境道德教育以来,颁发和出台了若干对环境道德教育有着重要指导意义的政策性文件。

第一,关于基础教育阶段环境道德教育的行政规章。1978 年 12 月,在中共中央批转国务院环境保护领导小组《环境保护工作汇报要点》中,明确提出了普通中学和小学也要增加环境保护知识的教学内容等要求。这是我国第一次由党和政府对中小学环境道德教育做出的指示。1980 年 5 月,国务院环境保护领导小组与有关部门共同制定了《环境教育发展规划(草案)》,环境教育作为环境教育的重要内容被正式纳入我国中小学教育计划和教学大纲,并陆续在一些幼儿园和中小学进行了普及环境科学知识的教学试点工作。1981 年国务院在《关于国民经济调整时期加强环境保护工作的决定》中明确指出:"中小学要普及环境科学知识","要把培养环境保护人才纳入国家教育计划。"1990 年,国家教委颁布《对现行普通高中教学计划的调整意见》,要求普通高中开设环境保护等选修课。1992 年 11 月,我国召开了第一次全国环境保护教育工作会议,这标志着我国环境教育工作进入了一个新的阶段。同年国家教育部颁布的《九年义务教育全日制小学、初级中学课程计划(试行)》中指出:"要使学生懂得有关人口、资源、环境等方面的基本国情。小学自然、社会,初中物理、化学、生物、地理等学科应当重视进行环境教育。"从而确立了环境道德教育在义务教育阶段的地位。2003 年 11 月 2 日,教育部正式颁发了《中小学环境教育实施指南(试行)》,对我国中小学环境教育的性质、任务、目标、内容、评估等都作了具体而明确的规定和说明。这是关于我国中小学环境教育的一份纲领性文件,对中小学环境道德教育的有效实施起了到极大的推动和促进作用。

第二,关于高等教育阶段环境道德教育的行政规章。我国高等教育中的环境道德教育政策主要分环境专业中的环境道德教育政策和环境普及教育政策。前者是为了培养环境类专业高级专门人才而制定的环境道德教育政策要求;后者则主要是指对高等院校非环境类专业制定的普及环境道德教育的政策措施。1973 年国务院批转的《关于保护和改善环境的若干规定(试行草案)》中指出"有关大专院校要设置环境保护专业,培养技术人员"。这是我国第一个对高校环境教育作出明确要求的政策性文件。这一法规性文件颁布后,中国开始了最早的环保人才的培养工作。1979年颁布的《中华人民共和国环境保护法(试行)》的总则第五条提到:"国家鼓励环境保护科学教育事业的发展,加强环境保护科学技术的研究和开发,提高环境保护科学技术水平,普及环境保护的科学知识。"这对环境教育作出了原则性的规定。1980年国务院环境保护领导小组会同有关部委、局制定的《环境教育发展规划(草案)》,1981年国务院制定的《关于在国民经济调整时期环境保护工作的决定》,1994年国务院审议并通过的《中国21世纪议程》,1996年中宣部、国家环保局、国家教委联合发布的《全国环境宣传教育行动纲要(1996—2010年)》,对于培养环境保护专业人才以及非环境专业普及环境教育工作的重要意义、培养方式及实施途径都给予了明确的规定。在这些规定中,环境道德教育都是其重要内容。在我国整个环境道德教育政策体系中,有关环境保护专业教育的政策要求提出得最早,而且发展得也是最为迅速。到目前为止,我国已形成了包括大专、本科、硕士研究生、博士研究生等多层次的教育体系,为我国的环境保护事业培养输送了大量的科技和管理人才。高等院校的环境普及教育主要是从1981年以后开始的,许多院校积极响应国务院《关于在国民经济调整时期环境保护工作的决定》中的有关指示精神,陆续在非环境保护类专业的研究生和本科生中开设公共选修课《环境伦理概论》等课程,或者通过课外活动、社会实践等形式对学生进行环境道德教育。这些形式多样的教育方式,对于加强学生对人与环境关系的理解、提高环保意识、增强环境素质都起到了重要作用。1998年6月,我国第一所"绿色大学"由清华大学首创。绿色大学将是21世纪我国高等学校环境道德教育和人才培养的基本模式。

第三,关于职业教育的环境道德教育行政规章。1981 年 1
月,国务院环境保护领导小组召开了环境教育工作座谈会,向全国
提出了要大力开展环境教育和岗位培训工作的任务。《关于贯彻
全国职工教育工作会议的通知》明确要求:"各地区、各部门认真
制定(修订)环境教育规划,切实办好环境系统的各类培训班。同
时,要积极与有关部门协商,争取将环境教育纳入当地职工教育之
中,在各级党校、各类职业学校、职工学校、训练班中安排一定学时
的环保课。"1990 年 12 月,国务院在《关于进一步加强环境保护工
作决定》中,再一次强调了在职人员进行环境保护教育的重要意
义。1996 年,《全国环境宣传教育行动纲要(1996—2010 年)》又
对在职干部的岗位培训工作给予了具体的要求。上述文件的出台
有力地促进了职业教育中的环境教育,也进一步拓宽了环境道德
教育人群。

四、健全环境道德教育管理机制

环境道德教育是一项涉及部门广、参与人员多的系统工程,它
的顺利开展并达到育人目的,不仅需要相关人员的努力,更需要一
个健全而有效的管理运行机制,这包括激励机制、监督机制、导向
机制、投入机制等。其中每一个要素都是必不可少的。它们之间
相互作用、相互影响。它们各自的状态如何,每个要素与其他要素
的关系如何,都直接影响着环境道德教育的整体效果。

(一) 环境道德教育激励机制

当前,由于环境道德教育缺乏有效的激励机制,在市场活动
中,在"利益最大化"驱使下,从事各种经营的广大人群通常把内
部成本外部化,由此诱导出来的社会和经济问题全部推给政府部
门。如一些企业为了追逐利益,不按要求进行环保改造,废水直

排、废渣乱堆、废气乱排。给环境造成了极大的污染,而污染的治理工作却由政府来做。这种现象的产生和环境道德教育激励机制缺失不无关系。激励机制,是指组织系统中,激励主体通过激励因素或激励手段与激励客体之间相互作用关系的总和,也就是指激励内在关系结构、运行方式和发展演变规律的总和。

激励机制的设计要从五个方面进行。一是激励机制设计的直接出发点是满足被激励者的需要;所以要设计各种各样外在奖励形式,并设计具有激励特性的活动,从而形成一个诱导因素系统,以满足激励客体的需要。二是激励设计直接目的是为了调动被激励者的积极性,其最终目的是为了实现组织的目标,谋求组织利益和被激励者利益的一致;因此要有一个组织目标系统来指引被激励者的努力方向。三是激励机制设计的核心是行为规范。行为规范将被激励者的内在因素与组织目标系统连接起来,规定被激励者以一定的行为方式来达到一定的目标。四是激励机制设计的效果标准是使激励机制运行得富有效率。而决定机制运行成本的是机制所需要的信息。信息贯穿于激励机制运行的始末,特别是组织在构建诱导因素集合时,必须进行充分的信息沟通以了解被激励者真实的需要,将被激励者需要与诱导因素连接起来。五是激励机制运行的最佳效果是在较低成本的条件下达到激励目标,即同时实现了被激励者目标与组织目标,使被激励者利益和组织利益方向一致。

环境道德教育激励机制设计要从如下两方面进行考量:一是要构建针对从事环境道德教育的教育人员和研究人员的激励机制。目前,我国教育投入中绝大部分来自政府,政府对环境道德教育的支持是激励机制发挥充分作用的坚实基础。无论是具有激励作用的薪酬机制、培训晋升机制,还是教师评价机制都离不开政策支持。就薪酬而言,学校毕竟不是营利单位,教师的薪酬来源最终还是国家和地方政府对教育的投入。如果没有完善的政策保障体系,要将教师基本薪酬水平定在一个较高范围的构想就只是达不到的幻想。教师的培训同样需要政策保障体系的支持,终身学习和终身教育的思想应该在政府、教育主管部门的制度规定下更好地被更多的环境道德教育管理者和教师接受,教育主管部门可以强制性制定适合教师发展所需要的培训制度,使教师能及时更新知识和技能,适应不断变化的工作环境和日益激烈的职业竞争。同时要设立各种奖项,对为环境道德教育事业做出突出贡献的教师和研究人员给予精神和物质上的鼓励和支持。目前,我国开展的关于"绿色学校"评选、年度环保人物评选等活动对我国环境道德教育的开展起到了很好的促进作用。二是要构建针对参与环境道德教育的社会力量的激励机制。对公民个人、企业及各种民间组织参与环境道德教育的激励方式是多种多样,具体包括表彰先进、正面宣传报道、慈善排行榜、非营利组织评估等。其中通过表彰先进和正面宣传报道为社会力量参与坏境道德教育发展营造一个良好的社会舆论氛围是一种重要的激励方式。如定期举办有关"绿色城镇"、"绿色社区"、"生态文明村"、"生态文明先进个人"等,设立为环境道德教育做出贡献的民间组织、企业和个人奖,设立以绿色组织、环保公民等命名的基金奖,等等。

(二) 环境道德教育的监督机制

环境道德教育实施,需要接受监督,这是保证环境道德教育得以切实实施的必要条件之一。环境道德教育监督机制主要有司法监督、群众监督和舆论监督,这样体现了监督的社会性、民主性和广泛性。

一是司法监督。这是外部监督中最特殊、惩罚力度最大的一种法律监督。通过司法监督对拒不开展环境道德教育的单位,对挪用、克扣环境道德教育经费的单位、个人,对侵占、破坏环境道德教育基地设施、损毁展品导致环境道德教育活动正常进行的任何部门,对扰乱环境道德教育工作和活动秩序或者盗用环境道德教育名义骗取钱财行为的人,以及在环境道德教育工作中玩忽职守滥用职权、徇私舞弊的人员尤其是领导者,根据相关法律法规进行相应的法律责任追究。

二是群众监督。普及和加强环境道德教育是全社会的共同责任,每个公民和组织都有责任和义务支持和开展环境道德教育,所以要充分发挥群众监督的作用。群众监督最及时、方便、经常,其形式主要有批评、建议、申诉、控告、检举等。要拓宽群众监督渠道,培养群众法制意识,完善群众举报制度,使群众监督在行政监督中发挥重要作用。

三是舆论监督。包括报纸、刊物、广播、电视和网络等新闻媒介。在当代发达国家,新闻媒体被称之为继立法、行政、司法三权之后的"第四种权力"。它们通过新闻报道、公开披露、表达民意等形式,对政府、环境道德教育的相关部门、学校等进行督促,使其更好地履行职责,改进工作。

(三) 优化环境道德教育投入机制

环境道德教育效果与环境道德教育投入密切相关。经费严重短缺是困扰我国环境道德教育发展的关键因素之一。我国现行的财政拨款制度存在着诸多问题和弊端,不利于环境道德教育稳定持续发展。这主要表现在两个方面:一是政府对环境道德教育投入的总量不足、渠道单一。《教育法》对保证教育经费的支出、增长和管理,作出了明确的规定,并以法律的形式将保障教育投入的政策固定下来,使得教育经费筹措体制和管理迈上了规范化、法制化的轨道。但我国教育经费占 GNP 的比例和预算内教育经费占 GDP 的比例一直处于世界低等水平,总量仍然不足。而我国环境道德教育处于教育的边缘地带,其经费投入情况可想而知。二是政府对环境道德教育投资存在严重的地区差异。我国东部沿海地区环境道德教育经费的主要来源呈现出以地方政府拨款为主,自筹为辅的多样化趋势,可以说东部地区学校具有较强的自我筹措资金能力和较大的自我发展空间。而西部地区由于本身的地区经济发展相对落后,政府的财政性政策倾斜力度也不够,主要依靠地方政府拨款。环境道德教育自筹经费能力比较薄弱,导致西部环境道德教育缺乏竞争力和主动性。部分贫困地区学校经费甚至低到难以保证基本的环境道德教育正常进行,缺乏相应的物质设备和师资力量,环境道德教育的开展就很难进行,甚至无从谈起。

因此,应建立多层次的道德教育资金支持体系。根据我国的经济社会发展现状,明确建立一个国家和民间共同投入的环境道德教育资金支持体系对于我国环境道德教育发展是非常重要的。这个制度中,应该包括对民间资本的鼓励计划和奖励计划,包括国家财政经费投入的方式和比例等现实问题。

首先,通过直接财政拨款。开展环境道德教育的经费应纳入各级国民经济和社会发展计划中,由中央和地方财政拨款,根据教育机构和环保社团等社会组织的申请给予财政支持;对从事环境道德教育事业的社会组织进行资助。专项资金用于保障环境道德教育活动的进行,补充环境道德教育基金的不足和扶持环境道德教育的其他事项。各级教育行政部门、各级学校、环保社团以及乡镇人民政府和街道办事处都可以向当地各级人民政府提出资金援助申请,政府自收到申请之日起在合理期限内要及时进行审核、回复。

其次,政府要积极争取国内外的资金支持,创造条件建立国家和省、市级环境道德教育基金。环境道德教育基金主要由下列资金组成:根据排污费使用的有关规定,从排污收费中的业务活动补助费中划出的部分资金;依照有关规定,从列入各级计划的环境保护工程项目中提取的部分资金;基金收益;捐赠以及其他资金。环境道德教育基金用于下列扶持环境道德教育事项:(1)为义务教育阶段学校的环境道德教育课程购置必要的图书和设备;(2)资助环境道德教育教材和图书的出版;(3)为学校和社区提供低廉的土地和房屋作为进行环境道德教育的场所;(4)支持环境道德教育机构开展师资培训、信息咨询等项工作;(5)支持开展环境道德教育实习生和研究员计划;(6)支持郊区和农村地区建立环境道德教育示范基地。环境道德教育基金会应对每一年度的扶持项目和资金使用情况进行公示,保证公开与透明。

最后,政府要设置面向不同行业、岗位和环保领域的奖金,对为环境道德教育、教学、培训或者管理作出突出贡献的单位和个人进行表彰和奖励。

(四)环境道德教育导向机制

首先是确立价值导向。由于传统价值观念的局限性,许多人还没有认识到环境问题并不简单是一个社会经济问题,而是一个生存方式和观念、文化问题。公众环境意识还较低,这里所说的环境意识,是人们关于环境和环境保护的思想、观点、态度、价值和心理的总称。人的行为都是对客观环境的有意识反应,有什么样的制度就有什么样的行为。环境道德教育制度化意味着"环境保护教育"被上升为国家意识,从而成为一种社会共识和价值取向。在此基础上形成的一系列法律、制度和行为规范，就会成为人们自觉接受的共同信念和行动指南。所以必须从根本上转变人们的价值观和生存观，通过制度正确引导人们形成环境自律精神，唤起人们的环境道德意识，从而规范人们的行为。

其次是提供政策导向。环境道德教育制度除了国家制定的法律规章外，还包括党中央及其政府部门的正式文件和政策，包括指示、通知、公告、规定、办法、意见、条例、准则、决定等，以及党的最高领导人的批示、文章、正式讲话等，这些政策规定与国家的法律规章一样具有威性和有效性。这些政策法规是执政党意志的主要体现，不仅为环境道德教育的发展开辟了制度性空间，政府会根据实际需要，进行环境道德教育立法或制定环境道德教育政策法规；同时还会引导环境道德教育事业走上既定轨道，在中央和政府的宏观指导和地方党委和政府的具体指导下向着所期望的方向发展。

还有就是提供舆论导向。环境道德教育制度化必然会加大环境宣传教育的力度，营造构建环境道德教育体系浓厚的社会氛围。政府有着自身的权威优势，通过各种有效载体，广泛宣传环境道德教育的方针、政策和要求，宣传环境道德教育的各种活动和取得的成效；整合新闻宣传力量，形成环境道德教育"大宣教"格局。可以充分利用各级广播电台、电视台和报刊、网络等新闻媒体的舆论宣传作用，把环境保护作为宣传报道的重点，设置环境保护专栏，广泛宣传党和国家的环境保护方针政策、法律法规，普及环保知识，及时报道和表彰环保先进典型，公开揭露和批评破坏环境的违法失德行为，从而发挥环境道德教育发展的舆论导向作用。

第三节　环境道德教育组织推进

环境道德教育组织推进,就是指在环境道德教育实施过程中,教育主体通过有效的规划和设计,动员和采用人、财、物等各方面的条件资源,使环境道德教育过程顺利推进,最终达到预定的期望。

要探讨环境道德教育的组织推进问题,首先要澄清"谁组织推进",也就是组织推进的主体问题。应该说,组织推进的主体也就是负有环境道德教育责任和义务的主体,两者是一致的、统一的。环境道德教育主体,可以分为个体性主体和集体性主体。个体性主体,表现在处于不同岗位、行业中的人,如影响政府公共决策的领导干部、从事教育事业的普通教育者、从事物质生产的企业家或工人以及具有生态教育责任感和义务感的一般公众等。集体性主体,即由不同角色人组成的不同性质的主体,如常见的政府、企业、社团、学校以及社会组织等。为了更好地说明环境道德教育的组织推进,本文主要择取个别集体性主体来阐释和例证组织推进的具体途径。其次,要弄清"怎么组织推进",也就是组织推进的方式方法问题。下面分别以政府、学校、家庭、公众、社会为视角对环境道德教育的组织实施进行重点阐释。

一、政府主导

环境问题事关人类生存,加强环境的治理和预防,推进环境道德教育,政府要起到关键性作用。各级政府应深刻反思,积极转变思想,以科学发展观为指导,切实做好本职工作,积极推进环境道德教育。

2012年,宁夏回族自治区出台了《环境教育实施办法》,这为我们探讨政府在环境道德教育中的职责与作用提供了参考。借鉴宁夏的做法,我们认为政府在环境道德教育中有如下职责:(1)县级以上人民政府负责本行政区域内环境道德教育工作的统一规划,并组织实施。县级以上人民政府设立环境道德教育机构,由本级政府相关部门组成,负责组织、协调、指导、监督、检查本行政区域内的环境道德教育工作。通过适度的计划、行政、经济、法律、监督、信息服务等多种手段对环境道德教育进行宏观上的指导和服务,保证环境道德教育的有序运行和稳定发展。特别是制定相应的政府奖惩机制,对于取得较好教育成效的先进单位和个人进行奖励,否则就受到相应的惩戒。环境道德教育机构的日常工作由同级环境保护主管部门负责。(2)环境保护主管部门应当拟定环境道德教育规划、计划,报环境道德教育机构批准后实施;会同有关部门编写环境道德教育读本;组织、协调、指导开展环境道德教育工作。(3)教育主管部门应当将环境道德教育纳入中小学课程,制定学校环境道德教育规划、计划,组织编写环境道德教育地方课本,指导学校开展环境道德教育工作,对学校环境道德教育进行考核、监督。(4)文化、新闻出版、广播电视等主管部门应当做好环境道德教育社会宣传和环境文化知识的普及、推广工作。应整合各种新闻宣传力量,形成环境道德教育"大宣教"格局。(5)司法行政主管部门应当将环境法律、法规列入普法规划、计划,并组织实施。(6)工会、共青团、妇联、科协以及其他社会团体应当结合各自工作,开展多种形式的环境道德教育活动。

政府发挥环境道德教育的主导作用,其根本在于实现两个目的。第一个目的是应保证环境道德教育的公益性。我国环境道德教育是一种公共产品,而且是更加接近纯公共产品的一种公益物品,因此,其公益性的特点更加突出。所以首先要保证环境道德教育的广泛分享。政府保证环境道德教育的广泛共享,不是全国范围的"一刀切",而是指一种充分教育,即环境道德教育是面向各个层次的所有年龄的人,包括正规教育和非正规教育。"充分教育"的标准应随着国家的经济状况而定,政府在保证环境道德教育的充分教育时,不能一蹴而就,应该是一种持久的影响。

另一目的是应保证各地方环境道德教育在发展上的均衡。因为教育是立国之本,特别是环境道德教育对培养公民环境意识、转变发展观、保证生态文明和可持续发展的实现有着不可或缺的作用。政府应根据社会公益的要求,保证公民享有一定程度环境道德教育的权利。目前,我国环境道德教育在质和量两个方面都存在着严重的失衡,其原因有历史的、经济的、文化的,更有政策导向上的原因。所以,要改变环境道德教育发展中的不均衡状态就必须要强调政府在其中的责任,尤其是中央、省级政府在环境道德教育均衡发展中的责任。在行政上,要制定法规和方针、政策,制定全国环境道德教育发展规划以及对地方环境道德教育进行监督、评估和指导。在财政上,重新配置环境道德教育资源,在教育经费的分配上不应是平均分配,而应是在保证政府基本供给责任之后的转移支付。因此,政府间的转移支付是平衡地方之间环境道德教育供给能力的一个重要手段。还要制定多渠道筹措教育经费的政策和办法,对困难地区进行补助。在人事管理上,提高师资培训频率,特别要重视不发达地区教师的培训,制定教师奖励制度等。在教学管理上,制定教育教学规章制度,制定课程计划,审定教科书等。

发挥政府的主导作用,需要注意如下几点:

首先,政府主导应是"掌舵"而非"划桨"。也就是说政府要管其所管,要明确哪些属于该管的范围,哪些属于不该管的范围。政府在社会经济、政治、文化等活动中,首先应该扮演的角色就是策划者和谋略者,即对重大事情进行宏观上的决策、执行和监督。同时,政府自产生之日起就具有社会管理的职能。环境道德教育作为政府提供公共职能的一部分,对其管理也必然要遵守这样的法则。

其次,应形成环境道德教育供给主体多元化格局。具体来说,就是环境道德教育实施主体,打破以往由政府完全垄断的形式,允许并积极鼓励各种正当的非政府力量参与,并给予他们合理的法律权限和应有的政策保护。同时,在环境道德教育经费筹措方面,要抛弃以往完全由政府提供的财政体制,建立起以政府投资为主多渠道筹措环境道德教育经费为辅的新经费体制,缓解入不敷出的财政压力,调动社会各界力量参与环境道德教育经费提供的积极性和主动性。

最后,建立完善的法律制度。我国现阶段政府机构在其职能行使、工作程序、人员编制等问题上还没有进入完善的法定化程序状态,这就要求应加强和完善我国政府机构的法制化建设。具体表现为政府在管理环境道德教育时,要承担环境道德教育法律法规的制定,创设环境道德教育市场监管和法律监督机制,保障环境道德教育公平等;并对环境道德教育管理中可能出现的某些不良行为加以制裁和惩罚,为我国环境道德教育事业的发展营造健康有序的法制环境①。

---

① 参见李蓉:《论政府在高等教育管理体制改革中的职能定位》,《黑龙江教育》(高教研究与评估版)2007年第12期。

二、学校教育

学校作为环境道德教育的主阵地,是宣传、贯彻落实环境保护和环境道德教育相关法律、政策和培养生态意识的中坚力量,完善学校环境道德教育体系无疑是环境道德教育持续长远发展的关键。

从纵向来看,根据从幼儿园到小学到中学再到大学的年龄特征和认知特点,对环境道德教育的目标、任务、内容、方法等进行科学分析和研究,制定符合年龄特征和认知特点的实施方案,是我国环境道德教育均衡发展的基础。

第一,儿童环境道德教育。对"所有年龄层次的人士"而言,可以将幼儿、小学阶段的环境道德教育称之为"儿童环境教育"。幼儿园和小学的孩子作为未来世界的主人、资源使用者和生产建设者,是环境道德教育极其重要的对象,并且在某种程度能够通过他们的言行而影响着他们的父母和其他社区成员。这一阶段的环境道德教育应以多姿多彩的大自然为教育素材和内容。采用"自然教育"、"自然学习"或"户外教育"的方法,让学生置身于自然之中,了解、观察大自然,感受大自然的美好和壮丽,建立人与自然和谐共处的意识和情感,关爱自然、关爱环境。儿童环境道德教育是一种建构性的教育,对其一生起着奠基性的作用,在时间维度中也是最容易实施的阶段。这是因为,我国普及义务教育的政策给实施儿童环境道德教育留下了较充分的时间和空间,全国各地也已较普遍地开展,并取得了较好的成效。

第二,中学环境道德教育。与儿童相比,中学(包括初中、高中以及职业中学)阶段的环境道德教育也是一种建立在青少年心理、生理特征和认知特点基础之上的教育,是儿童环境道德教育的时间延续,是一种基础环境道德教育。这一阶段的环境道德教育以学生对自然、环境的了解和认识为基础,既让他们欣赏人与自然友好相处的和谐乐章,也让他们听到人与自然之间的不谐之音。教育内容来自于学生生活和学习过程中的所见所闻,包括学校、家庭、社会生活中的各种与环境系统有关的环境道德教育元素。通过较系统的环境道德教育,建立和培养青少年对自然、对环境的情感和态度,促使他们积极参与环境保护行动,并通过行动去影响周围人。目前,我国这一阶段的环境道德教育开展相对较好,从目标、内容、课程、教学到评价,从理论探索到实践研究,已初步形成了相应的体系和模式。

第三,大学环境道德教育。这一阶段指大学阶段(包括研究生)的环境道德教育。在校大学生(研究生)将来都是各行各业的研究者、决策者和行动者,他们的环境意识和环境行动对未来环境问题的预防和解决将产生决定性影响,对经济社会可持续发展起着至关重要的作用。因此,这一阶段应该进行专业系统的环境道德教育,不仅培养他们的环境道德情感、态度、价值观,更重要的是培养他们在未来工作中关心环境、保护环境方面所必需的知识、技能以及行动、参与的意识和能力。因此,与中学相比,大学阶段(包括研究生)环境道德教育应该更多地关注人类经济社会发展过程中的可持续发展问题、环境决策问题以及对各种破坏环境行为的反思问题等①。

从内涵来看,学校环境道德教育主要包括三个方面。一是学校环境道德教育是全民环境教育的重要组成部分,是贯穿学校所有教育思想、教育理念和教育活动的连续过程和系统要求。二是环境道德教育作为课程构建包含了环境道德教育的目的、目标、内

---

① 崔建霞:《方兴未艾的环境教育》,《学习时报》2005 年 12 月 15 日。

容、实施及评估体系等诸多方面,必须要有科学的界定和明确的要求。三是环境道德教育作为渗透式教育应渗透于各学科教育之中,贯穿学校教育和管理的各个环节,要求教育者、管理者具有较高的环境素养、较强的环境责任,善于挖掘各学科教育和管理过程中环境道德教育的素材,并通过自己的言传身教完成环境道德教育的目标和任务。

三、家庭熏陶

家庭作为社会的细胞,是社会的一种缩影,与社会相互联系、相互依存。在人类经济社会发展长河中,家庭作为文化传统最忠实的载体,在承传文明、延续社会方面发挥着极其重要的作用。随着家庭结构和功能的变化,衣、食、住、行以及对子女的教育成为家庭的主要功能,家庭是人生教育起始的、主要的、关键的场所,《周礼·大学篇》中"治国在齐家"的思想便是很好的说明。在中华民族五千年文明史中,家庭教育的优秀传统一直传承至今。

家庭生活与环境保护有着密切联系。几乎从起床开始,洗漱、穿衣、饮食、出行、读书、工作以及休憩、旅游、玩耍甚至家居装潢、购买物品、用电、用水、用火……生活中的每一件小事情无一不与环保发生关系。重视环保,就能清洁环境、增添绿色;反之,就会制造垃圾,加重污染,害人害己。所以,家庭是环境道德教育的重要载体与场所。所谓家庭环境道德教育一般是指父母从保护自然和社会环境、促进子女健康成长出发,以思想教育、语言行为、家庭布置等手段,努力培养子女良好的环境意识、环保习惯和精神的教育活动。家庭环境道德教育较之学校教育、社会教育有直观性、灵活性、可持续性的特点。良好的家庭环境道德教育可以从日常生活每一个细微之处培养孩子热爱自然、热爱环境、热爱生命的情感和意识,通过科学、绿色的消费和生活培养和熏陶孩子良好的生活习惯,建立科学、文明的生活观、环境观。因此,从这一意义上说,良好的家庭环境道德教育是环境道德教育的一种奠基性教育,对培养符合可持续发展要求的未来公民具有其他形式教育所不可替代的作用。

开展家庭环境道德教育,要从以下几点着手:

第一,要多种形式培养子女的环境忧患感。每一个子女都不可能是天生的环保主义者,他们需要家庭的熏陶,需要父母的引导。在这方面,有意识地培养子女的环境忧患感显得极为关键。空洞的说教、干巴巴的道理并不能起作用。形象的描绘、具体的实例、亲身的体验效果会好一些。比如搜集有关因人类过度开发与消耗自然资源、大量排放污染物、滥施农药化肥之后造成严重恶果的文字报道和表格图片,给子女制作报刊剪贴本。或者让子女亲身体验环境问题,比如带子女参观垃圾处理场等。培养子女的环境忧患感,还可以结合他们的作文训练、数学作业、物理化学实验同步进行。比如,给子女布置特殊的作业,让他们利用假期四处走访,统计本城市内还有多少个正在冒烟的烟囱,冒的是黑烟、黄烟还是白烟,有没有气味,有没有粉尘,烟囱的周围有没有居民区等。

第二,要以言传身教来培养子女良好的环保习惯。人们都说孩子是父母的影子,孩子的一些行为习惯其实都是从父母那里习得的。家长的环保习惯孩子一定能看在眼里,记在心里,并在自己的行动上体现出来。错误的举止会带坏子女,妨碍他们养成良好的环保习惯,正确及时的言传身教则会纠正子女们的不良习性。因此,培养子女们的环保忧患感,使子女自觉养成良好习惯,父母的言传身教显得极为重要。

第三,要在潜移默化中建立对自然的情感。在家庭教育中,父母应该有意识地让幼儿亲临大自然,感受大自然,分享大自然的乐趣。比如带孩子去公园游玩,假期里带孩子外出旅游,这种活动其实就是在建立大自然与人的关系,建立一种深厚的情感。孩子应该是特别喜欢自然,喜欢动物,喜欢花草的,可以在家里养一些植物或小动物,和孩子一起精心地料理它们。在这个潜移默化的过程中,孩子会自然而然地感受到生命的可爱与美好,从而在内心深处产生对自然的情感。

第四,要鼓励子女积极参与环保行动。子女的环保意识一旦得到了强化,往往会比大人更加积极主动地投入到种种环保行动之中。作为父母,绝对不应妨碍他们的行动、打消他们的热情。子女参与环保行动,这是一项极为有益的社会活动,即便占用了时间、弄脏了衣服,父母也不应该随意责备。而在家里,只要是子女能参加的环保行动,都应该允诺并鼓励他去参加,因为这是家庭环境道德教育的重要内容。

第五,要营造良好的环境道德教育氛围。父母应该在家庭生活中的每个方面、每个细节上重视环境问题,并体现环境道德教育,让子女在绿色的家庭环境中成长。首先,家庭室内装潢、布局应该是绿色的、健康的,不使用有害的装饰材料、不使用对环境产生污染的清洁剂,以避免家庭的室内污染。其次,在生活方式上要符合环保要求,比如,能不用洗衣粉等化学剂就坚决不用;提倡一水多用,洗过衣服的水用来拖地板,拖完地板再来冲厕所。再次,要告诉子女学会节约,懂得"节约不仅是经济行为,也是一种环保时尚"的道理。还有,家里的音响、电视机的声音尽量调轻些、柔和些,以免产生噪音污染、吵闹他人……种种细致入微、遍及每个家庭生活细节的环保行动,正是开放式环境道德教育的主要特征和途径。

第六,要制定家庭环境道德教育计划。一方面,请子女参与绿色家庭教育计划的制定。家庭环境道德教育并不是盲目无序、随心

所欲进行的,它需要一个明确的目标,一个完善的计划,如定出子女
各个年龄段、各个时间段的教育重点等。这个计划必须结合每个家
庭的特点,体现出子女的个性,同时,它还应该是具体的、实用的、可
行的。例如春天全家人一起参加植树,在吃、穿、住、行方面可以做
到哪几项节能,家庭旅游如何避免污染环境,怎样可以做到尽量不
使用一次性用品,等等。由于家庭环境道德教育的重点是子女,因
此,这份计划应该请子女一同参与,耐心听取他的意见,肯定他的创
意,并调整到能使他响应和接受的程度。请子女参与制定绿色家庭
教育计划,这也是强化他的环境意识的一项有效举措①。

　　另一方面,应以开放的姿态和方法,实施家庭环境道德教育计
划。计划一经制定,父母可能因为忙碌,也可能因为某种情状下的
忽视,在实施过程中有时会出现疏忽和敷衍,这个时候,就需要子
女给予督促和提醒。父母要支持乃至听从子女的督促,并让他由
主动的督促转为带头实施计划。父母有目的地强化家庭环境道德
教育,子女监督着教育计划的实施,这样便达到了父母与子女之间
的互动,形成家庭环境道德教育的良好气氛。督促变为自觉,计划
成为现实,家庭环境道德教育的成效也就会日渐显现。

　　总之,在家庭培养初步的环境保护观念,可以为子女一生的环
境意识及良好习惯打下基础,使他们长大后对保护环境作出贡献,
成为环保的主体,成为现代化社会未来的合格公民。

四、公众参与

　　公民既是环境道德教育的对象,也是环境道德教育的主体。
公民作为环境道德教育主体,其作用的发挥表现为公众参与。公

---

① 　参见孙侃:《家庭生活与家庭环境教育》,《家庭教育》2002 年第 12 期。

民的道德素养对于公众参与环境道德教育有着重要影响,公民个体具有较高的合作意识、责任意识、权利意识、主体意识,就会积极参与环境道德教育。反之,公众较低的道德素养则会阻碍环境道德教育的顺利开展。因此,实现公众对环境道德教育的积极参与必须提高公民的道德素质。

（一）夯实公民参与环境道德教育的思想基础

思想是行为的先导,公民能够积极参与环境道德教育并作出正确的行为选择需要有正确的伦理意识作为思想指导,而这一伦理意识就是公民意识。几千年的封建专制统治形成了根深蒂固的集权文化与臣民意识,集权文化与臣民意识强调服从与义务,它不可能为公民参与提供伦理基础和行动支持。与之相反,公民意识是一种现代性的意识,它是公民个体对自己在政治生活、社会生活中的主体地位及其作为国家主人的责任感、使命感和权利义务观融为一体的认识。公民意识是一个系统的范畴,主要包括主体意识、权利意识、责任意识、参与意识等。当前,提高社会公众的公民意识,夯实公众参与环境道德教育的伦理基础,其实质就是不断提高公民的主体意识、权利意识、责任意识、参与意识,等等。

一是进一步提高公民的主体意识。"主体意识是指主体认识到自己在国家或社会结构中的地位和角色,是公民对自己是国家主人的一种自觉意识,是公民对自己作为主体的地位和作用、能力和价值、权利和义务、使命和责任、自由与尊严等方面的自觉的感知、体验和认识。"①改革开放后,伴随着个人主体自觉和个人特殊价值追求的迅速确立,个体不再是传统社会中没有独立个性、没有

---

① 王柳洁:《论公民权利意识》,硕士学位论文,四川师范大学,2009 年,第 33—34 页。

自主信念和价值追求、只履行规范的存在物,而是具有独立意识的个体。当前,切实提高公民的主体意识,就是促使人们进一步确立独立的人格和自由意志,在参与环境道德教育并进行行为选择时,更加注重对环境道德规范的合理性思考和自己独立的价值判断,从而保障每位公民的权益、需求、意愿与价值得以充分实现。

二是进一步增强公民的权利意识。在现代社会,拥有公民身份即意味着拥有获得基本民主权利的资格。民主权利是公民的存在方式,是公民独立人格与自由意志的基本保障。同时,也是公民参与环境道德教育,并在其中获取、保护自身各种权益的主要根据。传统道德更多强调人们在环境道德教育中应该履行的责任与义务,很少强调人们应该享有的权利。当前切实提高公众的权利意识,就是在思想领域给人们的权利意识开放空间,为公民权利意识的培育创造良好条件,促使越来越多的人能够不断认识与理解权利意识及其在自我发展、自我实现中的价值,在环境道德教育中切实维护自身的各种权利。

三是进一步培养公民的责任意识。马克思指出:"没有无义务的权利,也没有无权利的义务。"①与权利意识相伴产生的就是人的责任意识。"责任意识是指个体因自身所应承担的相应职责而产生的一种强烈的群体意识和自律意识,是人的一种理性行为能力和人格素质。"②在环境道德教育中,公民作为社会的成员,必须清楚自己应在稳定、有序的状态下行使参与环境道德教育的权利,这种权利是在"权利——义务"关系对等与平衡考量基础上实现的。因此,公民不仅要树立自己在国家、社会生活和环境道德教

① 《马克思恩格斯选集》第 3 卷,人民出版社 2012 年版,第 172 页。
② 刘珊:《试析公民责任意识的人格基础》,《黑龙江科学》2013 年第 9 期。

育中应享有的权利意识,而且要树立起责任意识。能够自觉地用法律和伦理来规范、约束自己的行为,能够对自己的行为及其后果承担相应的责任。当前提高公众在环境道德教育中的责任意识主要就是不断提高公众的环境责任意识,在生产中做到绿色生产、清洁生产,在生活中爱护环境、节约能源,在消费上崇尚绿色消费、循环消费、适度消费。

四是进一步加强公民的参与意识。参与意识是指公民依据法律法规、行政规章的制度性规定,通过一定程序与方式参与环境道德教育、维护生态正义的民主意识。我国生产资料的公有制为公民参与奠定了经济基础,人民当家做主的政治制度奠定了公民参与的制度基础,公民主体意识、责任意识、权利意识的不断提高为公民参与奠定了思想基础。当前进一步提高公民的参与意识,就是通过公民意识教育,促使公众能够积极主动地参与到环境道德教育的各个领域,切实推进环境道德教育的顺利开展。

(二)丰富参与平台,推进公民参与环境道德教育的伦理实践。

在环境道德教育中,伦理是一种实践精神,它要实现其价值就必须使公民的伦理意识转化为具体的环境道德教育实践。因此,具有主体意识、权利意识、责任意识、参与意识等公民意识的主体,应该将外在环境伦理要求内化为心中的伦理法则,并在其指引下积极参与各种环境道德教育活动。因此,应拓宽公民参加环境道德教育的范围和途径,丰富居民环境道德教育的内容和形式。具体而言,当前,公民参与环境道德教育主要有志愿服务、民意调查、公民旁听、听证会、论证会、座谈会、公民论坛、投诉监督等路径。同时,随着信息技术的发展,网络论坛、微信、博客等也成为公民参与环境道德教育的重要途径。

一是通过志愿服务参与环境道德教育。志愿服务是指公民在"奉献、友爱、互助、进步"志愿精神的指引下,利用自身的时间、知识、资金等资源,通过各种活动去实现对环境道德教育与环保事业的支持。志愿服务是公民参与环境道德教育的基本形式之一,它"在组织社会力量、参与社会管理中发挥着重要作用"[1]。立足于社会关注、党政关心与自身能力,充分调动广大志愿者在环境道德教育和环境保护等活动中的积极性、主动性,可以有效弥补政府力量的不足,形成公民与社会的良性互动。在志愿服务中,不但志愿者可以从提供管理与服务的过程中获得环境道德教育经验,而且服务对象在接受服务时,也会受到合作精神的感染,从而增强了自身参与环境道德教育的积极性与主动性。

二是通过民意调查参与环境道德教育。民意调查是指政府部门、新闻媒体、社会组织等相关主体通过问卷、访谈、座谈等方式,向公民了解他们对相关环境问题或政策的看法、态度、意见及建议。民意调查可以通过与关键公民或社会团体的接触等方式小规模地开展,也可以以问卷等形式在较大范围内进行。在民意调查中,公民既是被调查对象,同时又通过民意调查表达了自己对环境问题的看法、态度、意见及建议,实现了对环境道德教育的积极参与。

三是通过公告形式参与环境道德教育。由于环境道德教育领域宽泛、内容繁多,公共部门在制定、实施环境道德教育的相关政策法规、制度措施时,不可能也没有必要都通过正式的形式让公民参与进来,有些情况下可以采取非正式的公告形式。公共部门可以将拟制定或者实施的环境道德教育相关政策法规、制度措施通

---

① 黄玮:《志愿服务助力社会管理创新》,《长春理工大学学报》2012 年第 4 期。

过报纸、广播、电视、网络、室外张贴等形式公之于众,告知公民有批评建议的权利,并随时接受公民的意见与建议,将其合理因素吸收进来。当相关政策法规、制度措施正式制定或者实施后,相关部门有义务对公民的意见与建议予以简单说明与解释。

四是通过举办公民论坛参与环境道德教育。某一项环境道德教育相关政策的制定出台、修改完善,常常是以环境问题的"问题化"为前提的。所谓环境问题"问题化",是指某一环境问题被公民所关注,成为社会舆论的热点问题。公民论坛是将环境问题"问题化"的一个很好途径,公民可以通过论坛以研讨的形式相互交流信息,提出自己对相关环境道德教育问题的意见与建议,倾听和理解别人的看法,并在互动交流中共同寻找合理、有效的问题解决路径与方案。此种形式主要在社区等基层单位进行,也可采取网络的形式开展。

五是通过座谈会参与环境道德教育。"座谈会是一种圆桌讨论会议,通常是由 6—10 个人聚到一起,在一个主持人的引导下对某一主题进行深入讨论。立法和行政中的座谈会表现为在法案表决或决策作出之前,邀请各个方面的专家、代表进行座谈,发表意见。"①座谈会主要起到为相关部门的决策提供参谋与参考的作用,并对政策实施后的效果进行预测与评估。座谈会因为是多人讨论,一个人关于某个环境道德教育问题的发言会引起其他人的共鸣。相较于同等数量的人进行单独陈述,这种互动、交流能提供更多的相关信息。

六是通过专家论证会参与环境道德教育。"随着知识社会的

---

① 王周户:《马克思主义群众观视野下的中国公众参与制度建构》,博士学位论文,西北大学,2011 年,第 95 页。

出现,专家越来越走向公共政策制定过程的中心,专家论证会的作用也变得越来越明显。"①专家论证会是指在环境道德教育过程中,对于专业性、技术性较强的环境道德教育事项,邀请相关领域的专家进行咨询与论证。当前,环境道德教育问题的广度、深度、难度不断加大,专家论证日益成为实现环境道德教育科学化、民主化必不可少的一环。为了避免专家论证会的随意性,使其更好地为环境道德教育服务,应该从专家论证的性质、专家的主体构成、专家论证的范围,专家论证的主要流程、专家的权利和义务,以及专家论证的绩效考核与责任追究等方面出发制定完善的专家论证制度。

五、社会支持

环境道德教育离不开社会各界的支持,其核心就是社会组织,特别是环保社会组织的支持。"社会组织,是对传统的非政府组织、非营利组织、第三部门或民间组织等概念的进一步提炼和超越,它是指不以营利为目的、主要开展公益性或互益性活动、独立于党政体系之外的正式组织。"②在我国,"社会组织"这一提法首次出现在官方文件,是在 2006 年党的十六届六中全会审议通过的《中共中央关于构建社会主义和谐社会若干重大问题的决定》中,这一提法在 2007 年党的十七大报告中得到进一步确认,从而替代之前广泛使用的"民间组织"这一称呼。改革开放以来,特别是进入新世纪,我国社会组织迅猛发展,初步形成了门类齐全、层次有

---

① 徐西光:《政策制定中的公众参与途径建设:问题与对策》,《世纪桥》2007第 12 期。
② 周云华:《发挥社会组织协同社会管理作用探讨》,《湖南行政学院学报》2011 年第 6 期。

别、覆盖广泛的社会组织体系。

环境道德教育的主要社会支持力量是各类环保社会组织。环保社会组织在国外被称做环境社会组织（ENGO）。在我国，环保社会组织的定义是，以环境保护为主旨，不以盈利为目的，不具有行政权力并为社会提供环境公益性服务的社会组织。20世纪60年代《寂静的春天》发表之后，许多国家的环保志愿者就开始了旨在保护生命健康的各种环境运动；而中国直到1972年以前，无论官方还是民间，环境保护的意识都不够明显。1978年，中国环境科学学会成立，这是第一家由政府部门发起的环保社会组织。1994年，"自然之友"成立，这是中国第一家由民间发起的环保社会组织，是迄今中国最为著名的ENGO之一。尽管跟西方的民间环保组织相比，中国的民间环保组织起步较晚，但其发展迅速。据中华环保联合会统计，截至2013年10月，中国民间环保组织已有3539家（包括港澳台地区），总人数约30万人。这为社会组织支持环境道德教育奠定了坚实的基础。随着环保社会组织的不断发展壮大，中国的ENGO已经逐渐发展成为继政府、学校之后最重要的第三支环境道德教育力量。

"社会组织是一种道义的具有伦理精神的组织，具有深刻的伦理基础和伦理内涵。这种伦理基础和内涵植根于它的本质属性中。"①这种本质属性主要表现为公益性、志愿性、非营利性和组织性。这些本质属性也成为环保社会组织参与环境道德教育，并在其中发挥重要作用的伦理基础。

环保社会组织具有公益性的伦理特征。公益性是环保社会组织的核心属性，是其参与环境道德教育的坚实伦理基础。环保社

---

① 安云凤：《非政府组织及其伦理功能》，《中国人民大学学报》2006年第5期。

会组织设置的目的是服务于社会公益,它将实现公共利益最大化作为根本价值目标。环保社会组织在具体的活动中坚持为公众服务的伦理宗旨,遵循集体主义、人道主义、无私奉献的伦理原则与规范,通过积极参与环境道德教育,在解决环境问题、贫困问题,谋取社会平等、社会正义等方面作出了积极贡献,成为一种公益性、道义性的社会力量。

环保社会组织具有非营利性的伦理特征。非营利性是环保社会组织保持纯洁性的伦理基础,这一特性可以使其抵制社会上利己主义、个人主义、享乐主义等腐朽思想的侵蚀,从而使得环保社会组织能够在经济上保持清廉,在活动上保持独立,在组织上保持纯洁。需要注意的是,环保社会组织不能以营利为目的,并不意味着社会组织的服务不收费、不核算。而是指环保社会组织开展活动是出于公益的,不以追求利润最大化为目的。因此,环保社会组织"非营利并不等于不营利,关键在于营利不能用于组织成员个人分配,而是为组织生存发展提供物质基础"①。

环保社会组织具有组织性的伦理特征。环保社会组织具有组织性,它是由政府相关部门批准备案并接受其监管的合法组织,有着规范的运行体系、工作机制和完善的内部规章制度,实现着规范化、制度化的管理。环保社会组织的组织性具有两大特点:一方面,环保社会组织具有民间性特点。它不是政府的下设机构,是一个以公众参与为基础的非官方组织。另一方面,环保社会组织具有自治性特点。它在人财物管理、机构设置、内部运行方面享有较大的自治空间,能够独立开展活动并进行有效的自我管理、自我服务,政府不能随意对其进行干涉。

———

① 李建华:《公共治理与公共伦理》,湖南大学出版社2008年版,第183页。

环保社会组织具有志愿性的伦理特征。一方面,环保社会组织的组建具有志愿性。社会组织的设立、成员的招募都是在志愿基础上进行的。社会成员参与某一社会组织都是出于共同的愿望,为了实现共同的目标,而不是被强迫的。环保社会组织"不采取集中领导的垂直等级式体制,组织成员之间是平等自愿地结合在一起"①。环保社会组织的志愿性还体现在其日常运行的资金、用于服务对象的各种资源也大都来源于社会捐助。另一方面,环保社会组织的服务具有志愿性。不同于政府的行政行为和市场的经济行为,环保社会组织开展活动不靠权力的威慑和利益的驱动,而是在道德良心的内在激励下,基于生态权益、社会责任、公众参与与自我完善的伦理意识,主动付出时间精力、财力物力、知识技能等,自觉自愿地参与环境道德教育。

公益性、非营利性、民间性、志愿性的伦理特质更促使环保社会组织成为环境道德教育的一支重要力量,在环境道德教育方面发挥着独特的作用。具体而言,环保社会组织对环境道德教育的支持主要体现在:一是为环境道德教育提供物质支持。环保社会组织可以为环境道德教育提供教育场所。开展以户外活动为主的环境道德教育是一种有效的方式,在业余时间去参加森林考察、攀岩等野外活动,可以和大自然亲密接触,亲身体验大自然的美丽和神秘,使人们对大自然产生热爱和敬畏之情,培养良好的生态意识,以便与大自然和谐相处。二是直接参与环境道德教育。教育具有直接性和深入性的特质,这就使得环境道德教育成为环保社会组织活动的一项重要内容。三是通过向政府献言献策进行环境

---

① 李永杰:《公民社会组织与社会和谐发展》,博士学位论文,中共中央党校,2006年,第14页。

道德教育。中国多数环保组织成员都具有一定的文化程度和科学知识,这为他们广开言路奠定了良好的基础。根据《中国环保社会组织发展状况报告》调查,我国环保社会组织人员中,高学历是一大特征。民间环境社团、环境 NGO 的发起者和参加者多为学者、学生和一些文化素质较高的志愿者。这也保证了其建议或活动大体上可以具备科学性和可实施性的特征。因此具备向政府提供咨询与建议的前提条件。四是通过开展反对破坏生态文明活动进行环境道德教育。除了上述渐进式途径,有时环保社会组织也会积极投身直接性的环保活动。

实现社会组织对环境道德教育的支持,还需要不断加强社会组织的自身建设。一是不断提高自身的专业化程度。国外多数环境社会组织,一般都拥有一支专业化志愿者队伍,在自己所从事的环境保护领域,具备很高的专业知识。其专业化的另一个体现是定期组织、发起环保宣传活动,以期提高公民的环保意识。相比较而言,中国的环境社会组织做得还有些不足,无论在组织管理、资源启用以及相关环境治理的专业能力等方面,都存在明显的距离。所以,我国环境社会组织的发展应注重专业化而非大而全。二是加强与国外环保社会组织的交流。世界已进入全球化发展的时代,环境问题已不是一个国家一个地区的事务,而是全球性事务,势必要求环境治理的参与主体国际化,中国对此应积极面对。为了全人类的健康可持续发展,中国环境社会组织只有与其他国家共同合作才能解决当前所面临的国际性环境问题。国内环境社会组织可以向国外环境社会组织学习如何从多个角度看待问题,诸如社会、政治、经济和文化等角度,以及学习更加有效的利用社会资源、开展项目等。这种合作的频繁也为国际间的友谊起到了良好促进作用。三是积极利用现代化网络媒体资源扩大影响。中国环境社会组织应充分利用信息化带给人类的便利，更好地节约成本，传播环境治理理念。建立自己的门户网站，及时发布更新环境保护信息，呼吁更多的人关注并参与环境治理活动，让人们意识到环境保护是每个人的责任。与媒体建立良好的关系，扩大自身的影响力，可以增强在人们心中的可信度。

第四节　环境道德教育基层实践

理论的生命力在于实践应用，社会基层的丰富性、复杂性和多变性决定了环境道德教育实践的多样性，不同的教育适用不同的情况、范围和对象。基于此，本节选择学校、企业、社区、农村和虚拟领域五个富有代表性的领域，分析环境道德教育的具体实践问题。

一、环境道德教育学校实践

学校是环境道德教育的主阵地。学校是教育者教书育人的场所，也是学生获得知识技能、培养情感、形成价值观以及塑造品德和养成习惯的重要场所。当前，环境问题困扰着世界发展，环境保护已成为世界性的主题。作为传承知识、培养人才的载体，学校也日益成为传播环境知识、培育环境道德理念的主阵地。国内很多学者，把学校环境道德教育作为"正规环境道德教育"，充分地显示了学校教育在整个环境道德教育体系中的重要地位和主体作用。在学校教育中，要充分重视对环境的考虑、对可持续发展的促进以及对环境道德的传播，切实承担起环境道德教育的历史使命。

（一）利用多学科渗透开展环境道德教育

环境道德教育的内容涉及学校各个学科领域，各科课程都包含了与环境有关的行为习惯、道德规范、法律法规和价值判断等方面的要求。对于这种侧重于态度和价值观养成的教学,教师应在提供有关信息的基础上,引导学生通过自主探究和相互交流,讨论人们对待环境的不同态度和行为,澄清各自的环境价值观,寻求并尝试建构与可持续发展需要相适应的道德规范和行为方式。

比如,自然科学和社会科学类课程包含大量有关自然环境和社会环境的知识。在教学中,应充分利用学生的生活经验,发挥他们的自主探究精神,让他们通过对周围环境的直接观察,对人们的调查和访问,以及动手实践,理解各种环境知识及其与日常生活的联系,并尝试运用所学的知识分析和解决周围的环境问题。与文学和艺术有关的课程可以为学生提供审美体验的机会。学生在学习过程中观摩和欣赏到许多文艺作品,在各种艺术活动中能够感受和欣赏自然的美,表达对自然的情感。这些学习体验在培养学生对美好环境的向往和情感方面有独特的作用。

各科教学在渗透环境道德教育时,可能出现交叉和重叠。为此,学校需要制订全校性的环境道德教育渗透实施规划,明确各科在不同年段的教育要点,通过各科教师的交流和协商,减少重复,及时发现并补充疏漏之处,通过相关学科教师的合作实现教育的衔接。相关学科的教师也可以尝试突破学科界限,与其他学科教师合作,在本学科教学过程中组织以环境道德教育为主题的综合性学习活动。

（二）利用单独开设的课程进行环境道德教育

单独开设的环境道德教育课程,如地方课程和本校课程中的环境道德教育专题课、选修课,可以使学生在专人指导下,从自然生态、社会生活、经济与技术、决策与参与等各个方面,对环境道德问题进行较全面的分析,更好地理解环境问题产生的根源及可以采取的对策。

单独开设的环境道德教育课程具有以下突出特性:一是课程内容的理论性。环境道德素养结构是环境道德认知、环境道德情感、环境道德意志和环境道德行为习惯等要素的有机统一。这里的环境道德认知是指学生对环境道德知识、规范的理解与掌握,是对环境道德本质的理性认知。这种认知的获得不是先天的,也不是自然自发生成的,它需要后天的系统理论学习。单独开设的环境道德教育课程正是获得这种认知的主渠道。二是课程保障的有力性。从宏观看,在课程建设上,它是包括环境道德教育教学大纲、教材编写、教学研究、教师培训等多方面的综合建设。从微观看,在课程的组织实施上,它是环境道德教育教学、考核和评价等教育环节的完整闭合体。三是课程要求的渐进性。这是指环境道德教育内容的安排与教育目标的实现是一个层次化、序列化的过程,教育内容要随着学生接受能力的提高而逐渐变化。它是一个由浅入深,由感性到理性,由具体到抽象的过程,其主要依据是学生环境道德意识发展的阶段性规律和环境道德教育内容本身所具有的层次性。在当代社会,从小学生、中学生到大学生的环境道德教育,在课程内容安排和教育目标实现上呈现出层次化、序列化的渐进过程。四是课程内容的系统性。单独开设的环境道德教育课程内容的系统性一方面是指静态意义上的课程教育内容的系统性,另一方面是指动态意义上知识传授的系统性。从横向看,指环境道德教育课程自身教育内容完整系统,包括环境道德认知、环境道德情感、环境道德意志和环境道德行为习惯等各个方面。从纵向看,指环境道德教育每一个阶段所进行的教育内容都是系统的,而各个阶段的教育内容从整体上也呈现系统性,目标一致,内容衔接,互相补充。环境道德教育课程知识传授的系统性指根据社会需要和学生的身心发展规律,在不同学习阶段开设不同的教育课程。这些不同层次的教育内容,尽管有些是由于强化的需要和阶段内容的完整性,有些重复和交叉,但基本上呈现的是一个系统。

二、环境道德教育企业实践

企业作为社会的组成细胞和经济运行主体,是人类生产和生活资料的生产者,同时它也是资源的消耗者和环境污染的直接责任者。企业的生产方式、生产理念、企业文化、企业制度、员工素质等各个方面的因素,不仅决定了企业水平及对社会的贡献,而且也决定着企业对社会和环境的影响。企业的一个重要特点是营利性。对利益的追求使得许多企业忽视或者丧失了其应该承担的责任,特别是对生态环境的保护和建设方面的责任,更是容易被忽视。当今社会出现的很多水污染、土壤污染、空气污染、物种破坏、生态危机等,与企业缺乏生态伦理责任有着密不可分的关系。因此,开展企业环境道德教育,提高企业的生态道德责任,就成为当今环境道德教育的一个重要方面。

第一,加强对企业领导和员工培训,提高其环境道德意识。加强对企业领导和员工的环境道德教育培训,是提高其环境道德意识的重要途径。这首先需要丰富企业环境道德教育内容。企业环境道德教育内容,既应该包括一般生态知识、道德知识教育,也应该包括企业本身的生产、经营、发展对环境的影响以及自身应该承担的责任和义务的教育;既应该包括国家、行业相关法律法规要求的教育,也包括企业本身的生态文化和制度规范教育。丰富的企业环境道德教育内容,可以有效增加企业人员的环境道德知识储备,提高道德认和。其次,需要拓宽企业环境道德教育培训途径。要充分利用各种媒介以不同的方式展开。讲座、展板、竞赛、展览、考察、专题、野营等都是可资利用的方法。另外,要坚持培训的常态化,实现专业培训和普及培训相结合,全员培训和重点培训相结合,集中培训和分散培训相结合。通过丰富多样的培训,让企业各成员既明确企业作为一个整体在环境保护中所应承担的全部道德责任,又明确各自在自己的工作岗位和相关领域应承担的道德责任。如此,企业领导和管理者可以具备对决策有重大影响的环境道德素质,企业员工可以在执行领导决策以及生产经营等活动中产生道德认同,形成道德自律。

第二,加强企业生态文化建设,形成良好的文化环境。企业健康发展,离不开企业文化规范和引导。在企业发展中,应该在关注经济效益的同时,更加关注企业社会责任,特别是企业环保责任。这一责任的落实,需要企业把节约资源、保护环境、降低污染、维护生态平衡、实现可持续发展等理念贯穿到生产、管理、制度建设中,贯彻到每一位员工日常行为和工作细节中,不断增强企业的环境道德责任意识。从企业发展来说,有没有良好的生态文化,是否有力贯彻生态理念,都是影响企业发展和竞争力的重要方面。企业产品要向着有益于环境保护的方向发展,因为越来越多的人倾向于选择绿色环保产品。因此,企业要努力通过各种方式把保护环境的理念贯彻下去,积极承担环境道德责任,才能获得更好的发展。例如,注重绿色产品的开发,实行清洁生产,注重循环利用,反对过分开采,反对浪费等,都是建设和落实企业环境道德的有力途径。

第三,加强企业环境道德宣传,建立良好的舆论导向。道德宣传是加强环境道德教育的重要方法。现代传播技术非常发达,媒介众多,传统媒体也依然在现实中发挥着重要的作用。因此,充分利用传统和现代的传播媒介,加强环境道德宣传,对于促进企业环境道德责任的承担和落实,是非常有利的途径和方法。通过丰富的传播媒介和先进的信息技术,一方面,优秀的、典型的企业环保经验可以得到广泛宣传和推广,在更大范围内实现对环境道德的认可、学习和效仿;另一方面,在环境道德建设方面没有作为,或者不遵守环境道德规范要求、破坏生态、污染环境、对人与自然的和谐发展以及社会的持续进步造成不良影响的反面典型也可以充分曝光。通过这种直观、生动、便捷、高效的宣传与教育,形成良好的舆论导向,进一步巩固环境保护意识和环境道德观念。

　　第四,加强企业员工的生态实践,提高员工环境道德建设参与意识。丰富多彩的生态实践以其生动性、直观性等特点直接影响着人们环境道德意识的提高和参与热情。生态实践的方式很多,有与生产方式相关的生态实践、与产品相关的生态实践、与消费相关的生态实践、与环境相关的生态实践等等。每个方面的实践都可以通过多种方式来展开。例如与环境相关的生态实践,可以通过生态旅游和生态考察来进行。生态旅游内涵了保护生态环境的思想。通过有选择性的开展与本企业、行业相关的生态旅游,促进员工对可持续发展的认识和环境保护意义的感受和理解,从而在自身的工作过程中自觉参与到生态建设的过程中来。生态考察可以设置破坏性考察和建设性考察的不同方面。对企业不讲环境道德、不履行环保责任而形成的破坏性后果的生态考察,可以对人产生警示作用,从而教育人们尽量杜绝此类做法的发生。对企业很好地履行生态道德责任而产生的良好后果的考察,可以产生示范效果,给人以愉悦感受,从而提高企业环境道德建设的参与意识。

　　第五,加强企业环境道德制度建设,规范员工行为。企业环境道德制度建设,应该从四个方面展开。一是企业管理制度的制定,要在其管理原则和相关规范制定中,体现出环保责任要求。二是企业考核制度的制定,要纳入环境道德责任考核内容。对于企业绩效考核,不能只看其经济效益,或产量和产值,更要从长远的角度来考核企业。企业创造的财富不仅体现在其创造的经济价值,更体现在其对减少环境污染与破坏、实现可持续发展方面所创造的社会价值以及由此所形成的商品品牌价值和社会效应。把企业承担环境道德责任纳入考核制度内容中,可以更好地促使企业履行这一责任。三是法律制度方面,相关法律法规的制定,应该明确规定企业环境道德责任,使企业行为有法可依、有法必依。目前,我国关于企业环保责任方面的法律法规还较少,规定也比较笼统或者缺少直接规定,对企业的约束力不强。因此,建立健全相关法律,细化法律规定,明确企业环保责任,成为当务之急。四是制定监督制度,要从内部和外部两个方面展开。内部监督主要是自我监督,外部监督包含了媒体监督、公众监督、政府监督等。自我监督,应注重制度制定的细化和现实中的执行,杜绝流于形式,更不能把自我监督变成放任自流;外部监督主要是加强政府监管,强化舆论导向,保证公众充分参与,实行信息公开,保障消费者的知情权等。

三、环境道德教育社区实践

社区是由生活在一定地域范围内的人们所形成的一种社会生活共同体,是社会基本的单元结构,也是现代人生活的一个重要活动领域。党的十八大报告中提出了推进生态文明建设,建设美丽中国的要求,落实到社区建设中,就要从物质层面和非物质层面共同展开,从环境、文化、制度、观念、行为等不同角度全面推进社区生态文明建设,创建能促使居民身心健康,提供居民优质生活,保护居民赖以生存的物质条件和精神文化不断进步,人与自然、人与人和谐共处的生态社区,这也是社会可持续发展的要求。加强生态社区建设,既需要进行生态社区的规划实施等硬件建设,更需要环境道德教育的开展来提高社区居民的环境素养和道德素质等"软件"方面的建设。具体来说主要有以下方面:

第一,打造和推广绿色生态社区建设典型和社区环保卫士、环保家庭典型,形成社区环境道德教育的典型案例,发挥示范和引领作用。从典型生态社区的创建来说,全国各地都有绿色社区创办活动。一批批省级、国家级绿色社区的创建,为环境道德教育实现创造了良好的条件。绿色社区在创建过程中积累的经验,一方面可以为其他社区的创建活动提供指导;另一方面可以在较大范围内为生态社区的创建起到示范和引领作用。绿色社区创建形成了优美的外在环境和内在生态文化底蕴,对于环境道德教育开展和生态文明建设来说,都具有积极影响。从个人来说,社区环保卫士典型的树立和宣传推广,对于社区居民生态环保意识和行为,都具有典型的榜样示范和引导作用。在社区环保卫士的带动和影响之下,可以让更多的居民参与到社区环境保护事业中来,共同打造生态社区,形成整个社区居民良好的环境道德素质,让环境道德教育目标得以落实。环保家庭典型的打造和推广也是环境道德教育开展的一个有力途径。环保家庭典型的环保意识、绿色生活方式等对于其他家庭形成环保观念并落实到实际行动中,也具有示范意义。

第二,加强制度和机制建设,保障社区环境道德教育的顺利实施。社区环境道德教育的开展和落实,离不开相关制度的制定和保障。一是法律制度。国家和行业的相关立法中要有明确的社区生态建设和社区环境道德教育规定,让社区生态建设和道德教育在现实中做到有法可依。二是宣传机制。社区环境道德教育过程中,对于环境道德理念、环境伦理、道德要求等内容的宣传要做到制度化,杜绝随意性,使环境道德教育的宣传具有明确的内容、形式和方法。三是组织机制。社区环境道德教育的顺利实施,还必须对环境道德教育的组织者、组织机构、实施场地、组织形式、开展章程等方面做出明确的规定,即形成环境道德教育的组织机制。四是监督机制。社区环境道德教育实施的效果如何,需要进行外部监督和考评,这也是促进环境道德教育进一步深入发展的要求。因此,建立有效的环境道德教育监督机制,也是非常有必要的。监督可以发现问题,监督可以促进改进。在监督主体、监督过程实施、考评标准等方面也要形成一套可行的机制,才能更好地保证环境道德教育落实。

第三,加强社区生态文化建设,提高居民环境道德素质。社区生态文化建设,是社区环境道德教育的重要内容,也是生态文明建设的内在要求。社区生态文化建设的开展,要以不同方式从不同层次展开。一是加强社区内环境知识、环境理念、道德要求等内容的宣传教育,培养人们爱护环境、绿色消费、适度消费、节约资源等道德意识;把环境道德教育关于实现人与自然和谐的理念以及社会的可持续发展要求转化为自觉的行动。二是开展丰富多彩的社区活动,打造生态社区。要充分考虑社区社群性和地域性特征,开展丰富多彩、健康有益的群众性文化活动,把环境道德理念和生态文明建设要求渗透其中,是社区生态文化建设的有效途径和重要载体。依照社区地域特点,充分发挥社区居民特长,开展生态文化活动,既可以满足居民精神文化生活要求,又可以提高居民参与社区生态建设的积极性和创造性。"广场文化"、"楼宇文化"、"家庭文化"等文化活动,"生态志愿活动"、"环境保护活动"、"绿色社区建设活动"、"生态试点活动"、"生态社区示范活动"、"文娱活动"、"护绿爱鸟活动"等各类活动的开展,都将成为有效的途径。以这些密切结合社区特点和居民生活的文化活动和实践活动来落实环境道德教育要求,可以更好地增强社区环境文化建设力度,并从整体上提高社区生态水平和居民环境道德素养。三是开展社区生态环境建设,为环境道德教育目标的实现创造物质条件。社区生态规划、绿化面积的增加、生态人文精神在社区雕塑、环境设计中的内蕴等,让环境道德理念在现实环境中有具体的落实。这既是社区生态建设的内容,也为环境道德教育的实现提供了必需的物质条件。

第四,发挥学校、企业、政府、环保组织等在社区环境道德教育中的作用,形成社区教育合力,提高社区教育效果。学校具有环境教育和道德教育的人才优势,通过良好的组织和实施,让这些人才参与到社区环境道德教育中,会起到事半功倍的效果。相对于个体来说,企业在资金、技术、场地等资源方面具有很大的优势,企业以恰当的方式走进社区,与社区联合,既可以让企业理念和文化得以宣传和贯彻,同时也会对社区环境道德教育起到良好的推动作用。企业可以对社区环境道德教育和生态建设提供资金支持和物质帮助,把自身对生态保护、绿色消费、节约环保等理念在社区居民中进行贯彻。企业可以利用自身技术优势,帮助社区改进环境建设,优化生态条件。例如有些企业具备污水处理技术、垃圾优化处理技术等,可以帮助社区建设良好的人工环境。企业还可以利用自身的场地优势,为社区居民提供参与生态实践和教育的机会。例如组织居民参观考察企业的生产示范基地,了解产品生产过程中环保、绿色理念的贯彻,从而帮助居民更好地选择绿色产品,进行绿色消费。政府在社区环境道德教育过程中有助于发挥其宏观调控、统筹协调等方面的作用。政府要进一步优化社区环境道德教育资源的配置,加大社区生态建设资金投入,协调政府内各部门力量以及统筹社区内各种组织参与社区生态建设和环境道德教育。各种类型的环保组织在社区环境道德教育中的作用也应充分重视。环保组织可以通过开展丰富多彩的主题教育实践活动推动社区环境道德教育进程,提升广大社区居民生态道德素质。

第五,推广社区绿色生活方式,促进社区居民把环境道德要求转化为环境道德行为。社区居民在其生活的每一个方面,都应该注意环保要求。在消费方式上,应该在社区大力推广绿色消费方式。消费不应该追求过度消费,不能以消耗大量能源和资源来换取生活的奢华,而应该立足于节约消费、绿色消费,尽量降低能源的消耗和使用,提高资源利用率,追求绿色健康消费方式和生活方式。例如出门购物尽量自带环保购物袋,避免使用一次性的塑料袋;在外用餐要尽量避免使用一次性筷子;不过度购物,少买少用奢侈品;出行尽量选择环保交通工具,减少对环境的污染;空调调低一度,出门断开电源;等等。这些都是在具体衣、食、住、行等日常生活方面应该具有的。通过这些绿色生活方式的推广,让社区居民从日常生活的每一个方面入手,贯彻环境道德要求,促进社区生态文明建设。

四、环境道德教育农村实践

我国是一个农业大国,农民数量多比重大,农村生态文明建设以及农民环境道德教育更具有基础性地位。其建设效果如何,直接影响我国生态文明建设全面发展。目前,我国农村生态环境仍在恶化,农民环境道德意识仍较淡漠,农村生态文明建设亟需道德上的引导与维护。因此,对农民开展环境道德教育是农村生态文明建设的必由之路,其实质是要求广大农民以道德理念去维护农村生态平衡、环境保护以及不可再生资源的持续利用。根据环境道德教育规律，结合农村生态文明建设要求以及农民、农村实际，农民环境道德教育可以择取以下路径来实施：

第一，加强环境道德观念宣传力度，通过舆论引导营造浓厚的教育氛围。在农村，对如何改善生态环境、如何培育农民环境道德观等问题理论探讨不深、宣传引导力度不够。故而，需要政府充分运用各种舆论方式强化环境保护、树立环境道德价值观等方面的宣传，使更广大的农民群体对环境道德观念有起码的感性认识。政府部门要加大对农村生态文明现代化信息系统建设的投资力度，为扩大宣传提供信息技术支持；要通过张挂农村环境保护宣传挂图、制作村头板报、张贴宣传标语、发放新农村环境保护读本等形式，为农民群众提供最基本的环保信息资源；要充分利用当地电视台、广播、村头大喇叭等宣传媒体，播放环境道德教育题材的乡村短剧、纪录片以及宣讲环保政策、法律条文等；要组织新闻工作者或环境道德教育宣讲团深入农村基层，通过剖析案例、宣传典型或其他艺术形式引起广大农民对人与自然关系进行重新审视和定位，强化农民在解决农村环境问题上的主体性意识，引导农民发挥农村生态文明建设的主体作用。

第二，完善农村环境道德教育平台，搭建丰富多彩的符合农村实际的教育载体。广大农民是否能够受到全面系统的环境知识教育、是否形成清晰的环境道德认知，是环境道德教育能否取得实效的关键所在。这就要求在农村多搭建环境道德教育平台，多提供教育机会和资源。一是进一步加强农村培训机构建设。可依托县农干校对乡村干部、农技人员进行环境知识轮训；可依托乡镇中小学对农村中小学生进行正规的环保课堂教育；可建立、完善农村环保夜校、农村周末课堂、定期村民大会教育等机制,从农村学校或乡镇干部中遴选教员,利用闲暇时间对村民开展环境道德教育。二是进一步完善乡镇农业科技服务站(所)。尽多建立集试验、示范、推广、培训和经营服务等功能于一体的乡镇站,并在各村建立村级服务站或开通乡镇科技服务车,利用该平台加大环保知识和生态科技的推广、培训力度,提高农民环保意识和生态技术运用能力。三是充分发挥村委会的组织保障作用。村委会是农村基层政权组织形式,也是对农民直接进行环境道德教育的有效平台。村委会成员要倡导并带头创建生态文明村,要组织村民学习相关环保知识,要开展带有环境道德教育意义的群众活动,要深入农户、走向地头宣传农村环境保护。四是开展农民环境道德教育主题实践活动。如围绕"世界环境日"、"植树节"开展农村卫生、绿化等活动;围绕"社会主义新农村建设"开展生态文明示范村、环保文明户评选等活动;围绕"生态文明教育基地"创建,建好农村自然保护区、生态园等教育实践活动基地。通过环境道德教育主题实践活动的开展,进一步提升农民精神文明层次,让主题实践活动真正成为农民接受环境道德教育的平台之一。

第三,进一步深化生态农村建设,把环境道德教育寓于农村社会经济发展过程之中。广大农民只有从生态农村建设中获得利益,才有可能激发其学习运用环境知识、遵守环境道德的主动性。一是要发展生态农业。生态农业以资源的永续利用和生态环境保护为重要前提,通过食物链网络化、农业废弃物资源化,充分发挥资源潜力和物种多样性优势,建立良性物质循环体系,促进农业持续稳定地发展,实现经济、社会、生态效益的有机统一。生态农业要求清洁生产,科学种植,杜绝农药污染,杜绝使用化学合成的植物生长调节剂等,增加农业产品食用安全的可信度,提高农业生产效益,增加农民的物质收入,从而调动学习利用生态知识的积极性。二是强化文明生态村建设。以改善人居环境为突破口,以整治脏、乱、差为重点,加快改水、改厨、改厕、改圈,开展垃圾集中处理,抓好村容村貌和生态绿化建设,不断改善农村卫生条件和人居环境,走生产发展、生活富裕、人与自然和谐相处的文明发展道路。三是强化农村能源建设和农业生态技术运用。扩大电网供电人口覆盖率,推广沼气、秸秆利用、小水电、风能、太阳能等可再生能源技术,加大节水灌溉、防污、排污、废物回收利用等技术运用力度,形成清洁、经济的农村能源体系。

第四,树立农村环境道德典范,充分发挥道德模范的感召力和引导力。榜样的力量是无穷的,道德榜样的学习,可以使人们从具体的行为样式中学习到道德原则、道德规范,领悟到其中的道德精神,从而提高自身的道德水平。通过树立农村"绿色食品"品牌,建设生态文明示范村,推选环保文明模范户和环保生产标兵,打造农村生态旅游基地、农村生态示范园等措施,发挥榜样示范和行为引导作用。同时,要实施道德赏罚,发挥道德评价机制作用。道德赏罚,是社会组织根据一定的道德价值标准,对其成员履行道德义务的不同表现所实施的社会性报偿。它既包括赏善,对道德行为进行正面激励,也包括罚恶,对不道德行为进行正面打击。具体来说,即对具有良好环境道德行为的农民个人或集体进行肯定和奖励,以先进典型的道德行为去影响其他农民的思想和行为,进一步扩大环境道德教育效果和范围;而对违反环境道德要求的农民或集体,且对其说服教育又无效时,则要进行必要的物质或精神处罚,制止其错误发展,督促其明辨是非。

第五,加强农村环境道德教育队伍建设,打造一支农村环境道德教育的生力军。开展农村环境道德教育效果如何,取决于是否具备一支优良的施教队伍。针对农村实际,应当注重对以下教育主体的培养力度。一是加大对农村基层领导干部的培养。农村基层领导干部是对农民特别是成年农民实施环境道德教育的主要力量。其环境意识水平高低、生态决策能力大小直接影响教育质量和效果。二是加大对农村乡镇企业领导者的培养。农村企业领导者是企业的决策者和管理者,其环境道德素质高低直接影响企业生产经营、企业员工的具体行为和价值取向,在引导企业走向绿色生产、教育员工维护好农村生态平衡、保护好农村环境方面起着重要作用。三是提高农村中小学教师的环境道德素质。学校是农村中小学生接受环境道德教育的主要阵地。只有学校教师具有较高的环境理论知识和环境道德水平,并能将其恰当地融入到教学之中,才能充分发挥学校环境道德教育的基础作用。四是加大农村生态科技者的培养力度。农村科技服务站日益在农村经济发展和生产技术推广方面起到越来越重要的作用。从事生产技术培训、服务的工作者成为农民教育的重要生力军,进一步加强其生态技术素养和能力的培训,对开展农民环境道德教育将起到重要促进作用①。

五、环境道德教育网络实践

当今社会,网络媒体以其独特的传播优势和极强的渗透力把社会各部门、各行业以至于全世界连接成一体,形成了虚拟性的"网络社会"。网络正在改变着人们的工作、学习和生活方式,并深刻影响着人们的思维方式、价值观念和精神世界的变革和重塑。

---

① 参见徐莹:《生态文明视域下农民生态道德教育论析》,《山东省农业管理干部学院学报》2012 年第 4 期。

网络具有资源丰富性、传播迅速性、空域开放性等特性,为促进环境道德教育提供了新的思路和空间,成为各个领域环境道德教育都不可忽视的重要途径和方法。本书中,虚拟领域的环境道德教育主要是指以网络为载体的环境道德教育,即网上环境道德教育。网络环境道德教育是适应科技发展和教育现代化产生的新教育方式,其功能作用的大小直接决定于其构建及操作网络化环境道德教育的科学性与否。我们应立足网络特点和实际,吸收、借鉴国内外网络教育的先进经验,探索适应网络环境道德教育行之有效的方式、方法和机制,不断扩大环境道德教育的辐射力、感染力和渗透力。

第一,搭建环境道德教育网络平台。只有在网络上有宣传平台,才能扩大环境道德教育信息量,才能拓展环境道德教育信息覆盖面。问题关键是平台由谁来搭建,如何来搭建以及搭建什么样的平台,即搭建平台的主体、途径和形式是什么。首先,政府、社区、学校等行政事业单位,担负着环境道德教育的主要责任和义务,是第一位的网络平台搭建主体,应通过决策加大人、财、物的投资,承建网上多层次、多方位的综合、知名精品环境道德教育网站,确实在网络空间开一片天地、树一面旗帜。其次,与生态有关联的更多生产、加工制造等企业应参与进来,将环境道德教育因素加入到企业文化网站,倡导和注重绿色生产、节能消耗和环境保护,增强员工的环境道德认知,养成绿色环保理念。再次,具有公益性、强烈道德责任感的社会团体,依靠社会各界的支持建立专业环境道德教育网站,普及环境道德理论知识和环保法制规范,反映生态环境现状和研究动态,倡导环境道德实践。最后,具有环境道德教育责任感或从事研究环境道德教育的个人是平台搭建主体的重要补充,可以将个人制作的专题网页、专题博客作为信息传递、交流评论的载体,依靠自己的环境道德认识引发更多人的环境道德责任感。

第二,充实环境道德教育网络资源。环境道德教育网络资源是有效开展网络教育的前提和基础,只有网络环境道德教育资源丰富才能保证教育开展的效果。网络环境道德教育资源主要有:一是文字资源,主要包括与环境道德相关的书籍、刊物、理论文章、法律规范、典型案例、文字新闻动态等,通过文本材料的充实,形成环境道德教育网络图书馆。二是声像资料,主要通过上传环境道德教育讲座、公益宣传片、纪录片、论坛等影像资料,建设环境道德教育的网络有声课堂。三是图片资料,通过上传大量反映环境破坏和环境保护正反两方面的图片资料,建设一个对网民产生强烈视觉冲击的网上视界。环境道德教育各类网络资源的充实,需要我们有宽广的世界眼光,除了国内教育资源外,还要注重对国外教育资源的关注、鉴别、整理和宣传。只有不断更新、补充环境道德教育网络资源,重视网络资源的新颖性、全面性和感染力,才能不断提高网民的关注度,更好地开展环境道德教育。

第三,拓展环境道德教育网络手段。网络环境道德教育必须运用各种网络技术手段来深化教育效果。首先要充分利用简单易用、方便快捷、真实可靠的网络新媒体。如通过贴吧、BBS论坛等就环境保护、生态现状、绿色生活等主题进行讨论、评议,在交流、讨论中培养人们的环境道德认知和情感。还要通过创建环境道德教育QQ群、微信群、微博社区以及专题博客等方式,来拓展环境道德教育空间,提高教育效果。其次要注重开发环境道德教育软件。网络化环境道德教育不但要有网站的硬件支撑,还需要教育产业部门高度重视软件开发。"只有开发寓教于乐的德育软件,使网上德育有现实可操作的运行载体,才能使德育抢占网上阵地成为可能。"①软件开发中,特别要注重软件与环境道德教育的充分结合,充分考虑到教育的互动性、生动性和针对性,不能偏离环境道德教育的宗旨目的。再次要主动开展网络环境道德主题教育活动。如依托网站在网上发起环境道德知识竞赛、环境保护月、企业环保评比年、绿色产品展览以及生态环境状况调查、生态环境保护维权等主题活动,吸引人们更多地关注、监督,通过网上虚拟参与达到培养公众环境道德实践与自律能力的目的。

　　第四,强化环境道德教育网络话语权。网络社会给环境道德教育提供了广阔空间,但同时也要看到这是一个无中心的资源共享、多元价值共存的社会。人们在面对"善恶"并存的海量资源信息时,有时会陷入道德观念选择的困难境地。这就需要在网上有主导性的呼声和宣传,引导人们进行正确的环境道德选择。一是要唱响人与自然和谐相处的主旋律。要旗帜鲜明地宣扬社会主义生态文明建设,引导人们重新认识人与自然的共生关系,树立全新的生态文明观。二是充分发挥环境道德教育工作者的影响力和导向力。学校和专业团体中的环境道德教育工作者不管是从生态认知丰富性、专业性,还是从引导人、感染人的话语技能方面都具有优势。尽管其在网络载体上不能实现面对面的施教,但可以在网络上实现对受教育者的"隐性"教育,从"台前"转到"网后",对教育者在网上的言论、情绪、观点等进行潜移默化的疏导、转变。三是培养一批专业的网络环境道德教育队伍。一方面,要求队伍要有较高的政治素质、专业素质和心理学知识;另一方面,要熟练运用各种网络手段,把握网络运行规律和发展趋势。让他们成为环境道德教育的网站维护者、电子资料的更新者、网络环境教育主题

―――――
① 戚万学:《道德教育新视野》,山东教育出版社2004年版,第192页。

活动发起者以及网评的引导者,起到环境道德教育生力军的作用。同时,进一步加大网络内容监管、强化网络道德自律等方式,弱化不利于环境道德教育的网络负面因素。

第八章　环境道德教育
历史资源

环境道德教育绝不是无根之木、无源之水,中国传统文化、近代以来西方环境伦理思想、乃至宗教文化中都有着丰富的环境保护、环境道德和环境道德教育思想,这成为当前环境道德教育的重要历史资源。因此,深入开展环境道德教育,需要吸收借鉴中西方文化中的有益成分,推进传统环境道德教育资源的现代转化与创新发展。

第一节　环境道德教育目的演变

环境道德教育虽然是近些年来才日益受到重视,但是从很早的时候就已经开始有了环境道德教育,并形成了一些相关思想,只是不同时期教育目的有所不同。随着环境道德教育的发展,环境道德教育目的也不断发展、丰富和完善。不过,正如环境道德教育在相当长的时期内没有从道德教育分化出来一样,环境道德目的在相当长时期内也没有从道德教育目的中明确地分化出来。因此,要考察环境道德教育目的,必须首先从考察道德教育目的入手。

一、成为人

"成为人"是人之为人的本质属性与社会属性的根本问题,一方面是反映人之所以作为人而存在的自然逻辑问题;另一方面是反映人之所以作为人而存在的社会价值问题。正是因为人类具有这一道德自觉和价值追求,才使得人的群体功能得以实现,人才能够由"力不若牛,走不若马"的自然存在而攀升为"天下最贵"的社会存在,社会也才能够得到不断演进。在孟子看来,人和禽兽是有本质区别的,这种区别的主要表现是人性和禽兽之性不同。人的生活高于禽兽生活,是因为人生来就具有天赋的"善端",具有一种先验的道德观念,这是人异于禽兽的本质特征。而道德教育的目的就是要扩其善端,使人脱离兽性,弘扬人性,成为现实的人。因此,道德教育首先是"成人"教育。

(一)何为"成人"?

什么是"成人"呢? 据成书于春秋时期、记载周代贵族各种礼节仪式的《仪礼》记载:"(女)未嫁者,其成人而未嫁者也。"①郑玄注曰:"成人,谓年二十已笄醴者也。"古人是从三个方面来界定成人的。

首先,是从心理认识上来界定的。即要行"礼",根据古代的礼俗,男女成年都要举行仪式,男子称"冠礼",女子称"笄礼"。这种礼节很重要。一则成人礼俗是诸礼俗之首。我国最早记载礼俗的《仪礼》将冠礼放在当时十七种主要礼俗之首。《礼记·冠义》指出:"冠者礼之始也,嘉事之重者也。是故古者重冠。"②二则成人礼俗很神圣。这种神圣性一方面体现在人们衣着神情举止的庄

---

① 《仪礼·典礼》。
② 《礼记·冠义》。

重上,如"主人玄冠,朝服,缁带,素韠,即位于门东,西面。有司如主人服,即位于西方,东面,北上"①。其中既提到了参与者的服饰搭配包括颜色,也提到了参与者的站位,还提到了参与者站位中的位序、朝向,其神圣性可见一斑;另一方面,其神圣性还体现在成人礼"筮日"、"筮宾"的神秘性上。按照礼俗,"古者冠礼:筮日、筮宾"②,即是告诉人们,成人礼日不是人为、随意地决定的,而是通过神卜得到的,如果得到的礼日不吉利,还要再次卜筮。同样,仪式上的主持人也是通过卜筮得出的。三则成人礼俗很严格。其严格性除了上述在着装、站位等要求外,还体现在整个过程有一整套完备、规范的操作程序。这使得未成年人在成长的过程中,对成年礼怀有特别的期待、崇敬之情。也正是这样一种情感,使得成年礼具有了很强和很好的教育示范功能。因为在这一过程中,他(她)们会直接和间接地意识到"凡人之所以为人者,礼义也"③。因而会尊重、接受、仿效并传播"礼"。反之,如果不接受、不尊重礼仪,不仅不能够成为有出息的和受人尊敬的人,甚至连做人的资格也没有。所以,我们从"年二十已笄礼者"和"已冠而字之,成人之道也"④这两个"已"字就可以看出,行礼是成人的前提。至于年龄上是否达到二十是次要的,而不行礼即使是"年二十",在生理上具备了成人的条件,在心理上也很难被人认同和接受为成人。

其次,是从人格方面来界定的。什么是人格呢?按照弗洛姆的意思,是指人先天禀赋和后天获得的真正构成一个人特征的、从而使个人与他人区别开来的各种心理特质的总和。也就是说,一

---

① 《仪礼·士冠礼》。
② 《礼记·冠义》。
③ 《礼记·冠义》。
④ 《礼记·冠义》。

个人要成其为自己而非"他人",一方面是自己要有主体意识即独立人格;另一方面是个人的主体意识要能接受来自他人和社会的修改和补充。一个人如果在观念或意识上受他人的控制和摆布是无所谓成人的。古人在这方面的体察应该是深刻的。所以,《仪礼·士冠礼》特别规定:"若天子,亦与诸侯同,十二而冠。"①天子和诸侯之所以要比普通百姓先行冠礼,很大程度上是因为天子或诸侯作为权位继承人,需要提早培养其独立人格。可见,成人的一个重要内容是人格上独立。而相比之下,其他方面的成人都应该只是人格成人的形式或者准备,没有人格上的成人不可能成为真正意义上成人。

再次,从道德方面来界定。孟子认为:"人之有是四端也,犹其有四体也。有是四端而自谓不能者,自贼者也;谓其君不能者,贼其君者也。凡有四端于我者,知皆扩而充之矣,若火之始然,泉之始达。苟能充之,足以保四海;苟不充之,不足以事父母。"②人有"四端"之心,即恻隐、羞恶、辞让、是非之心,就如同人有四肢一样,本来是人的身体所具有的。人无四肢,不成其为人;人无"四端",亦不成其为人。人人都知道保养其四肢,也知道保养其"四端",扩充其"四端"。一旦扩而充之,便如同江河之不可御,无所遇而不至。这就是人之所以为人的存在方式。在《论语·宪问》中,子路向孔子请教关于"成人"的问题时,子曰:"若臧武仲之知,公绰之不欲,卞庄子之勇,冉求之艺,文之以礼乐,亦可以为成人矣。"③即具备智、仁、勇、艺、礼这几个方面的品质就可以"成人"。但孔子又说:"今之成人者何必然? 见利思义,见危授命,久要不

---

① 《仪礼·士冠礼》。
② 《孟子·公孙丑上》。
③ 《论语·宪问》。

忘平生之言,亦可以为成人矣。"①可见,在孔子看来,成人的标准不仅仅限于前面说的几项,见到利益先想到义,遇到危险能献出生命,长时间处于困顿之境而不忘平生的诺言,同样也可以成人。

最后,从环境道德方面来界定。禽兽虽然没有人的道德情感、道德本心,但却是有生命的,更不是人类的敌人。从生命的意义上说,人与禽兽是一样的,也是平等的。禽兽作为天地中之一"物",应在仁的范围之内,应当受到尊重与关怀。"人之所以异于禽兽者",不仅在于人有一点道德情感,更重要的还在于人能够"扩充"其道德情感,既施之于人类,又施之于动物。以爱心对待动物,只有人类才能做到,也只能依靠人类去实行,这才是人的尊贵之处。孟子认为人固有一种爱护生物的恻隐之心,动物临死前的颤抖和哀鸣,足以震撼人的心灵,引起人对动物生命的同情。"君子之于禽兽也,见其生,不忍见其死;闻其声,不忍食其肉。是以君子远庖厨。"②看见动物被杀时的恐惧样子,一个情感意识健全的人都会产生"不忍"之心。对动物的这种同情,是一种生命意义上的"不忍之心",有了这种"不忍之心",就能够在处理人与自然的关系上有一种道德意识,道德义务。反之,如果认为人是万物中最尊贵的,因而可以藐视万物,宰制万物,无所不为,无所顾忌,任意杀害、役使万物,那么就容易归于禽兽,不能"成人"。

(二)道德教育的目的是成人

"成人"的最主要手段是教育。张载将"学所以为人"作为道德教育的追求。张载认为,"气"之性是人与天地万物的共同本性。天地之性是至善的,人的一切善的道德品性都来源于天地之

① 《论语·宪问》。
② 《孟子·梁惠王上》。

性。人在成性之际,同时也具有特殊的个性,张载称之为"气质之性"。气质之性包含恶的成分,任其发展就会泯灭天地之性,所以,人需要"变化气质"。教育就是使人"变化气质",使人认识到人之所以为人的本质,通过学习成为人。这是人不同于物之处,物只能安于气禀。停止学习,人与木偶或死人无异。所以,学习是成人之道。

朱熹认为,道德教育的根本目标是教人做人,使人成人。他说:"圣贤千言万语,只是教人做人而已。"①陆九渊也认为,"若某则不识一个字,亦须还我堂堂地做个人。"②可见,在他看来,"学为人"要比"有为"重要得多。陆九渊将学做人作为教育的根本追求,学习的最终目的。

王夫之不将成圣作为对所有人的目标要求,他提出的教育目标更为切合实际。这就是大多数人要成人,具备人应具备的道德,不能以成圣要求所有的人。他明确指出:"不能望天下以皆圣。"③,对于绝大多数士子而言,只要"德其成人,造其小子,不强之以圣功而俟其自得"④,就可以了。

(三) 成人也是环境道德教育的首要目的

"成人"的道德教育基本上是围绕人伦而展开的,正如《礼记·冠义》所强调的,"礼义之始,在于正容体、齐颜色、顺辞令。"⑤其具体内容便是"正君臣、亲父子、和长幼",最终的目的却是"将责为人子、为人弟、为人臣、为人少者"。也就是说,道德教

① 《朱子语类·卷十三》。
② 《陆九渊集·语录下》。
③ 《张子正蒙注·序论》。
④ 王夫之:《张子正蒙注》,中华书局 1975 年版,第 1 页。
⑤ 《礼记·冠义》。

368

育小而言之是告诉即将成年的人怎样处理各种不同的人际关系，在各种不同身份、地位的人群中，怎样摆正自己的位置，大而言之即是告诉即将成年的人怎样做人。但是，道德教育仍然少不了环境道德的灌输，而开展环境道德教育也是为了"成人"这个目的，这一点在中国古代成人礼上体现得尤为明显。

古代男女成年都要举行仪式，这种成人礼对于未成年人"成为一个人"具有十分重要的教育功能。未成年人已经具备了担当成人职责的条件，只是通过成人礼授予其担当职责的权利。而大多数情况是，未成年人无论在思想还是行为上，都没有把自己当作一个成人来对待，而成人礼的任务就是帮助他（她）们从思想和行为上树立这种意识，并教给他（她）们一些成人的基本常识。如不杀人放火，不偷盗抢劫，不奸女拐妇，不虐待妇女，不陷害好人，不做官欺人等伦理道德常识；以及"为人子者，出必告，反必面，所游必有常，所习必有业，恒言不称老。年长以倍则父事之，十年以长则兄事之，五年以长则肩随之"，"从于先生，不越路而与人言。遭先生于道，趋而进，正立拱手，先生与之言则对，不与之言则趋而退。从长者而上丘陵，则必乡长者所视，登城不指，城上不呼"，"男女非有行媒，不相知名；非受币，不交不亲"①等行为规范。环境道德常识亦是成人礼教育的主要内容。如"五亩之宅，树之以桑……鸡豚狗彘之畜，无失其时……百亩之田，勿夺其时"②，"昆虫未蛰，不以火田。不麛，不卵，不杀胎，不殀夭，不覆巢"③，"驱兽毋害五谷"，"草木黄落，乃伐薪为炭"④等环保规范也是成人所必

---

① 《礼记·曲礼》。
② 《孟子·梁惠王上》。
③ 《礼记·王制》。
④ 《礼记·月令》。

须掌握和遵循的。

二、成为君子

"为政以德,譬如北辰,居其所而众星拱之。"①儒家主张以"德政"治国安民。德政是要由人来实施的,所以教育的目的就是培养修己安人的君子。在孔子的四种教育"德行"、"言语"、"政事"、"文学"中,德行的教育列于各科之首。在环境道德教育方面,儒学虽然罕言天道,但不等于说没有论及,更不等于说论及得少就不精彩。当然儒家的环境道德教育也是着眼于人的,培养修己安人的君子成为儒家环境道德教育的最高目的。

第一,通过"知天畏天"教育成为君子。"天命"这两个字在《论语》里出现不多,仅见于这样两句话:"吾十有五而志于学,三十而立,四十而不惑,五十而知天命,六十而耳顺,七十而从心所欲,不逾矩"②及"君子有三畏:畏天命、畏大人、畏圣人之言。小人不知天命而不畏也,狎大人,侮圣人之言。"③

孔子敬畏天命的思想不仅仅是讲人们要遵循自然规律办事,而且还将畏天命与君子人格结合起来。孔子把知命畏天看作是君子才具备的美德,这与其"不知天命,无以为君子"④的主张是一致的。"天命"即指自然规律。子曰:"天何言哉? 四时行焉,百物生焉,天何言哉?"⑤这里的天,就是四季正常运行的规律;是万事万物生长的地方。因此,"知天命"即是对自然规律的了解、掌握。

---

① 《论语·为政》。
② 《论语·为政》。
③ 《论语·季氏》。
④ 《论语·尧》。
⑤ 《论语·阳货》。

掌握了自然规律,并用于指导人生和人的行为,就是一种君子美德。

孔子的环境道德意识不仅仅体现在"知天命"上,而且更重要的是体现在"畏天命"上。敬畏天命是孔子环境道德思想的理论基石。为何要敬畏天命?因为"四时行焉,百物生焉"。天命是客观存在的不可抗拒的自然规律,是一种不以人的主观意志为转移的客观规律的必然性。四时变化、万物生长都有其自身的规律性,人们只有敬畏他,尊重它,按自然规律办事,春耕夏播,才有金秋的收获;人们只有适应它,也才能使自身有一个健康良好的生存环境。如果违背天命,就会遭到大自然的报复,从而招致人类自身的毁灭。

第二,通过"乐山乐水"教育成为君子。热爱生命,热爱大自然,这是儒家的生活态度,也是整个中国哲学与文化的重要传统。孔子在几千年前概括了一句如今广为人知的以山水为内容的环境道德名言:"知者乐水,仁者乐山。知者动,仁者静。知者乐,仁者寿。"①孔子把"乐山乐水"作为培养儒家理想君子人格的一项道德行为规范,这就把环境道德教育有机地融入人伦道德教育之中。

孔子的学生曾皙在谈论人生志向和理想说:"莫春者,春服既成,冠者五六人,童子六七人,浴乎沂,风乎舞雩,咏而归。"夫子喟然叹曰:"吾与点也!"②为何孔夫子会赞同曾皙的观点?在曾皙的观点里,暮春时节,约上几个朋友,带上孩子们,到沂水去沐浴,在舞雩台上唱歌跳舞,祭祀求雨,然后尽兴而归。这是曾皙的最高志向,也是孔子的最高社会理想。这与孔子主张培养"乐山乐水"

---

① 《论语·雍也》。
② 《论语·先进》。

的仁人志士的理想情怀是一致的。孔子要培养的是既有仁者胸怀又能治世的君子,这种人才仅仅能治世是不够的,还必须有乐山乐水的道德情怀,将人间的和谐与自然的和谐自觉统一起来,去实现"老者安之,少者怀之,朋友信之"①的儒家社会理想。

第三,通过"爱物"教育成为君子。儒家主张"仁者,爱人"。《易传·系辞上》说"安土敦乎仁,故能爱"。"仁"是儒学伦理的核心,由它构成儒学道德体系。"仁",不仅仅要爱人,还要爱物,所谓"君子以厚德载物"②,爱物也是君子必备的德性。儒家把"仁"、"孝"、"义"、"礼"这些道德范畴从人推及物,并把它们看成是统一的。如此,一方面使伦理道德具有了保护环境的功能;另一方面扩展了人类的道德关怀,提升了人类的道德境界。

孟子首先提出要把对人世的普遍关怀推广到宇宙万物。他说:"君子之于万物也,爱之而弗仁。于民也,仁之而弗亲。亲亲而仁民,仁民而爱物。"③这里的"物"包含宇宙中的万事万物,特别是与人相区别的自然界中的动植物,孟子用"牛山之木"为例说明了这个道理。齐国郊外的牛山上生长着树木,在日光雨露的浸润之下发芽、成长、繁殖而成为茂密的森林,郁郁葱葱非常之美。但是,如果不去爱惜它、保护它,而是天天用刀斧去砍伐它,等新的树苗生长出来之后又用牛羊去放牧它,那么,过不了多久,牛山也就变成一座秃山了,有何美之可言? 这充分表达了孟子的环境道德思想,表达了对自然界的看法,表达了在人与自然关系问题上的基本态度。对于自然界的万物如森林树木,是要"养"的,这也是仁的重要表现,是人性问题。

---

① 《论语·公冶长》。
② 《周易·坤》。
③ 《孟子·尽心》。

儒学发展到汉代董仲舒,就其生命哲学而言,可以说完成了
"仁"从"爱人"到"爱物"的转变,或者说将"爱物"直接纳入
"仁"的要求之中。他说:"质于爱民以下,至于鸟兽昆虫莫不
爱,不爱,奚足以谓仁?"①仅仅"爱人"还不是真正的"仁",只有
将"爱"扩展到"鸟兽昆虫"等自然万物,才是真正的"仁",这是
极为难得的。

宋明时期,理学家对"爱物"观念作了进一步发挥,不仅把人
类的伦理道德看成是人为的社会规范,而且还把它看成是宇宙的
本体。张载认为,"仁爱"就是爱人,爱物,不私己。在他看来,人
是天地万物中的一员,同万物具有共同的本性,所以不能偏私自
己。他主张"是故立必具立,知必周知,爱必兼爱,成不独成。"②意
思是说,立要立己立人,知要知人知物,爱要爱己爱人,成要成己成
物。朱熹从理学的角度也谈到了人与生物的关系。他说:"事事
物物皆有至理,如一草一木,一禽一兽,皆有理;自家所得万物均气
同体。见生不忍见死,闻声不食肉,非其时不伐一木,不杀胎,不夭
夭,不覆巢,此便是和内外。"③从根本上把爱人与爱物统一了起
来。王阳明也认为"仁"、"义"、"礼"、"智"、"信"这五德不仅适用
于人,而且可以推广到自然生物界。认为真正的"仁"不仅仅追求
人人遂其生,而且要求万物都能遂其生,把由人及物推广实施"仁
爱"之心发挥到了极致。

第四,通过"节用"教育成为君子。儒家认为节用思想是君子
应当具备的一种美德。儒家虽不像道家那样极端,比如说像老子
那样希望回到并保护"小国寡民"的孤立停滞状态,像庄子那样渴

---

① 《春秋繁露·仁义法》。
② 《正蒙·诚明》。
③ 《朱子语类》卷十五。

望回到尧舜时期"与木石居，与鹿豕游"①的自然状态，并视技术为
"有机械者必有机事，有机事者必有机心"②而绝对予以拒斥。虽
然也主张富民养民，丰衣足食，但在这方面是有一个限度的，即在
人们的生活资料满足到一定程度后必转向道德修身和教化，力求
造就高尚的君子、圣贤。

　　孔子认为"以约失之者鲜矣"③。即很少看到有人因为节约而
犯错误。在《论语》里，还可以找到同样的观点，如"君子食无求
饱，居无求安"④。当然，孔子在对待人的生活态度上，并不反对求
富。但是，认为应该遵从一种节俭的生活方式。孔子认为奢侈则
会导致不谦逊，而节俭能使人朴素。在《论语》里，记载的"奢则不
逊，俭则固；与其不逊也，宁固"⑤和"礼，与其奢也，宁俭"⑥是对孔
子节用资源最好的表征。所以，孔子赞扬颜回道："贤哉回也！一
箪食，一瓢饮，在陋巷，人不堪其忧，回也不改其乐。"⑦孔子不仅主
张他人节用俭朴，而且自己也身体力行做表率。"君子居之，何陋
之有"⑧和"子钓而不纲，弋不射宿"⑨是孔子对其环境道德思想的
践行，也体现了孔子主张生活俭朴、节用资源、讲究内在的道德修
养和不追求外在奢华生活的君子品格。

　　第五，通过"慎杀"教育成为君子。《孟子》记载了这样一个故

---

① 《庄子·山木》。
② 《庄子·天地》。
③ 《论语·里仁》。
④ 《论语·学而》
⑤ 《论语·述而》。
⑥ 《论语·八佾》。
⑦ 《论语·雍也》。
⑧ 《论语·子罕》。
⑨ 《论语·述而》。

事:齐宣王在大堂上看见有人牵牛走过,便问干什么？回答是杀牛做"血祭"。齐宣王以其"无罪"而被杀,"不忍其觳觫"①,便"舍之"。由于"血祭"是不能取消的,因此又"以羊代之"。孟子认为,这种"不忍"之心,就是"仁术",是道德心的表现。孟子从这件事中得出结论说:对于禽兽,见其生而不忍见其死,闻其声而不忍食其肉,这是人的仁心的最直接表露,是对生命的一种同情心。为了"祭礼"的需要,杀牲是不可避免的,齐宣王还是杀了羊,孟子也没有提出不该杀羊的主张。羊作为家畜,难免遭到屠杀的命运。孟子只能提出"君子远庖厨"的说法,以表达人有"不忍之心",并将这种"不忍之心"推行到社会政治和自然界。这里似乎也有何者该杀、何者不该杀,何时该杀、何时不该杀的问题。孟子没有进一步讨论这类具体问题,但是从他的一系列论述可以看出,不能无故而杀生,当必不得已而杀之的时候,也有轻重缓急的问题。

儒家不是素食主义者,没有达到"不杀生"那样的宗教境界,但儒家认识到一切生命的可贵,认识到自然界的生命有其生存的权利和价值,而人有责任、有义务保护一切生命。因此,儒家决不提倡"滥杀"。孟子最痛恨那些"嗜杀"成性者,认为他们是"残贼"之人。在对待人的问题上是如此,在对待其他生命的问题也是如此。

三、养家、治国、繁荣自然三位一体之目的

传统文化中的环境道德教育内容广泛,理想宏大,目标崇高,往往将奉养父母、治国理政和繁荣自然万物有机结合,认为善待万物就是孝心、仁政、博爱的体现。因此,古代文化中的环

---

① 《孟子·梁惠王上》。

境道德教育也就具有了养家、治国、环保三位一体的目的和
关怀。

第一，为了奉养父母。中国古代道德具有浓厚的宗法血缘关
系和人伦色彩，这一特色也体现在自然万物上，即以人与人的关系
来比拟万物关系，将人与父母的关系比拟为人与自然的关系，以天
地万物为父母；并将调节人与人关系的道德规范用于调节人与自
然万物的关系。孔子就把孝的原则推广应用于调节人与生物的关
系，认为"断一树，杀一兽，不以其时，非孝也"①。为什么？曾子回
答道："孝有三：小孝用力，中孝用劳，大孝不匮。""孝有三：大孝尊
亲，其次弗辱，其下能养"②。用财物养亲是奉行孝德的表现，而这
必须以时"断树、杀兽"才能做到。"博施备物，可谓不匮矣。"③如
果违时"断树、杀兽"，财物就会匮乏，那就是不孝了。张载的《西
铭》篇，以家庭中父母兄弟的关系来说明人与天地万物的关系，或
者说，他把人与天地万物的关系看作家庭关系，从而得出了"民胞
物与"、泛爱万物的结论："乾称父，坤称母；予兹藐焉，乃混然中
处。故天地之塞，吾其体；天地之帅，吾其性。民，吾同胞，物，吾与
也。"④在他看来，人与天地万物的关系不过是家庭关系的放大、扩
展和延伸。而这种亏其体与辱其身一样，是违背孝道的。因此关
爱自然、保护万物也就是孝德的体现。

第二，为了国治民安。早在夏商之际，人们就把保护动物视为
君王的道德行为。《史记·殷本纪》记述了这样一个故事：汤出，
见野张网四面，祝曰："自天下四方皆入吾网。"汤曰："嘻，尽之

---

① 《礼记·月》。
② 《礼记·祭义》。
③ 《礼记·祭义》。
④ 《正蒙·乾称篇》。

矣!"乃去其三面。祝曰:"欲左,左。欲右,右。不用命,乃入吾网。"诸侯闻之,曰:"汤德至矣,及禽兽。"①商汤网开三面,仁德广施到禽兽,得到了诸侯们的赞美,后来便纷纷归顺商汤。在这里,保护禽兽不但是一种环境道德行为,更重要的是君王征服人心的政治行为。

中国古代的环境道德思想甚至提出了对君主的严重警告:"帝王好坏巢破卵,则凤凰不翔焉;好水博鱼,则蛟龙不出焉;好剖胎杀夭,则麒麟不来焉;好填溪塞谷,则神龟不出焉。故王者动必以道,静必以理;动不以道,静不以理,则白夭而不寿,妖孽数起,神灵不见,风雨不时,暴风水旱并行,人民夭死,五谷不滋,六畜不蕃息。"②它告诫帝王,如果他们做出了诸如坏巢破卵、大兴土木这样一些事情,几种假想的、代表各界的象征天下和平的吉祥动物(凤凰、蛟龙、麒麟、神龟)就不会出来,甚至各种自然灾害将频繁发生,生态的危机也将带来政治危机。

管子说:"为人君而不能谨守其山林菹泽草莱,不可以为天下王。"③孔子告诫道:"乐骄乐,乐佚游,乐晏乐,损矣。"④沉溺于田猎宴饮是有害的。勾践年少时"出则禽荒,入则酒荒"⑤,田猎无度,引起百姓不满,为吴国所灭。这表明"好田好女者亡其国"⑥。

孟子把保护生物资源与王道、仁政联系起来。他说:"不违农

---

①　《史记·本纪·殷本纪》。
②　《大戴礼记·易本命》。
③　《管子·地数》。
④　《论语·季氏》。
⑤　《国语·越语》。
⑥　《礼记·郊特牲》。

时,谷不可胜食也;数罟不入洿池,鱼鳖不可胜食也;斧斤以时入山林,材木不可胜用也。谷与鱼鳖不可胜食,材木不可胜用,是使民养生丧死无憾也。养生丧死无憾,王道之始也。"①王道一般指以德服人、仁义治国。这是儒家最高的社会政治理想与道德理想。孟子是把保护生物资源以满足百姓的生活需要作为推行王道仁政起始和措施来看待的。因为生物资源得到保护,财物充裕,老百姓温饱得到满足,是仁政的基本要求,也是统一天下的基本条件。"老者衣帛食肉,黎民不饥不寒,然而不王者,未之有也。"②荀子对先秦时期环境道德作了比较全面的总结。他认为:"君者,善群也。群道当则万物皆得其宜,六畜皆得其长,群生皆得其命。"③君主应当善于协调生物群落的关系,使各种生物和谐发展,动物得以兴旺繁衍,其他生物也得以生存。并建议圣王即有德之君,将保护生物资源作为一项制度确定下来。

第三,为了万物繁荣。儒家伦理既追求道德理想的至高境界,又体现了一种积极进取的实践理性。中华民族作为传统的农耕民族,养成了一种内敛务实的作风,他们无时无刻不在用自己的实际行动实践生态伦理原则,又在实践中不断总结与积累生态经验。这种对自然所持的实践理性主要体现为一种行为规范——时禁。要求不违背自然规律,以时杀伐。这种思想在《礼记·月令》中有多处记载,如:"孟春之月:禁止伐木,毋履巢,毋杀孩虫胎夭飞鸟,毋麛,毋卵,毋聚大众,毋置城郭,掩骼埋胔。是月也,不可以称兵,称兵必天殃,兵戎不起,不可从我始。毋变天之道,毋绝地之理,毋乱人之纪。仲春之月:毋竭川泽,毋漉陂池,毋焚山林。季春之月:

---

① 《孟子·梁惠王上》。
② 《孟子·梁惠王上》。
③ 《荀子·王制》。

是月也,生气方盛,阳气发泄,句者毕出,萌者尽达,不可以内。田猎罝罘罗网毕翳餧兽之药,毋出九门。是月也,命野虞毋伐桑柘。孟夏之月:是月也,继长增高,毋有坏堕,毋起土功,毋发大众,毋伐大树。是月也,驱兽毋害五谷,毋大田猎。季夏之月:是月也,树木方盛,命虞人入山行木,毋有斩伐。"直到"仲秋之月","乃命有司趣民收敛,务畜菜,多积聚"。到"季秋之月",则"命百官贵贱无不务内,以会天地之藏,无有宣出"。并且,"是月也,天子乃教于田猎"①。

总之,当春萌夏长之际,不许破坏鸟兽之巢穴,不许杀取或伤害鸟卵、虫胎、雏鸟、幼兽,禁止人们各种有害于自然生长的行为。所禁的行为对象不仅包括动物、植物,也涉及山川土石。而其中的"毋变天之道,毋绝地之理,毋乱人之纪"则可视为基本的原则。这些生态实践措施一定程度上体现了儒家所追求的"尽人之性"、"尽物之性"、"成己"、"成物"思想,不但使各种生命自然成活和生长,促进了生态的平衡和万物繁荣,而且还有利于社会经济的永续发展。

第二节　中国传统文化中环境道德思想

对于环境道德教育,我们祖先早就存有不少令现代人叹为观止的观点,有些闪烁着智慧光芒的生态观点至今仍然值得我们继承。"中国传统中有着丰富而又令世界刮目相看的人与自然、人与环境和谐发展的深邃论述,中华民族一直崇尚和追求人与人、人与自然之间的和谐,对自然怀有一种崇高的敬畏之心。

---

① 《礼记·月令》。

可以说强调人与自然和谐相处,是中国传统文化的一个基本主张。"①因此,当代环境道德教育需要充分发掘中国环境道德及环境道德教育的历史资源,汲其精华,去其糟粕,批判继承,古为今用。

一、远古神话传说中环境道德思想

人类对自己早期的认识,往往是以神话传说的形式反映的。这些神话传说内容丰富,除了大量的神界故事,还有对人神关系、人与自然关系的描述,其中当然也蕴含着丰富的环境道德思想。

(一)"三皇"传说揭示了中国传统环境道德的核心思想和基本理论

在中国盘古开天辟地神话传说中,宇宙形成之初,没有天,没有地,没有万物,也没有人类,渺渺茫茫之中,唯有盘古。不知过了多久,盘古醒了,恍恍惚惚,杳杳冥冥,满目混沌,不辨东西,此时南北未分,上下一体,盘古感到非常困惑和压抑。他舒展四肢、伸张躯体,站立起来!当盘古站起:轻清者为天,重浊者为地,这就形成了"天地"。然而"天"和"地"之间强大的引力牢牢地互相吸引,眼看天地又要重合,盘古用力支撑,脚踩大地,手举苍天,使劲把天地分开!如此反复,不知坚持了多久,天地终于分开了,盘古却因劳累而死了。盘古死后,眼睛变化成日(左)月(右),其息为风,其声为雷,须发为星辰,骨骼牙齿为金银铜铁玉石宝藏,手脚四肢变成山脉,血液化为江河,汗水化为雨露,皮肉为土壤,筋脉为道路,

---

① 朱蕴丽、卢忠萍:《生态道德教育:大学教育新理念》,《江西社会科学》2007年第11期。

其毫毛变为草木等植物,其精灵化为鱼虫鸟兽等动物,于是万物始生。这一神话传说反映了一个极其重要的思想:宇宙万物的统一起源以及生态系统的整体性特征。盘古神话形象而又生动地揭示了中国环境道德的核心思想:"天人合一"。

女娲"抟土造人",才有了人类。为了帮助人们改善生活,提高认识世界和分辨事物的能力,伏羲氏仰观天文,俯察地理,研究草木、鸟兽的生活习性。他根据宇宙万物的自身性质和变化规律,"一画开天",分阴分阳,创立了"八卦",教导人们识别天、地、水、火、山、泽、风、雷这八种基本的自然现象;创立了集中反映动物生态习性的"龙"、"凤"模型,帮助人们驯化"六畜"即牛、马、猪、羊、鸡、狗。阴阳八卦,模型简明,万物之理,一目了然。辨别是非,趋吉避凶,顺利创造,预防灾害。女娲以"水土"造人,伏羲以八卦说理,创立了中国环境道德的基本模型,即阴阳八卦模型。由于伏羲、女娲是"人首龙身",中国人因此自称是"龙的传人"。"三皇"传说非常动人,透过神话传说,也可分析出其中一定的合理性。这个传说告诉我们许多信息:宇宙和生命的起源,万物起源,人类起源和中华文明的起源。后来,共工氏不听约束,与"天帝"抗争,"怒触不周山",破坏了生态平衡,结果,天灾爆发,人类遇到了特大灾难即"洪水"。女娲氏炼"五色石"以补天,人类生活才有了保障。"女娲补天"消除了"天灾",这是人类关于生态治理和环境保护工程方面最伟大的壮举!由于"五色石"与"五行"理论的必然联系,在伏羲、女娲的神话传说中就包含了"阴阳五行理论"和"阴阳八卦理论"。由此可见,"三皇"的历史传说已经奠定了中国环境道德的基本理论和主要思想基础。

(二)"五帝"传说反映了先民的生态治理和环境保护思想

继"三皇"之后,就是伟大的"五帝"传说:炎帝神农氏、黄帝

轩辕氏和崇尚自然的"尧舜"以及治理山川的"禹",是为"五
帝"。神农氏发现医药、种植五谷、发扬人道,轩辕氏发明舟车、
衣裳制度、阐明天道,唐尧虞舜无为而治、天下和平,诸帝功昭日
月、德配天地,中华自此而盛,号称炎黄子孙。在《尚书》中记载
了三皇五帝的最后一个传说,即"大禹治水"的故事。在舜帝时
期,中国又遇到了一次大洪水,鲧治水失败而被杀,他的儿子
"禹"经过艰苦卓绝的努力终于治水成功而享誉九州,创造了生
态治理工程的又一个伟大的奇迹。传说大禹治水的成功经验形
成了"洪范九畴"的理论。洪者,大也。"洪范九畴"就是治理天
下的"九纲大法",其中有关于金、木、水、火、土的"五行理论"和
体现环境道德原理的"八政"体系。三皇五帝,盛德大业,中华民
族,永世不竭。认真分析关于"三皇五帝"的传说,就会发现中国
古代环境道德思想的渊薮。在中华民族伟大的创业史上,自始
至终都反映了生态治理和环境保护的思想。因此,中华文明的
起源就是中国环境道德的起源①。

二、儒家文化中环境道德思想

人类的环境道德思想,是在与自然的长期交往中形成和发展
起来的,其重点是处理人与自然及可持续发展的关系。儒家思想
作为一种集大成的哲学思想,一直对之比较关注。以孔孟为代表
的儒家学派,从先秦时期开始,经过两汉、隋唐到宋、元、明各个时
期,都对人与自然的关系进行过认真思考,提出了许多有价值的生
态理念。因此,必须全面把握儒家整体的环境道德思想体系,对其

---

① 参见张正春:《中国生态学的思想源流和基本概念》,《中国生物学史暨农学
史学术讨论会论文集》2003年。

进行科学的诠释与审视,使其成为环境道德教育的有利因素。

（一）儒家环境道德理论基础

"天人合一"整体论是儒家环境道德思想的哲学根据。对儒家来说,"天人合一"即是一种世界观和宇宙观,同时又是一种普遍的思维方式,而且代表了一种人生值得追求的境界。儒家主张"天人合一",认为"天"是自然的总称,是宇宙的最高实体,而"人"则是万物中的精灵,肯定人与自然界息息相通、和谐一体。如孔子"畏天命"和"唯天为大,唯尧则之"①的"知天畏天"思想;孟子"亲亲而仁民,仁民而爱物"②所体现的人本价值和人文精神;荀子"天行有常,不为尧存,不为桀亡"③的唯物思想。张载更是把"天人合一"看成是人所追求的最高精神境界。"天人合一"肯定了植物、动物乃至非生物都有由天地所赋予的内在价值和存在权利,包含着人与自然有机统一的天人合一的整体论思想。由于儒家把天道伦理化,把伦理天道化,人类的纲常伦理就不仅仅是社会中的原则和规范,而且是自然界本身就具有的性质,这就为其环境道德思想提供了支持背景。

"人最为天下贵"的理念是儒家环境道德思想的内在价值尺度。人之所以"最为天下贵",是因为人有知有义,即能认识到自然规律和人伦秩序,并按规律行事,能够保护万物,慈爱万物。孔子认为道德是至上的,只有人才具有仁义道德,故人在天地万物中具有最高的价值。在荀子看来,"水火有气而无生,草木有生而无知,禽兽有知而无义;人有气、有生、有知、亦且有义,故最为天下贵也。"④邵雍

①　《论语·泰伯》。
②　《孟子·尽心上》。
③　《荀子·天论》。
④　《荀子·王制》。

也指出:"唯人兼乎万物,而为万物之灵。如禽兽之声,以其类而各得其一,无所不能者人也。推之他事莫不然。……人之生真可谓之贵矣。"①程颐也认为,"君子所以异于禽兽者,以有仁义之性也"②。这就为其环境道德思想提供了理论依托。

同情同类的道德心理是其独特的情理基础。孔子把人的道德态度当成人的内心感情的自然流露,甚至认为动物也存在与人相似的道德情感,并且可以引发人类的良知。曾子所言"鸟之将死,其鸣也哀;人之将死,其言也善"③以及"君子讳伤其类"④的记载都表明,有灵性的动物尚且对同类的不幸遭遇具有同情之心,人类则更应该自觉地禁止伤害动物,主动地保护动物。这样,"哀"和"讳"就成为孔子环境道德的心理基础。孟子认为,人固有一种爱护生命的恻隐之心,动物临死前的颤抖和哀鸣,足以震撼人的心灵,引起人对于动物生命的同情,所谓"君子之于禽兽也,见其生,不忍见其死;闻其声,不忍食其肉"⑤。荀子也认为:"凡生天地之间者,有血气之属必有知,有知之属莫不爱其类。今夫大鸟兽则失亡其群匹,越月逾时,则必反沿过故乡,则必徘徊焉,鸣号焉,踯躅焉,然后能去之也。小者是燕雀犹有啁噍之顷焉,然后能去之也。"⑥儒家这种以鸟兽昆虫具有与人类一样的同情同类的道德心理,为其环境道德思想提供了科学所不能给予的"情理"支持。

(二) 儒家环境道德基本原则

原则是"说话或行事所依据的法则或标准"。环境道德原则

---

① 《皇极经世书・观物外篇》。
② 《二程遗书》卷二十五。
③ 《论语・泰伯》。
④ 《论语・泰伯》。
⑤ 《孟子・梁惠王上》。
⑥ 《荀子・礼论》。

是对人与自然(及其背后人与人)道德关系的本质概括,是一定社会用以调整人与自然(及其背后人与人)间利益关系的基本指导,表现为人们处理人与自然关系的基本方向与要求。在儒家环境道德中,既有一般性的原则要求,也有较高层次的原则要求。具体而言包括以下几点:

"仁民爱物"原则。"仁民爱物"即尊重生命、兼爱万物的环境道德观。儒家把整个自然界看作是一个统一的生命系统,既表现了利用和改造自然的实践理性,又体现了保护自然的道德精神。孟子说:"君子之于物也,爱之而弗仁;于民也,仁之而弗亲。亲亲而仁民,仁民而爱物。"①董仲舒则直接把爱护鸟兽昆虫等当作仁的基本内容。他说:"质于爱民,以下至鸟兽昆虫莫不爱。不爱,奚足以谓仁?"②即是说仅仅爱民还不足以称之为仁,只有将爱民扩大到爱鸟兽昆虫等,才算做到了仁。北宋初期思想家张载在《西铭》中写道:"乾称父,坤称母;予兹藐焉,乃浑然中处。故天地之塞,吾其体;天地之帅,吾其性。民吾同胞,物吾与也。"③这段话将天地视作人类的父母,认为我们人类在天地当中是极其渺小的。天地人三者都是"气"聚的结果,天地之性也就是人之性。所以人类是我们的同胞,万物是我们的朋友。

"知命畏天"的原则。孔子在《论语·尧曰》中讲到"不知命,无以为君子也",把"知命畏天"看作是君子应具备的美德。认为"天命"是一种客观必然性,"知天命"就是对自然规律的了解和掌握。在"知天命"的基础上,孔子又提出了"畏天命"的观

---

① 《孟子·尽心上》。
② 《春秋繁露·仁义法》。
③ 《张载·西铭》。

点,敬畏天命是孔子环境道德思想的理论基石。在孔子看来,要使人与万物的关系处于和谐顺应的状态,而非尖锐对立的境地,只有唤起人们对"天命"的敬畏之情,才不至于在"天"或"天命"面前变得肆虐妄为、轻举妄动。否则,将"获罪于天,无所祷也"①。孔子敬畏天命的思想不仅提倡人们要遵循自然规律办事,而且还将"畏天命"与"君子"人格结合起来,体现了一种天人合一的环境道德意识。他认为"天"具有完美的道德和"人格",它生育万物,也给人们以美德。人与天地相参,人像天那样地讲求伦理道德,万事万物自然会各安其位,从而形成一种和谐稳定的秩序。

"适时而动"的原则。在儒家看来,天地之间最显著的变化就是春夏秋冬四时更替,自然万物的生长发育都有一定规律。因而人们应当顺应自然规律来对待各种生物,使它们各安其位、各得其宜。周代就有"山林非时不升斤斧,以成草木之长;川泽非时不入网罟,以成鱼鳖之长"②的具体规定。孔子指出:"春秋致其时而万物皆及,王者致其道而万民皆治。"③这里,孔子从自然规律推出了人事法则,将道比附于时,实际上是认同了人和自然的统一性。孟子则明确要求"斧斤以时入山林"④;荀子进一步提出"天有其时,地有其财,人有其治,夫是之谓能参"⑤。天、地、人三者的职能各不相同,因而人要"尽心知天",使人的内心世界与外在行为与天地的时运相一致,从而达到天、地、人的和

---

① 《论语·八佾》。
② 《逸周书·文传解》。
③ 《孔子家语·致思》。
④ 《孟子·梁惠王上》。
⑤ 《荀子·天论》。

谐统一。在此基础上，儒家还提出了具体的守时策略。孟子说："鸡豚狗彘之畜，无失其时，七十者可以食肉矣。百亩之田，勿夺其时，八口之家可以无饥矣。"①孟子在这里提出的"无失其时"、"勿夺其时"，反映了他对自然季节节律的重视。荀子也提出要因时制宜："春耕夏耘秋收冬藏四者不失时，故五谷不绝，而百姓有余食也。"②在儒家看来，四时的变化体现天道，天道不可违背，因而君子应当"与自然合其序"，"后天而奉天时"③。这样，适"时"就成为儒家的一种价值标准和道德追求，具有了环境道德的意义。

（三）儒家环境道德主要规范

从"仁民爱物"、"知命畏天"、"适时而动"等基本的环境道德原则出发，孔子及其儒家学者十分重视环境道德规范对人们行为的制约和引导作用，并提出了一系列具体的道德规范，要求人们用这些道德规范来加强道德修养，规范和约束自己的行为。儒家所提出和倡导的环境道德规范是很具体很丰富的，其主要内容包括以下几个方面。

生产领域"取物有节"。在儒家那里，"节"既是自然界的客观要求，又是人类对自然界客观要求的主观认识，当然也是一个十分重要的环境道德原则。从商周开始，人们就意识到了"节"的重要性，反对无节制的田猎等娱乐活动，主张对自然资源的利用一定要遵循一定的规律，有一定的限制。商周时代就有"网开三面"、"里革断罟"的典故。孔子则提出了"节用而爱人，使民以时"④和"钓而不纲，弋不射宿"⑤。曾子引用孔子的话说："树木以时伐焉，禽兽以

① 《孟子·梁惠王上》。
② 《荀子·王制》。
③ 《易传·乾·文言》。
④ 《论语·学而》。
⑤ 《论语·述而》。

时杀焉。夫子曰:'断一木,杀一兽,不以其时,非孝也。'"①孔子及曾子把保护自然提到"孝"的道德行为的高度,把不合时宜地滥伐幼树、捕杀未成年的禽兽斥为"不孝",作为伦理道德规范,具有保护自然的实际意义。孟子也要求"数罟不入洿池,鱼鳖不可胜食也"②,禁止用细密的鱼网捕鱼。这都是要求人类对动物的捕获要有度,不能使物种灭绝,保持动物的持续存在和永续利用。《易传》则把"节"的意识融入宇宙体系,即把"节"作为宇宙秩序的内在要求:"天地节而四时成,节以制度,不伤财,不害民。"③天地有"节"才形成了春夏秋冬四时,四时之间也具有一种节制的关系。根据"天人合一"的宇宙伦理模式,"人道"源于"天道",四时具有节制性的特点,因此人的行为能否有所节制就成为一个重要问题。

休闲领域"乐山乐水"。孔子视大自然为优美的人生境界。他喜欢登山临水,借助于自然的风光,开阔眼界,增长知识,涵养性情,形成了一种以生态观念为价值取向的审美意识。这方面,《论语》、《孟子》、《荀子》、《孔子家语》等都有所记述。孔子说:"知者乐水,仁者乐山。知者动,仁者静。知者乐,仁者寿。"④这反映了人们从领悟自然的本性到领悟人的本性的过渡。自然本性和人本性之间的相似之处唤起了人们的道德意识,以人的身心合一的整体生命去感悟自然世界,达到对生命的体验。孔子把环境道德教育有机地融入人伦道德教育中,对培养人们热爱大自然、维护大自然的思想意识有重要作用。

消费领域"宁俭勿奢"。孔子主张节俭,反对奢侈,并将节俭

---

① 《礼记·祭义》。
② 《孟子·梁惠王上》。
③ 《易传·节·彖传》。
④ 《论语·雍也》。

作为君子的一种美德加以倡导。他说："君子食无求饱,居无求安",认为"奢则不孙,俭则固。欲其不孙也,宁固。""礼欲其奢也,宁俭;丧欲其易也,宁戚。"①在礼这一最高原则和理想的问题上提出"守俭勿奢"的主张,由此可见孔子对节俭的重视,客观上有助于人们保护自然资源。孔子还把"君子惠而不费"作为"五美"之首。对统治者提出给人民好处自己却节用而不浪费的道德要求。他的这些观点,在当时生产力水平不发达的情况下,对维持人们的日常生活以及保护生态资源都有重要的进步意义。

政治领域"圣王之制"。在中国封建社会,稳固而发达的农本经济使古人经常面对与农业生产相关的环境问题,从而提出了丰富的以维护生态平衡为中心的伦理观念。值得注意的是,中国古代环境道德思想不仅存在于伦理道德领域,而且向政治思想领域和法制领域延伸和扩展,形成了渗透着环境道德意识的政治思想和法制观念,从而使环境道德思想深入到社会生活实践中去,发挥了更强有力的作用。孔子在论述他的治国纲领时曾说:"道千乘之国,敬事而信,节用而爱人,使民以时。"②治理国家,就要严肃认真地对待工作,诚信无欺,节约费用,爱护人民,役使百姓要在适当的时节。针对"春秋时,兵争之祸亟,日事征调,多违农时"③的现实他强调了"使民以时"的原则;同时,出于保护自然资源的考虑,又强调了"节用"的原则。这两项原则在数千年的封建社会中被认为是贤明君主的基本国策。而孟子更把这些规范和利民兴邦、实行"王道"联系起来。荀子要求人们在不破坏自然环境的前提

① 《论语·学而》。
② 《论语·学而》。
③ 刘宝楠:《论语正义》,河北人民出版社1986年版,第10页。

下改造和利用自然,他把维护生态平衡视为关系国计民生的根本制度和重要举措。他说:"圣王之制也:草木荣华滋硕之时,则斧斤不入山林,不夭其生,不绝其长也……春耕、夏耘、秋收、冬藏四者不失其时,故五谷不绝而百姓有余食也;汙池、渊沼、川泽谨其时禁,故鱼鳖优多而百姓有余用也;斩伐养长不失其时,故山林不童而百姓有余材也。"①

三、道家文化中环境道德思想

"中国古代道家思想中蕴含了丰富而深刻的生态伦理思想,这正是引起世界各国重视关注的极其宝贵的生态伦理文化。"②道家生态智慧和环境道德思想概括起来主要有如下几方面:

第一,道生万物的自然起源观。"道"在《老子》中首先被看作是生育天地万物的本原。老子说:"有物混成,先天地生。寂兮寥兮,独立而不改,周行而不殆,可以为天下母。吾不知其名,强字之曰道,强为之名曰大。"③有一个浑然一体的东西,在天地形成之前就存在。听不见它的声音,也看不见它的形体,它独立存在而永不衰竭,循环往复而生生不息,可以为天下万物的根源。我不知道它的名字,勉强叫它做"道",再勉强给它起个名字叫"大"。道体是虚空的,然而作用却不穷竭,它包含着无穷的创造因子。它渊深似万物的宗主,"道者,万物之所然也"④。"道"是宇宙万物的根源和基础,宇宙间的一切自然之物,包括人,都是以"道"为本原的有

① 《荀子·王制》。
② 辛芳芳、佟子林:《道家生态伦理思想管窥》,《社会科学论坛》(学术研究卷)2007年第3期。
③ 《老子》第二十五章。
④ 《韩非子·解老》。

机统一整体。那么,作为本体的"道"是如何生成天地万物的呢?这就涉及"道"的第二层意思,"道"是创生万物的动力。"道生一,一生二,二生三,三生万物。万物负阴而抱阳,冲气以为和。"①也就是说,无极大道生出一气,一气分出阴阳二气,阴阳二气和合生出中和之气,阴阳二气与中和之气共同作用产生自然万物。自然万物虽千差万别,形态各异,但他们都有阴阳二气和合而成,都包含着阴和阳,由阴阳两种相反的、矛盾的物质相互作用,彼此和谐而产生万物。

第二,贵生乐生的生命观。珍视生命是道家学说中最有价值的理论成果之一。如《道德经》所强调的"摄生"、"贵生"、"自爱"、"长生久视";《庄子》倡导"保生"、"全生"、"尽年"、"尊生";《吕氏春秋》中有"贵生重己";《太平经》主张"乐生"、"重生"。生命是神圣的,任何生命都是大自然的杰作,是大道至德的显现。任何生命,在其孕育、诞生、生长至死亡的全部过程中,都始终充满了神圣的色彩。因此,作为生命形态之一的人,应该敬畏生命,关爱生命,保护和善待生命。《吕氏春秋》的《本生》篇说:"始生者,天也;养成者,人也。"生命来源于自然,最初创造生命的是天,使它得到保养和生长的是人,所以对待生命的正确态度是"贵生"。即"尽其数"、"毕其权"以达到"益寿"和"长生"。《尽数篇》说:"圣人察阴阳之宜,辨万物之利以便生。故精神安乎形,而年寿得长焉。非短而续之也,毕其数也。毕数之务,在乎去害。"也就是说我们应观察天地变化之机,分辨五物生长之利,以促进生命的发展,使万物各尽天年。这就要求我们承认各种生物的生存权利,并把护养万物、维持生命的最佳状态作

---

① 《老子》第42章。

为圣人的重大责任。凡对生命有利的事情就去做,凡对生命有害的事情都应制止。

第三,自然无为的生态利用观。在道家的思想中,"道"被认为是宇宙万物之本根,人亦以"道"为本,"道"则取法于自然,其最终意义就是人法道,道法自然。"人法地,地法天,天法道,道法自然。"①"道法自然"深刻地揭示了人必须服从自然,而且人必须做到因循自然,遵循天道自然之本性,过顺乎自然的生活,是以"无为为之谓天"②或"无为之道曰胜天"③的态度对待自然。那么"无为"的含义是什么?"无为"不同于"不为",而是要人善为。一是顺物自然不妄为。顺自然而为也就是让万物各顺其性命而自为。老子云:"善行无辙迹,善言无瑕谪,善数不用筹策,善闭无关键而不可开,善结无绳约而不可解。是以圣人常善救人,故无弃人;常善救物,故无弃物。"④王弼注云:"此五者皆言不造不施,因物之性,不以形制物也。"⑤这就是老子所说的"道之尊,德之贵,莫之命而常自然"⑥的意思。二是不过度而为。任何事物都有一个界限,在此界限之内而为之,可有功而不劳,事半而功倍。超出这个界限而为之,或者劳而无功,或者虽有功而事倍之。所以,过度而为者,不善之为也;善为者,不过度而为之。老子对此深有所悟,故其言:"持而盈之,不如其已。揣而锐之,不可长保。金玉满堂,莫之能守。富贵而骄,自遗其咎。功成名遂,身退,天

---

① 《老子》第27章。
② 《庄子·天地》。
③ 《吕氏春秋·季春纪》。
④ 《老子》第27章。
⑤ 《老子注》。
⑥ 《老子》第51章。

之道。"①"祸莫大于不知足,咎莫大于欲得。故知足之足,常
足矣。"②

第四,物无贵贱的生态平等观。道家认为,任何事物的价值都
是平等的,而没有大小贵贱之别。"以道观之,物无贵贱。"③世间
万物虽然各有其特殊性,但在得"道"方面却没有什么区别,"道"
对万物没有什么偏私。"万物殊理,道不私。"④从"道"的立场来
看,天下万物是不存在高下、贵贱之分的,人与自然万物是一种平
等的关系。"道大,天大,地大,人亦大。"⑤不同的价值主体具有不
同的价值标准。《庄子·齐物论》中借王倪之口说:"人睡在潮湿
处会患腰疾,泥鳅整天待在湿处却不畏惧。人爬上高树会感到害
怕,难到猴子也会这样吗?⋯⋯"在庄子看来,世间没有统一的价
值标准,万事万物自有其存在的道理和根据,人与万物的价值是完
全平等的。人应该尊重万物的生存,而不应该自恃聪明,贵己贱
物,做大自然的主宰。

在物无贵贱的基础上,道家倡导以"爱人利物之谓仁"⑥的态
度对待万物。这是道家生态思想的题中之意。因为既然道家承认
人与天和,物无贵贱,而人又要师法自然,那么人就不应该有破坏
自然、损害自然万物之行为。而应尊重自然规律,爱护自然万物,
将"爱人利物"作为美好的道德品质"仁"遵守之。因此,道家认为
人应该如此对待万物,"生而不有,为而不恃,长而不宰"⑦;"辅万

---

① 《老子》第9章。
② 《老子》第46章。
③ 《庄子·秋水》。
④ 《庄子·则阳》。
⑤ 《老子》第25章。
⑥ 《庄子·天地》。
⑦ 《老子》第10章。

物之自然而不敢为";①"衣养万物而不为主"②。由此可实现"贵
以身为天下,若可寄天下;爱以身为天下,若可托天下"③。不仅要
像对待自身那样对待天下万物,而且要像对天下万物那样对待自
身,则可寄身于天下,则可藏身于天下。由此才能与万物共生
共荣。

第五,"好于道"、"进于技"的绿色科技观。将科技置于自
然规律的驾驭之下的道家,认为过度使用人为的技术手段,会造
成对自然的破坏。"夫弓弩毕弋机变之知多,则鸟乱于上矣;钩
饵罔罟罾笱之知多,则鱼乱于水矣;削格罗落置罘之知多,则兽
乱于泽矣。"④弓弩、鸟网、戈箭、机关之类的智巧多了,鸟就只会
在空中乱飞;钩饵、渔网之类的智巧多了,鱼就只能在水中乱游;
木栅、兽栏、兽网之类的智巧多了,野兽就只能在草泽里乱窜。
正是基于对过度使用人为技术手段的反对,道家提出了其谦虚
谨慎对待科技的态度。老子讲:"企者不立,跨者不行,自见者不
明,自是者不彰,自伐者无功,自矜者不长。其在道也,曰:余食
赘行。物或恶之,故有道者不处。"⑤警告人们不要盲目自大,只
关注自身的存在而忽视他人、他物存在的意义和价值,谦虚地对
待科技成果。

道家谦虚地对待科技成果的态度还体现在其强调时空的无限
性和人类认识的局限性上,因为正是时空的无限性和人类认识的
局限性,才需要人们不止要看到科技给人们带来的既得利益,还要

---

① 《老子》第64章。
② 《老子》第34章。
③ 《老子》第13章。
④ 《庄子·胠箧》。
⑤ 《老子》第24章。

放眼长远,注重科技的生态效益。世界上的万物,数量没有穷尽,存在的时间也没有止境,界限变化无常,开始和终结都不固定,因此应该认识到这种局限性。同时由于这种局限性,人们的观念也要随着时间和空间的变化、随着事物发展的变化而变化。"物之生也,若聚若驰,无动而不变,无时而不移。何为乎? 何不为乎? 夫固将自化。"①也正是认识到了时空的无限性和人类认识的有限性,道家强调要谦虚谨慎地对待技术成果,反对对人为技术既得利益的陶醉。因此,道家生态思想不是要停止现代科技的运用,而是要求怎样在更高的层面上、更完全的意义上,以顺应自然之理的方式运用现代科技。

第六,知足寡欲的适度消费观。道家主张限制人类的贪欲和在消费方面的过度行为,知足知止,取用有节,提倡的是一种因任物之自然的生存方式。老子依据自然法则,在认可"知足者富"的基础上,特别强调节俭对于事天、治国和养生的重要性。对人的生存而言,外物是用来养护生命的,但不应过分去追求外物,否则会引起大的耗费。知足则革食瓢饮而自乐,知足便会适可而止,能适可而止就不会遭受屈辱;知道适可而止就是尊重客观规律,能遵循客观规律就不会有忧患。老子的"知止"和"知足"思想作为一种道德要求,对于当代环境道德准则的建立,无疑具有重要的借鉴意义。就少私寡欲的观点而言,老子不是禁欲主义者,他实际上主张的是"见素抱朴,少私寡欲,绝学无忧。"②庄子继承了老子的思想,强调顺其自然、适可而止,洞察生命之真义,不追求生命所不必要的东西。"达生之情者,不务生之所无以为;达命之情者,不务命之所无奈何"③。在

---

① 《庄子·秋水》。
② 《老子》第19章。
③ 《庄子·达生》

此基础上,庄子通过自然中的鹪鹩和堰鼠表达了自己对于物质财富的认识和看法。"鹪鹩巢于深林,不过一枝;堰鼠饮河,不过满腹。"①通过这一比喻,暗含了人类正常所需的生活资料其实非常有限,人类的生活需求应该适可而止这一深意。

第七,天地大美的审美观。自然之美是人类在正确认识自然、认识生态系统整体性的基础上所感悟到的"天地之大美",是在获取环境道德知识的基础上产生的对大自然的热爱之情,以及由此形成的对保护生态、保护自然的使命感和责任感,对破坏自然环境不道德行为的憎恨之情。这种对"天地之大美"的体悟正是道家对自然审美的重要内容之一。庄子对自然之美的描述,体现在他对树穴孔窍在自然之风的作用下发出美妙声响的描述。"夫大块噫气,其名为风。是唯无作,作则万窍怒喝。而独不闻之翏翏乎?山陵之畏佳,大木百围之窍穴,似鼻,似口,似耳,似枅,似圈,似臼,似洼者,似污者。激者,謞者,叱者,吸者,叫者,谲者,宎者,咬者,前者唱于而随者唱隅,泠风则小和,飘风则大和,厉风济则众窍为虚。而独不见之调调、之刀刀乎。"②庄子这种对自然山水的认识是对自然山水的寄情,体现的是庄子在认识自然的过程中面向自然、重返自然的情怀。这样在道家眼中自然本身就具有自足性和完美性,是美丽绝伦的。"天地有大美而不言,四时有成法而不议,万物有成理而不说,圣人者,原天地之美而达万物之理。是故至人无为,大圣不作,观于天地之谓也。"③因此,道家推崇的是天然之美,是"清水出芙蓉,天然去雕饰"的自然之美。

第八,慈爱利物的环保观。"慈"是老子提出的一个道德规

---

① 《庄子·逍遥游》。
② 《庄子·齐物论》。
③ 《庄子·知北游》。

范。在老子看来,"慈"是无所不在的,"天"(道)正是按照"慈"的方式对待天下自然万物的。"夫慈,以战则胜,以守则固,天将救之,以慈卫之。"①慈的本质是要宽容,要有虚怀若谷、海纳百川的胸怀。"江海所以能为百谷王者,以其善下之,故能为百谷王"。②"慈"是天之道,是自然的本性,将"慈"引入人与自然的关系中,就是要求人类效法自然之道,生长万物是为了让万物更好地成为他们自己,而不是将其据为己有;协助万物是让万物按自然的本性生长繁衍,而不是自传其功;规约引导万物也是为了使万物完善自己,而不是要控制和主宰万物。《老子》第二章提出:"万物作焉而弗辞,生而弗有,为而弗恃,功成而弗居。"第十章、第五十一章又一再强调:"生而不有,为而不恃,长而不宰,是谓玄德。"这种态度,体现了人以自然为师,无私心、不居功、不主宰的宽大胸怀。自觉去养育万物,使之生长而不去占有,不去宰杀,这才是最高的德性。《老子》第六十七章将这种最高的德性概括为自己的"三宝"之一——"慈"即慈爱之心③。

第三节 宗教文化中环境道德教育思想

宗教在其形成和发展过程中不断吸收人类的各种思想文化,与政治、哲学、法律、文化(包括文学、诗歌、建筑、艺术、绘画、雕塑、音乐)、道德等意识形式相互渗透、相互包容,逐步形成属于自己的宗教文化。佛教、基督教、伊斯兰等都把环境道德作为其重要

---

① 《老子》第 67 章。
② 《老子》第 66 章。
③ 参见赵春福、鄯爱红:《道法自然与环境保护——道家生态伦理及其现代意义》,《齐鲁学刊》2001 年第 2 期。

组成部分,在其许多典籍中,不仅有关于仁爱万物、泽被草木的主张,人与自然和谐相处的思想,对理想生态境界的描述;更有丰富的环境道德教育思想。

一、佛教文化中环境道德教育思想

佛教是智慧之学,是关于生命的学问,它关注生命的伦理方向和实践价值,注重存在的合理性和整体意义。佛教系统中虽然没有专门的环境道德教育,但一系列佛法观念和戒律,已足以表明佛教文化的环境道德理想和要求。

(一) 生态和谐的理想境界

佛教关于净土的描绘充分体现了一种生态和谐的道德理想。净土是佛的居所,是佛教向往和追求的理想彼岸世界。净土的种类很多,其中最具代表性的是阿弥陀佛净土,又称西方极乐世界,是大乘佛教向往的理想生态。《称佛净土佛摄受经》描绘了极乐世界的美好图景:布局庄严,井井有条;有丰富的优质水,饮者增益良多;有多样的树木鲜花;有优美的音乐,令人烦恼全消;有增益身心健康的花雨,增长不可思议的殊胜功德;有奇妙的鸟类,能宣扬妙法;有清新的空气,和风习习。这是一个心无烦恼、幸福安乐、环境优美、生态和谐的世界,也是人们所普遍向往的理想世界。《净土探微》一书对于佛教的生态和谐理想境界有着生动的描述,现简述如下①:

一是景色优美。极乐世界的大地由整块的琉璃结成,黄金铺成道路,辉煌灿烂,光明透彻。天雨香华,时时不断,颜色鲜美,洒满大地。树木排列整齐,清风徐徐,树木轻轻摇动,时而发出清脆的声音,自然成曲成调,香气郁郁。飞鸟和鸣,婉转歌喉,却是梵音吹赞,

---

① 参见弘学:《净土探微》,巴蜀书社出版社 1999 年版。

入耳清澈;七宝栏杆围绕着宝池,流水潺潺,亭台阁榭,点缀其间。池中时时散发出幽香的气息,甚过兰汤花露。池底由金沙铺成,满池的莲花,大如车轮,发出各色光明,如雨后的霓虹,照耀虚空。

二是空气清新。极乐世界的虚空,不落雨雹,不降霜雪,昼夜六时降落曼陀罗花,五色缤纷,香气馥郁,落地而次序铺成各种花纹的地毯。因有雨花昼夜滋润,极乐世界的空气就越发清爽,空气中还到处弥漫着莲花的清香,沁人心脾。甚至,在清新的空气里还能闻到淡淡的水的芳香。这种高质量空气,在烟雾蒙蒙、杂味横生的大都市固然没有,就是往日人们向往的青山绿水的山村中如今恐怕也是难以找到。

三是清静无噪音。婆娑世界到处都有充耳的噪音,极乐世界听到的声音却是优美的乐声:"白鹤、孔雀、鹦鹉、舍利、迦陵频伽、共命之鸟"发出优雅和谐的声鸣,流畅地演颂着佛法。除了鸟声演唱佛法外,还有风声亦会唱赞佛的功德,演唱佛法。极乐世界清风徐徐,吹动树木以及垂着宝铃的罗网时,枝叶微笑,玉铃发出清脆微妙的声音,犹如天籁,"譬如百千种乐同时俱作",美妙绝伦,悦耳动听。听到这种声音,就会自然地身心柔软,法喜充满,感念三宝功德。

四是水源优质。极乐世界的宝池处处可见,池中充满清净润泽的八功德水。也就是说那里的池水十分特别,有八种殊胜之处:水色澄净像琉璃,不像世间的水那样浑浊;水温舒适,不冷不热,不像世间的水,酷暑熏蒸,寒冬冰结;味道甘美,不像世间的水有涩有咸;水质轻软如云烟,不像世间的水有强拒力;光华润泽,不像世间的水黯然无光;性极温和,平静无波,不像世间的水,汹涌澎湃,冲防破堤;除饥解渴,不像世间的水,多喝胀腹;饮之诸根得益利养,心增善根。据说在水里沐浴,池水能随意而深浅,随意而凉热。一池之水,千变万化。池水缓缓流动,发出种种声音,奏出之悦耳歌曲,随意而演奏、随意而停止,而且水常年"充满其中"。

(二) 现世的环境道德要求

佛教不仅有极乐世界的向往与追求,而且主张在现世中通过心灵的自觉,通过对现实世界的改造,创造人间净土。《维摩诘经》说:随其心净,则佛土净。就是说自净其心,才能使国土清净庄严。禅宗将其发挥为"净土在世间,莫向西方求"的思想,重视现实环境的选择和改造。佛教的"心净"说,强调心净是国土净的根本,实际上就是要求爱护生态环境,打造人间净土。为此要求人们做到:

一要慈悲平等。"慈"为与一切众生乐,"悲"为拔一切众生苦,合在一起简义为"拔苦与乐"。慈悲被视为大乘佛教的根本是驱动修行者上求佛道、下化众生的巨大动力之源,是成就佛果之母。从伦理视角来看,慈悲是佛教伦理的核心原则和母德,佛教伦理原理和道德规范的设计都要遵循和体现慈悲精神,即佛家常言的"慈悲为怀"。慈悲的根本精神是觉悟有情、普度众生,即灭度一切众生,使其离苦得乐,获得解脱。动物包含于众生之中,自然是拔苦与乐的救度对象。众生平等是佛教从佛性论、轮回观和解脱论角度来看众生而得出的结论。佛教认为"一切众生悉有佛性",由于众生皆有佛性,都有转生"人道"的机会,故而众生皆有解脱成佛的可能,在此意义上佛教认为"众生平等"。因此佛教认为人类应以慈悲之心护佑有情生命,不杀生,不破坏有情生命所依存的环境。

二要戒杀护生素食。佛教将"戒杀"作为最基本、最重要的戒条和准则。在佛教的所有戒律中,杀生都被列在首位,被看作是罪大恶极。《大智度论》卷十三云:"诸余罪当中,杀罪最重。诸功德中,不杀第一。世间中惜命为第一。"[①]"戒杀"就是不允许杀害一

---

① 《大正藏》第25卷,上海古籍出版社1985年版,第155页。

切生命,包括不杀人,不杀动物,也包括不随意砍伐、攀折草木;戒杀不仅指不得有直接杀生的行为发生,也指不得有间接杀生的行为,甚至不能有杀生的意念。如果说"戒杀"护生是佛教伦理的底线要求、消极的道德行为;那么护生则是值得赞扬的、积极的道德行为。"戒杀"的延伸就是"放生"、"护生"与"素食"的行动实践。"护生"、"放生"就是在戒杀的基础上尽量为各种生命的成长创造条件,保护生命,将生命放回大自然。"素食"就是不实用动物的肉食,因为在佛教看来,食肉就等于杀生。不杀生、素食和放生体现了佛教的众生平等观和救济众生的慈悲精神,对于生态环境保护而言有重要的意义。

三要珍爱自然。佛教不仅倡导"戒杀护生",也主张珍爱没有生命情识的自然环境,其理由有二。一是缘起论所揭示的人对生存环境的依存关系,人与环境依正不二,珍爱自然就是珍爱人类自身。二是"无情有性"宣称没有情识的山河大地、花草树木等都是清净佛性的体现,也具佛性,这对修行者的觉悟具有启迪作用。在僧人的眼里,自然不仅是提供生存的资源宝库,具有工具价值,而且还能陶冶性情、启迪智慧。因此自然还拥有审美价值和转化价值,甚至内在价值。所以对自然环境的珍爱一直是佛教的优良传统。

四要惜福节欲。佛教认为,人降生到世间,获得人身,本身就是无比巨大的福报。所有的福报都有一个共同的特点,就是它们都像漏斗中流失的沙子一样,会渐渐用完渐渐耗空。因此佛教提倡安分知足,勤俭惜福,珍惜现有的一切。如果有福而不知珍惜,奢侈挥霍,极尽享受之能事,很快就会把福报享完,未来只有受苦了。勤俭惜福意味着即使你有足够的财富过高消费生活,也应自觉地过一种简朴的低消费生活。最佳的生活方式就是奉行简朴的生活原则,以较低的消费获得惬意的人生,安详自足,少私寡欲,不受生存压力与激烈竞争的困扰①。

（三）生态危机警示与环保责任承担

因果业报是佛教的基本法则。因果指的是因果律，也指因果报应。因果律的四大原则是：因果律是佛教的道德公正的自然法则，即遵循着同类相应的原则，如是因得如是果，因果秩序井然不乱。正所谓"种瓜得瓜，种豆得豆；善有善报，恶有恶报"。依此推论，如果善待自然，自然必然造福人类，而如若破坏了环境，环境也必然会报复人类。这实际上是向人提出了生态危机警示。这一法则就是告诫人们要时时反省、审视自己当下的行为，为自己的未来多种植乐的因，才不至于以后尝苦果。佛教的因果报应说，虽然是一种宗教神学杜撰，但它可以给残杀生物、破坏环境的人一种心理威慑力，具有强烈的环境道德教育作用。《地藏菩萨本愿经》中提道："地藏菩萨若遇杀生者，说宿殃短命报。……若遇败猎态情者，说惊狂丧命报。……若遇烧山林木者，说狂迷取死报。……若遇网捕生雏者，说骨肉分离报。……如是等阎浮提众生，身口意业恶习结果，百千报应，今粗略说如是。"其中提到的"杀生"、"败猎态情"、"烧山林木"、"网捕生雏"行为等，都是破坏生态环境的行为。佛教认为这样的行为将得到的果报是触目惊心的"惊狂丧命"、"骨肉分离"和"狂迷取死"。人类在处理与自然的关系时，不能无所顾忌，不能肆无忌惮，为所欲为，应当有某些限制，有所敬畏。

因果业报法则还为我们提供了一种"生态责任伦理"。在佛教看来，世界的关系不仅是密切联系、互及互入的有机整体，而

① 参见张有才：《论佛教生态伦理的层次结构》，《东南大学学报》（哲学社会科学版）2010年第2期。

且这个密切相关的整体还受到"因果业报"的贯穿与支配,从而使得这个有机整体处在一个"动态联系"之中。业报思想是佛教的重要理论。所谓"业"就是"造作"的意思,即指"身"、"口"、"意"等身心活动,"业"可分为"身业"、"语业"、"意业"。所谓"报"就是由业因而导致的果报,众生所造诸业,必有相应的结果。生命所对的现实,都可以在众生自己的行为中找到原因,无不与生命的形态有着内在的关联。因此,每个人都要为自己的行为负责,不能因自己的行动而给自己、他人和自然带来危害。业力有大小,报应有迟速。不管是现世报,还是来世报,因果不昧,没有侥幸。所以,为自己计,为他人计,为长久计,都要种下善因,以求善果,而不是相反。所谓大自然的报复,其实就是人类自己行为的不当所招致的果报。而要想大自然的馈赠,也就必须珍惜自然,承担起保护环境的责任和义务。

二、基督教文化中环境道德教育思想

基督教环境道德思想是从上帝创造万事万物的角度来讨论人与自然关系的,即以神人关系为基础,建构人与自然关系。"作为西方文明的重要思想来源和精神基础之一,基督教在人与自然关系问题上的基本观点,曾深深地影响了西方人对大自然的基本态度和行为倾向,并为近现代西方环境道德理论提供了或多或少的伦理支持。"[1]《圣经》作为基督教的基本教义,所承载的思想在很大程度上影响着西方大多数人的行为,《圣经》中关于人与自然关系的描述也理所当然地影响着西方人对自然的态度和行为。因此,分析

---

① 杨通进:《基督教思想中的人与自然》,《首都师范大学学报》(社会科学版) 1994 年第 3 期。

基督教文化中的环境道德教育思想,就必须追溯到基督教的基本教义——《圣经》。《圣经》体现的环境道德教育思想主要有以下几方面:

第一,要休养生息,不要一味索取。"《旧约》从未将对土地的关怀置于社会正义之外,其中很多文本都暗示上帝、人类与其余造物之间存在错综复杂的关系网络。"①《圣经》中关于安息日和安息年的圣规都是提倡爱人和爱万物的宗教信仰行为,守安息日是每位基督信徒必须遵守的诫命之一。"摩西十诫"里说:"六日要劳碌作你一切的工,但第七日是向耶和华你神当守的安息日。这一日你和你的儿女、仆婢、牲畜,并你城里寄居的客旅,无论何工都不可作。"②意思说不管是自由人还是仆人、动物都拥有定期的节假日来休息恢复,这是他们的权利。《圣经》里以法的样式定下约"当记念安息日守为圣日",即基督教的主日;与上帝创造万物后的安息相对应的是地球成其所是的安息。英国伦理学家、神学家诺斯考特认为:"土地的安息日具有生态价值。"③在《圣经》中有关于以色列人在第七年不耕不种安息年的律法。"六年你要耕种田地,收藏土产,只是第七年要叫地歇息,不耕不种,使你民中的穷人要有吃的。他们所剩下的,野兽也可以吃。你的葡萄园和橄榄园,也要照样办理。"④根据"安息年"的规定,以色列人每过六年就让土地休耕一年,并让所有奴隶、雇工、外侨以及所有牲畜得到休息和照顾。"土地安息年,表明安息日不仅是人类的

---

① Robert Murray, *The Cosmic Covenant: Biblcal Themes of Justice, Peace and Integrity of Creation*, London, 1992.
② 《圣经·出埃及记》第 9 章。
③ Mark Bredin, *The Ecology of the New Testament*, Biblical Publishing, 2010, p.26.
④ 《圣经·出埃及记》第 23 章。

节日,它是整个创造物的节日。在第七年,全地都狂欢。"①这种让人、土地、牲畜休养生息的律法,实际上蕴含着深刻的环保思想和环境道德教育思想,告诫人们不要永远劳作,不要永远向土地和牲畜无限制地索取,即不要竭泽而渔,要可持续发展。

第二,要保护生命,维护生态平衡与繁荣。基督教认为,在上帝创造的世界里,任何生命都是"各从其类"的,不管是作为唯一道德主体的人类还是忙于生存的飞禽走兽、花鸟虫鱼。《创世记》里,上帝创造了万物,并宣称它们都是好的。上帝与一切有生命的活物都立了约,每一类别都是上帝特别的创造。上帝委托人类来管理生命万物。因此人类也就有责任和义务保护上帝所创造的每一个物种,使生命繁荣;否则就是违背了上帝的旨意。《圣经》记载人是按上帝的形象创造,而且代上帝管理自然万物,是被造物中地位最高的。"耶和华神把用土所造成的野地各样走兽和空中各样飞鸟都带到那人亚当面前,看他叫什么,那人怎样叫各样的活物,那就是它的名字。那人便给一切牲畜和空中飞鸟,野地走兽都起了名。"②上帝尽管把动物赐给人类作为食物,但也加以爱护,要求人类及天使不得伤害它们。《申命记》规定:"牛在场上踹谷的时候,不可笼住他的嘴。"③《启示录》中,天使对正准备伤害地和海的四位天使说:"地与海并树木,你们不可伤害。"④在中世纪的绝大部分修道院里的会规中都有不可杀生的规定。

中世纪神学家托马斯·阿奎那认为,上帝爱一切的存在物,

---

① ［德］莫尔特曼:《创造中的上帝:生态的创造论》,隗仁莲、苏贤贵、宋炳延译,三联书店2002年版,第390页。
② 《圣经·创世纪》第2章。
③ 《圣经·申命记》第9章。
④ 《圣经·启示录》第7章。

存在物中的一切都是好的。因为天主将善灌注到一切存在物中。基督教要求人类不管在什么时候都应该保护自然环境的完好，即使在打仗的紧要关头，神仍劝告人们要小心爱护自然，不可扰乱破坏自然万物。《圣经》中记述道："你若许久围困攻打所要取的一座城，就不可举斧子砍坏树木，因为你可以吃那树上的果子，不可砍伐，田间的树木岂是叫你糟蹋的吗？"①即使上帝决定降灾难到人间、用洪水灭世时，也想着保护万物。他挑选出了义人诺亚，命他造方舟，并告诉他不但要将全家人带进方舟，还要带上"洁净的畜类和不洁净的畜类，飞鸟并地上一切的昆虫。都是一对一对的，有公有母"②。"他们和百兽，各从其类；一切牲畜，各从其类；爬在地上的昆虫，各从其类；一切禽鸟，各从其类，都进入方舟"③。这是上帝对他所创造的生灵保护，保持一个能繁殖的种群，使生物的多样性得以延续。洪水过后，上帝赐福于诺亚一家，命他生养众多的后代，管理万物百兽。但是，倘若因人类自身的无穷欲望和管理不善而造成物种灭绝，万物萧条，那便是人类辜负了上帝的托付和希望，也一定会像降洪水灾难于人间一样，还会降灾难到人间以惩罚人类。所以人类不管是何种情况下，都要维护生态繁荣，明白人类依赖自然界而生存，只有在整个地球生态系统安全的前提下，人类的生存才能得到保障。

第三，要节欲自制，崇尚简朴。节欲就是节制、禁戒、自制贪念。基督教认为实现节欲必须把握三个方面：必须摒弃情欲、财富及现世生活。基督教认为主要方法是通过节制和自我约束来实现。"节制"是"圣灵所结的果子"，《提摩太前书》说："敬虔加上

---

① 《圣经·申命记》第 20 章。
② 《圣经·创世纪》第 7 章。
③ 《圣经·创世纪》第 7 章。

知足的心便是大利了。"①又说:"只要有衣有食,就当知足。"②"贪
财是万恶之根。有人贪恋钱财,就被引诱离了真道。"③强调知足,
反对贪恋钱财。"你若愿意作完全人,可去变卖你所有的,分给穷
人。"④并认为"财主进天国是难的。……骆驼穿过针的眼,比财主
进神的国还容易呢!"⑤中世纪本尼狄克派修道院的基本信条是纯
洁、安贫和服从。无论何时修士都应过非常简朴的生活,不能拥有
任何财富,依靠自己劳动而生活。在修道院里,除了生病的修士外,
其他修士都禁止食用肉类。夏季每天两餐,冬季仅有一顿,每餐供
给两三盆的蔬菜加水果,八盎司的面包和一品脱的葡萄酒。在大斋
之期要严格地守斋。修士们要身着简朴统一的修士袍,不能佩戴任
何饰物,每日严格地按照院规规定的时间祈祷、劳动和诵读。

三、伊斯兰教文化中环境道德教育思想

　　伊斯兰教是当今世界三大宗教之一,迄今已有一千三百多年
的历史。伊斯兰教对穆斯林日常生活的各个方面都作出了详细的
规定和约束,也对人们所处的自然环境以及人与自然的关系提出
了具体的指导思想⑥。

　　第一,真主创造了世界万物。伊斯兰教认为,真主创造了世
界,大自然是真主对人类的恩赐,人类是大自然中的一员。真主具
有无与伦比的力量。《古兰经》提到:"难道他们没有仰观天体吗?

①　《圣经·提摩太前书》第6章。
②　《圣经·提摩太前书》第6章。
③　《圣经·提摩太前书》第6章。
④　《圣经·马太福音》第19章。
⑤　《圣经·马太福音》第19章。
⑥　参见刘磊:《浅析伊斯兰教的生态观》,《阿拉伯世界研究》2007年第5期。

我是怎样建造它,点缀它,使它没有缺陷的? 我曾展开大地,并将许多山岳投在上面,还使各种美丽的植物生长出来,为的是启发和教诲每个归依的仆人。"①"天地万物,只是真主的。真主是周知万物的。"②"难道他们没有观察天地的主权和安拉创造的万物吗?"③"他是天地的创造者。"④《古兰经》对人类的起源也有明确的阐述,认为人是真主创造的,是真主在一定的期限内创造天地万物的基础上,进一步精制了人类:"他精制他所创造的万物,他最初用泥土创造人。然后用贱水的精华创造他的子孙。然后使他健全,并将他的精神吹在他的身体中,又为你们创造耳目心灵。"⑤另外,在《古兰经》的描述中,不仅动物,甚至草木、星辰都是有感知、有生命的。"在大地上,行走的兽类和用两翼飞翔的鸟类,都跟你们一样,各有种族的。"⑥

第二,人是真主创造世界的"代治者",有责任保护好真主创造的世界。伊斯兰教认为:"天地万物的国权,只是真主的。"⑦人类只是真主委以重任、管理自然界的"代治者"——"他使你们为大地上的代治者。"⑧"我必定在大地上设置一个代理人。"⑨此外,《古兰经》还明确了人在宇宙中的地位,充分肯定并且赞美了人的价值和尊严。"我确已把人造成具有最美的形态。"⑩真主在创造

---

① 《古兰经》第 50 章。
② 《古兰经》第 4 章。
③ 《古兰经》第 7 章。
④ 《古兰经》第 6 章。
⑤ 《古兰经》第 32 章。
⑥ 《古兰经》第 6 章。
⑦ 《古兰经》第 5 章。
⑧ 《古兰经》第 35 章。
⑨ 《古兰经》第 2 章。
⑩ 《古兰经》第 95 章。

了天地和动植物后，"他以形象赋予你们，而使你们的形象优美，他供给你们佳美的食品"①。真主为人类创造了和谐而完美的生活环境，还为人类提供了各种佳美的食物以供人维持生存和享用。他要求人们合理享受人生，不因信仰后世而否定今生，而要以奋斗今生作为进入后世的途径。这些内容充分体现了伊斯兰教的人文关怀理念，赋予人类以超越天地间万物的至尊地位，这是对人作为现实存在的意义和价值的肯定。正因为此，人类作为真主在大地上的"代治者"，一方面有权力享受这一恩赐，另一方面也有责任保护自然环境。伊斯兰教提出了一些人类"代治"应遵循的原则：一是要接近自然，但不崇拜自然。根据伊斯兰教义，自然界的运动变化都是有迹可循的，绝无神秘之处。因而人们不应对此心怀恐惧，盲目崇拜，而应仔细观察和探索自然，总结其中的规律，坚定自己的信仰。二是要开发自然，但不滥用自然。伊斯兰教鼓励人们合理地开发自然，利用自然，有节制地向大自然索取，享受真主的恩赐。三是要珍爱环境、善待生命。

　　第三，人与自然要和谐相处。在人类与自然生态的关系问题上，伊斯兰教坚持人类与自然生态应该相互协调、互相依存的原则，主张用"人类与自然生态和睦相处、共存共荣"代替"人类是自然生态主宰"的观点。自然是人类生存的基础，人要善待自然。《古兰经》云："他以大地为你们的席，以天空为你们的幕，并且从云中降下雨水，而借雨水生出许多果实，做你们的给养。"②"他创造了牲畜，你们可以其毛和皮御寒，可以其乳和肉充饥，还有许多益处。"③"我在大地上生产百谷，与葡萄和苜蓿，与榨橄和海枣，与茂密的

---

① 《古兰经》第40章。
② 《古兰经》第2章。
③ 《古兰经》第16章。

园圃、水果和牧草,以供你们和你们的牲畜享受。"①"真主创造天地,并从云中降下雨水,而借雨水生产各种果实作为你们的给养;他为你们制服船舶,以便它们奉他的命令而航行海中;他为你们制服河流;他为你们制服日月,使其经常运行,他为你们制服昼夜。"②可以看出,伊斯兰教不仅将爱护真主所创造的自然生态环境作为善功,而且还将之作为衡量人是否顺从主命的标准之一,从而引导人们按照人与自然和谐相处的要求来行事。

第四,人要兼顾今世和后世,保护环境,谋求可持续发展。《古兰经》把人生历程分为今世和后世两个阶段,认为今世是人生的旅途,是后世永恒生命的开端,后世是人生的归宿,两者互为因果,今世的作为在后世会得到应有的报偿。所以它要求人们要两世兼顾。《古兰经》明确指出:"不信后世者,确是偏离正路的。"③伊斯兰教生态观既要求考虑今世,主张爱护生态环境;又要求着眼于将来,要求爱护生态环境,确保子孙后代的繁荣昌盛。他主张人类应该不断寻求自我发展与保护自然生态的平衡点,达到人类与自然和睦相处、长期共存的境界。对于自然资源,不但在匮乏时需要节约,在富余时也不能浪费。伊斯兰教认为,无节制地开发利用自然资源是对自然环境的破坏,因此禁止穆斯林从事破坏环境的活动。

在伊斯兰教看来,人类应以公正、友善的态度对待天地万物,尤其要珍惜爱护同处于生态系统中的动植物。《古兰经》和《圣训》倡导人们要对一切自然之物存有仁爱之心,禁止人们无故宰杀幼畜、砍伐幼苗,严格限制盲目杀生;教导人们要珍惜土地和土

① 《古兰经》第80章。
② 《古兰经》第14章。
③ 《古兰经》第23章。

地上的一草一木。在穆圣时代,人类的生产文明已经很发达了。但穆圣还规定,必须在人类生活的区域之内留有自然生长的区域,即"喜玛"和"哈拉姆",也就是所谓的"自然保护区"。具体而言,"喜玛"相当于现代的野生动物保护区和原始森林区,区内的野生动物和植物品种因得到保护而不会有灭绝的危险;"哈拉姆"相当于公共保护区,区内按条例实行集体管理,允许公众使用,但不允许私人占有或过分开采和滥用。

　　伊斯兰教不仅要求珍惜有生命的动植物,也要求爱护自然界无生命的东西。比如空气和水。伊斯兰教认为,气层也是真主赐予人类的重要恩惠之一。如果不珍惜真主的这一恩惠反而破坏它,那么必将带来不可挽回的后果。《古兰经》明确强调了水是生命之源,所以也要备加珍惜。"真主用水创造一切动物"。① "天地原是闭塞的,而我开天辟地,我用水创造了一切生物。"②除陆地淡水资源外,伊斯兰教对海洋资源也非常重视:"他制服海洋,以便你们渔取其中的鲜肉,做你们的食品;或采取其中的珠宝,做你们的装饰。你看船舶在其中破浪而行,以便你们寻求他的恩惠,以便你们感谢。"③

第四节　近代以来西方文化中环境伦理思想

　　近代以来西方文化中的环境伦理思想产生于人类对环境问题的反思,有其特殊的历史背景。"人类自农耕文明发展到工业文明以来,随着人口数量的几何级数增长和科学技术的迅猛发展,以'资源—产品—废弃物'为特征的线性经济成为经济发展的主导

---

① 《古兰经》第24章。
② 《古兰经》第21章。
③ 《古兰经》第16章。

模式。在这种发展模式的影响下，为了解决人口增长带来的贫困、就业和社会福利问题，人类一味追求物质的增长和积累所表现出的经济数量型增长，忽略了兼顾生态和环境的经济的质量型增长，造成了酸雨污染、臭氧层破坏、土地沙漠化、森林面积减少、物种灭绝、水资源恶化、城市大气污染等生态破坏和环境污染问题。"①可以说，人类社会实现工业化的三百年来所创造的物质文明超过了以往所有年代总和的无数倍，其结果却是自然环境遭到日益破坏和全球生态环境恶化。尤其是20世纪以来，环境危机已经极大地威胁到人类自身的生存和发展。随着现代科学技术、经济的迅猛发展，环境问题日益显露，人类仅对环境本身的研究已经不能解决环境问题，从而转向协调人类与环境关系的研究。一些西方学者开始反思工业文明时期经济发展的模式和运行机制，重新审视人类与自然、生物个体与生态系统整体、当代人与后代人之间的伦理关系，提出了众多的学术主张，形成了风格相异的环境伦理思想和流派。

一、人类中心主义

目前，学术界对什么是人类中心主义并没有明确而统一的界定。所谓"人类中心"，美国学者默迪认为就是"人类被人评价得比自然界其他事物有更高的价值"②。《韦伯斯特新世界大辞典》将其界定为两层意思："其一，把人视为宇宙的中心实事或最后目的；其二，按照人类的价值观来考虑宇宙间所有事物。"③关于人类中心主义的讨论也是众说纷纭。有人认为，"人类中心主义，或人类中心

---

① 刘建伟、禹海霞：《西方环境伦理思潮的主要流派述评》，《西安电子科技大学学报》（社会科学版）2009年第3期。

② ［美］W.H.默迪：《一种现代的人类中心主义》，《哲学译丛》1999年第2期。

③ Victoria Neufeldt, *Webster's New World Dictionary*, New Jersey: Prentice Hall, 1991.

论,是一种以人为宇宙中心的观点。它的实质是:一切以人为中心,或一切以人为尺度,为人的利益服务,一切从人的利益出发。"①也有人认为,人类中心主义"把人看成是自然界进化的目的,看成是自然界中最高贵的东西,""把自然界中的一切看成为人而存在,供人随意地驱使和利用,""力图按照人的主观需要来安排宇宙。"②还有人提出,人类中心主义"无非是说人类对自然界具有支配的地位,说人是'万物之灵','是万物的尺度'"③。

综合各家之言,人类中心主义可以界定为,以实现人类利益为终极价值取向和目的,将人类的价值观作为评判非人类存在物价值的尺度和标准,强调人类本质的社会性、利益的优先性、责任的主导性之系列主张的统称。其核心观点包括:在人与自然的价值关系中,只有有意识的人才是主体,自然是客体;价值评价的尺度必须掌握和始终掌握在人的手中,任何时候说到"价值"都是指"对于人的意义";人类的一切活动都是为了满足自己的生存和发展的需要,如果不能达到这一目的的活动就是没有任何意义的,因此一切应当以人类的利益为出发点和归宿。人类中心主义实际上就是把人类的生存和发展作为最高目标的思想,它要求人的一切活动都应该遵循这一价值目标。在西方,人类中心主义分为传统人类中心主义和现代人类中心主义。

（一）传统人类中心主义

西方传统人类中心主义思想源远流长。古希腊哲学家普罗泰戈拉将人类置于自然之上,他说,"至于神,我既不知道他们是否存在,又不知道他们是什么样子。""人是万物的尺度,是存在的事物存

① 余谋昌:《走出人类中心主义》,《自然辩证法研究》1994年第7期。
② 刘湘溶:《生态伦理学》,湖南师范大学出版社1992年版,第120页。
③ 章建刚:《人对自然有伦理关系吗?》,《哲学研究》1995年第4期。

在的尺度,也是不存在的事物不存在的尺度。"①苏格拉底将人类置于自然之上,提出思维着的人是万物的尺度。"苏格拉底唤醒了这个真正的良知,因为他并不只是宣布,人是万物的尺度,而且宣布:作为思维者的人是万物的尺度。"②亚里士多德将抽象世界和经验世界分离,认为在宇宙系统中,低级有机体存在是为高级有机体服务,大自然是为了人的缘故而创造了所有的动物。他明确宣称:"植物就是为了动物的缘故而存在的,而其他动物又是为了人的缘故而存在的。……如果说大自然所创造的所有东西都是完整的,而且也不是毫无目的的,那么,我们由此推出的结论只能是,大自然是为了人的缘故而创造了所有的动物。"③这种学说的伦理学含义是:动物是为了人而存在的,它们只是人的工具,因而人对它们不负有任何道德义务。恩格斯对这种观点曾做过辛辣的讽刺,认为按照这种观点,"猫被创造出来是为了吃老鼠,而老鼠被创造出来是为了给猫吃。"④这种观点的幼稚和荒谬是不言而喻的。

传统基督教在人与自然的关系中的经典解释就是:上帝授予人统治万物(自然)之权。其主要根据来自于《圣经·创世记》第一章第 26—29 节的记载,传统基督教认为唯有人是按上帝的形象造的,是上帝最高的创造。上帝造人就是要人在地上行使统治万物的权利,人可以支配地球上的一切,包括"海里的鱼、空中的鸟、地上的牲畜和全地,并地上所爬的一切昆虫,"⑤

① 转引自王路:《理解"人是万物的尺度"——回应王晓朝教授》,《世界哲学》2012 年第 4 期。
② 北京大学哲学系、外国哲学史教研室编译:《西方哲学原著选读》上卷,商务印书馆 1987 年版,第 54 页。
③ [古希腊]亚里士多德:《政治学》,吴寿彭译,商务印书馆 1997 年版,第 23 页。
④ [德]恩格斯:《自然辩证法》,人民出版社 1971 年版,第 10 页。
⑤ 《圣经·创世纪》第 1 章。

而且上帝"将遍地上的一切结种子的菜蔬,和一切树上所结有核的果子,"①全赐给人作食物。另一根据是《圣经·诗篇》第8章第6—8节中强调上帝派人管理万物,"使万物,……都服在他的脚下。"根据这些经文,传统基督教一贯把人视为世间万物的统治者。中世纪的奥古斯丁和阿奎那将基督教教义与亚里士多德主义结合起来,人化神性以统摄自然。他们都认为,人是自然界中唯一具有理性、享有自由、且最完美的存在物,在宇宙秩序中占据着最高的位置,而其他那些没有理性、不享有自由、不完美、在宇宙秩序中处于较低位置的存在物都是为了人的利益而存在的。拥有灵魂和理性是拥有道德地位的依据;动物缺乏灵魂和理性,不是人类道德关怀的对象。同时,他们认为"动物天生要被人所用,这是一种自然的过程。相应地,据神的旨意,人类可以随心所欲地驾驭之,可以杀也可以用其他方式役使"②。奥古斯丁认为,"正是通过造物主公义的安排,使其(指其他动物——引者注)生死从属于我们的需要。"③阿奎那也认为,"人利用动物,无论是将其杀死还是任意用作别的用途,都没有错。"④

近代以来,由于自然科学的发展,人类中心主义思想得到了强化,并由思想走向了实践。培根主张通过掌握科学知识以探索、控制和利用自然。笛卡尔强调科学的目的在于"多方面去实际利用

---

① 《圣经·创世纪》第1章。
② [美]戴斯·贾丁斯:《环境伦理学——环境哲学导论》第三版,北京大学出版社2002年版,第106页。
③ [美]加里·L.弗兰西恩:《动物权利导论》,张守东、刘耳译,中国政法大学出版社2004年版,第199页。
④ [美]加里·L.弗兰西恩:《动物权利导论》,张守东、刘耳译,中国政法大学出版社2004年版,第199页。

它们,从而使自己成为自然的主人和所有者"①。权力和道德仅限于具有"主体"身份和"目的"诉求的人类,有自由和理性的生物才具有身份、地位和尊严。传统的人类中心主义强调人类对自然的控制、支配和征服,突出了人类超自然的权威性和强制性。在这一理念的支配下,近代工业革命以后,加剧了对自然的征服和控制,导致了一系列环境问题的爆发,也引发了人们的深刻反思。

（二）现代人类中心主义

与传统人类中心主义控制自然的观点相比,环境伦理研究思潮中出现的现代人类中心主义更强调隐藏在人与自然背后的人与人之间的控制,强调人类对自然的义务和责任。美国环境伦理学家诺顿区分了强人类中心主义和弱人类中心主义,指出如果一切价值仅以人类感性偏好的满足为参照,就是强的人类中心主义;如果一切价值以人类审慎偏好的满足为参照,就是弱的人类中心主义②。也就是说,强的人类中心主义更突出人自身存在的价值,认为自然仅仅是具有工具价值的生产资源,而弱的人类中心则强调生态危机的本质是人与人之间的关系问题,是代内、代际之间的环境正义和公平问题,人类通过人与人之间矛盾的解决,进而解决人与自然之间的矛盾。美国著名作家、生态学理论家默里·布克钦认为,生态危机的根源和人与人之间的支配关系密不可分,而不是价值观和方法论上的原因,正是人对人的支配造成人对自然的支配,生态危机根源于人类社会的等级制。"人类支配大自然的说

---

① ［德］狄特富尔特等:《人与自然》,周美琪译,生活·读书·新知三联书店1993年版,第192页。

② Bryan G. Norton, "Anthropocentrism and Non-anthropocentrism", *Environmental Ethics*, 1984(6), pp.131-148.

法,来自于人类对人类十分实在的支配。"①人类社会内部的支配
关系直接导致人类对大自然的支配,而把这种支配带到危机地步
的,是资本主义。因此,他认为要解决生态危机,需要汲取西方历
史上公民大会、市镇自治等激进民主和自由的经验,消灭一切等级
制,实现共产主义的无政府主义,借以消解人与人、人与自然之间
的矛盾。澳大利亚生态哲学家帕斯莫尔则强调,人类是自然的主
人,也是自然的监护者、管理者和受益者,人类应该关注、怜悯和保
护自然,进而实现自然持续地为我所用。英国环境经济学家道格
拉斯·皮尔斯在其《自然资源和环境经济学》一书中指出:"人类
是自然的管家并仔细照料着各种自然资源,在谋取自身利益动机
的驱动下也保护了其他造物的利益。"②现代人类中心主义强调人
的社会性以及对自然的责任,被英美国家早期的环境保护运动所
倡导。

　　概括而言,现代人类中心主义看到了人的社会性,对于强化环
境危机中人类的主体责任、主导义务具有重要意义。然而,人类中
心主义在价值观念上,它认为人类主体性(人的需要、利益、潜能
等)是环境道德的价值尺度和目标,道德只是调节人类利益关系
的规范,人类是唯一的道德顾客和道德代理人,而自然只是满足人
类无限需要的工具。在实践中,人类中心主义容易导致在生产和
消费活动中,夸大人类的主观能动性和创造性,忽视自然的不可逆
性和有机性。最终的结果是,在"征服自然和改造自然"口号的引
领下,自然界的自身特质和内在性被人类的文治武功逐渐剥离,环

①　Murray Bookchin,*The Ecology of Freedom:The Emergence and Dissolution of Hierarchy*.Oakland:AK Press,2005,p.65.
②　D. Pearce, R. K. Turner, *The Economics of Natural Resource and the Environmental*,London:Earthscan Publications Ltd.,1990,p.232.

境危机作为工业文明的陪伴品显现,并最终反过来影响人类自身的生存、发展和进步①。

二、动物中心论

尽管西方思想史在人与自然关系这一问题上占统治地位的观点是"人类中心论";不过,仍有少数思想家突破了人类中心论的局限,播下了把道德关怀扩展到人类之外的非人类存在物身上去的思想种子。第一个自觉而又明确地把道德关怀运用到非人类存在物身上去的西方思想家是英国功利主义者边沁。边沁反对把推理或说话的能力当作在道德上区别对待人与其他生命形式的根据。他指出:"关键不是它们能推理或说话吗?而是它们能感受苦乐吗?皮肤的黑色不是一个人遭受暴君任意折磨的理由;同样,腿的数量、皮肤上的绒毛或脊骨终点的位置也不是使有感觉能力的存在物遭受同样折磨的理由。"②因此,在判断人的行为的正错时,必须把动物的苦乐也考虑进去。19世纪的英国思想家扩展伦理范围的努力在塞尔特那里达到了顶峰。塞尔特认为,动物和人类一样,也拥有天赋的生存权和自由权。人类和动物之间最终应该也能够组成一个共同的政府;所有的生命都是神圣可爱的;只有把所有的生物都包括进民主制度中去,民主制度才能完善;把人从残酷和不公正的境遇中解放出来的过程伴随着动物解放的过程。这两种解放密不可分地联系在一起,任何一方的解放都不可能孤立地完全实现。因此,必须抛弃那种耸立在人和动物之间的过时

---

① 参见刘建伟、禹海霞:《西方环境伦理思潮的主要流派述评》,《西安电子科技大学学报》(社会科学版)2009年第3期。

② 高丽红:《动物不是物,是什么》,梁慧星主编:《民商法论丛》第20卷,金桥文化出版有限公司2001年版,第293页。

的"道德鸿沟"观念,扩展道德联合体的范围①。边沁、塞尔特这种把古老的天赋人权论直接应用于动物且把动物的苦乐考虑进道德计算中去的思想为动物中心论提供了有益的启示。动物中心论是主张把价值主体的界限从人类扩展到动物的一种环境道德哲学观点。20世纪60年代以来,随着世界各地动物保护组织的成立和保护运动的发展,"动物解放"、"动物权利"的伦理学主张开始被重视。该学说认为,动物应具有独立的生存价值和道德权利,应该受到道德关怀和权利保护,反对商业性的饲养、虐待和捕杀动物。动物中心论又可以分为以澳大利亚的彼得·辛格为代表的动物解放论和美国的汤姆·雷根为代表的动物权利论。

（一）动物解放论

动物解放论主要回答了动物是否具有价值主体地位和道德属性的问题。辛格在其代表作《动物的解放》中指出,尽管物种之间感受苦乐、体验愉悦的方式和程度不同,但是人类和动物都是平等的价值主体,都有趋乐避苦的目的性和功利性,人类应该改变物种歧视主义的做法。因此,在《动物的解放》中,作者关怀动物遭受人类侵害所导致的痛苦与不幸,并进一步彻底而深入地提出"人类应该如何对待非人类动物"的具体建议。

一是以"平等"原则作为考量动物利益的道德前提。辛格以"平等"观念做为其伦理学系统中的基本原则,并从效益的角度来评断道德的行为。亦即,一个行为所影响到的每个对象的利益,都应该受到考虑;不但如此,对于赋予他们的利益的重要程度,应该与其他对象的利益等同考量。而且,这"平等原则",不是对于实

_____

① 参见［美］罗德里克·弗雷泽·纳什:《大自然的权利》,杨通进译,青岛出版社1999年版,第31页。

然现象所作的描述,相反的,这是一项"有关我们应该如何对待他者(包含人类与其他动物)"的应然命题。由此,辛格提出质疑:以人类社会为例,如果我们不认为应牺牲智力较低者的权益,以成就智力较高者;则在生物世界中,我们又岂能赋予人类为了同样目的而利用非人类(动物)?而且,根据平等原则,吾人"考量他者利益"(无论此利益内容为何)的根本原则,必须施用于每一个对象,而不应衡量对方是人还是其他生物,或者它们有什么能力。因此,作者认为,假如我们追求黑人、妇女以及其他受压迫人类群体的平等,却拒绝对非人类的动物给予平等的考量,则我们的立场会站不住脚。因为纵使是人类,也有各种智力、体能等的差异性。故"平等"是一个道德理念,当我们的论断,超越了所考虑对象的现实差异,就可将之推展而扩及非人类的动物,也给予他们一个平等的考量。亦即,平等原则的自然引申,将打破"物种歧视"的谬论。辛格提醒:运用"平等"理念于不同生物时,所产生的待遇方式及权利内容,并不需要相同。所以他设定了两项原则,作为"平等"理念实际运用于动物方面时的判准:一是"不妨碍"原则——人与动物虽然有别,然而并不妨碍"把平等之基本原则延伸到人以外的动物身上"的主张。二是"不相同"原则——把平等的基本原则从一个群体延伸推广到另一群体,并不表示就是用完全相同的方式来对待他们,亦不表示将赋予相同的权利内容,这必须视其个体差异而定。

二是以"感受痛苦的能力"作为动物应受到平等考量的关键特质。说到动物对于痛苦的感受能力,现在一般都不再怀疑。然而辛格为了求得论证的完整性,仍然从主张"动物只是机器,没有感受痛苦的能力"的最极端观点开始讨论,针对不同程度的"动物无痛苦,或纵然有痛苦,吾人也无法确知"等说法,提出反驳意见。

他指出:要否认动物能感受到疼痛,无论在科学上、哲学上都没有坚强的理由。只要我们有"感同身受"的同理心,只要我们不怀疑其他人会感到疼痛,便不应该怀疑其他动物会感受疼痛。再者,由于"痛苦"虽有导致痛苦的客观因素,却牵涉强烈的主观感受,然则痛苦的轻重应该如何判定? 由于物种的结构不同,同一物种的个体亦难免有个别差异,感受痛苦的内容与程度自亦有所差别。故辛格在此提出"等量痛苦"(the same amount of pain)的判准:若不同的痛苦承受者,虽承受不同强度的刺激,却可引致等量痛苦的感觉,此时应依承受者的感觉为判准。辛格也意会到,当人类与动物的利益有冲突时,平等原则无法告诉我们该如何做;而不同物种成员的痛苦,也或许无法做精密准确的比较。但是辛格强调,精密准确并不重要;纵然以人类的利益为先,我们也必须改变人类对待动物的方式。亦即,无论在饮食习惯、动物实验、狩猎捕捉、穿戴皮毛,以及对待野生、饲养动物等的方式上,我们都必须立即改变态度,以防止对动物造成痛苦。

　　三是以"尊重动物的生命"打破物种歧视。辛格认为,高举"人类生命神圣不可侵犯",而却不反对杀害动物,这种心态,基本上都是物种歧视。而要避免物种歧视,唯有承认在一切相干方面均相似的生物,便有相似的生命权利——这是突破人类物种界线的观点。也就是说,我们必须将动物列入道德关怀的范围之内。然而作者也指出,拒绝物种歧视,并不涵蕴一切生命都具有同等的价值。话说回来,即使人与动物在某些方面的价值不相等,但是杀死动物依然是错误的行为。就对待动物的态度而言,在"造成痛苦"与"杀死生命"二者之中,作者所注重的是前者的讨论,"解放动物"的重点也在于此。他强调的是,唯有改变我们的生活方式、饮食习惯,以及改变政府的政策,才能停止实验动物与养殖动物所遭受到的苦难。

（二）动物权利论

法国启蒙思想家卢梭在《论人类不平等的起源和基础》一书的序言中，曾对动物权利的观念做了简述。他说人类从动物进化而来，而又不像其他动物那样"缺少智力和自由"，但是，其他动物也是有知觉的，"它们同样应该享有自然赋予的权利，人类有义务维护这一点"①。他特别指出"动物有不被虐待的权利"。边沁在为扩大动物法律权利的必要性所作的演讲稿中写道，"这一天终将到来，人类以外的动物们将重获被人类暴政剥夺的权利，这些权利从来不应剥夺。"德国哲学家叔本华认为在本质上其他动物与人是一致的，尽管动物缺乏思考能力。尽管他为人类食用动物的行为做出了功利主义的辩解，但他仍旧呼吁给予动物道德关怀，反对对动物进行活体解剖。他在其著作《作为意志和表象的世界》的附录《康德哲学批判》中有大段对康德将动物排斥在道德体系之外的批评，言辞甚为激烈，其中包括那句有名的"那些不能对所有能看见太阳的眼睛一视同仁的伪道德，当被诅咒"②。

现代意义上的动物权利论由美国著名学者汤姆·雷根提出，代表作为《为动物权利辩护》。他认为，无论是道德代理人（心智健全的人类）还是道德顾客（一切人类以及"一岁或更大的精神正常"的动物）都是"生命的体验主体"，都具有自身固有的价值，是类中平等的成员。动物和人一样，是拥有天赋价值的生命主体，有一种"对于生命的天赋权利"，应当被当作目的本身

---

① ［法］卢梭：《论人类不平等的起源和基础》，李常山译，北京出版社2010年版，第68页。
② ［德］叔本华：《作为意志和表象的世界》，石冲白译，商务印书馆2012年版，第198页。

而非人类的资源来对待,并受到尊敬。另外,雷根指出了解决动物个体之间权利冲突的三个主要原则和两个补充原则。三个主要原则是:伤害大小比较原则;个体伤害与整体伤害比较原则;个体伤害和保全他者比较原则。两个补充原则是:伤害少数原则和弱者优先原则。

联合国教育科学文化组织于 1978 年 10 月 15 日发布《动物权利全球宣言》,宣言肯定动物有其生存权,亦有受尊重且免遭虐待的权利。但此宣言并未有法律约束力。不过,一些国家和地区已经开始了保障动物权利的立法实践。1992 年,瑞士法律上确认动物为"生命"(beings),而非"物"(things);2002 年,德国将动物保护的条款写入宪法。由澳洲学者彼得·辛格(Peter Singer)建立、基地位于美国西雅图的"泛类人猿计划",目前正在争取美国政府采纳其所提出的《泛人猿宣言》。这份宣言呼吁赋予一个由大猩猩、猩猩以及两个亚种的黑猩猩组成的"平等群落"以三项基本权利:生存权、个体自由权和免受折磨权。在以色列,法律禁止在中小学上动物解剖课以及在马戏团进行驯兽表演。在台湾地区,2007 年,台湾地区立法机构三读通过《野生动物保育法》修正案,将原本的第二十四及第二十五条允许马戏团进出口保育类野生动物供作表演之规定删除。若违反规定,则会有六个月以上、五年以下有期徒刑,也可以并科新台币 30 万元到 150 万元的罚金。

动物解放论和动物权利论都承认动物存在固有的价值和权利,都主张取消商业性的动物饲养业;反对商业性和娱乐性的打猎和捕兽行为;反对残忍地将动物用于科学试验的行为;反对只承认人类的道德主体地位而剥夺动物道德主体地位的观点。这些主张对于唤醒人类对自然的尊敬、关爱进而保护生态环境,具有重要意义。但是存在的问题是：难以准确界定人类利益和动物利益的界限和内容；难以准确把握处理动物物种之间利益冲突的尺度和准则；难以体现个体物种价值和整个生态系统价值的统一性和有机性。另外，"解放"被现代工业文明拘禁于"动物工厂"中的家畜以及实验室和动物园中动物的思想，也与人类的社会生活实践相距甚远。

三、生物中心论

生物中心论最早由德国阿尔贝特·史怀泽提出，后经美国的保罗·泰勒进一步论证并完善成一套理论体系。他们突破了动物权利论者将人类的道德关怀局限于动物的界线，将之延伸到所有具有生命的主体，认为任何生命体都具有不依赖于人的意志存在的内在价值，都值得我们敬畏和尊重。

史怀泽是当代环境伦理学的代表人物，其学术思想深受中国和印度传统文化的影响，特别是中国古代儒家朴素环境道德观的影响，代表作是《文明的哲学：文化与伦理》和《敬畏生命：五十年来的基本论述》。"敬畏生命"是史怀泽生物中心论思想的基石，其基本含义是：不仅对人的生命，而且对一切生物和动物的生命，都必须保持敬畏的态度。保持生命，促进生命，就是善；毁灭生命，压制生命，就是恶。这是道德的根本法则。他说："善是保持生命、促进生命，使可发展的生命实现其最高的价值，恶则是毁灭生命、伤害生命，压制生命的发展。这是必然的、普遍的、绝对的伦理原则。"①因此，地球上一切生命个体（包括植物）都是神圣的、平

① ［德］阿尔贝特·史怀泽：《敬畏生命》，陈泽环译，上海社会科学出版社1995年版，第9页。

等的,它们没有人类主观赋予的高低贵贱之分。

史怀泽"敬畏生命"的思想源于他长期以来对西方近代文明的不满,在西方近代知识谱系中,人是万物之灵,是世界的主人。特别是工业革命以后,伴随着人的实践能力的增长,人类普遍乐观地认为自己是无所不能的,可以征服世界。但20世纪人类的发展打破了这种盲目的乐观,对大自然和其他生命的藐视给人类带来了灾难。史怀泽的"敬畏生命"理念由此应运而生,获得了广泛的反响。

把伦理的范围扩展到一切动物和植物,是史怀泽生物中心论思想的重要特征,也是现代环保运动的重要思想资源。史怀泽认为,"只有当人认为所有生命,包括人的生命和一切生物的生命都是神圣的时候,他才是伦理的。"①我们不仅与人,而且与一切存在于我们范围之内的一切生物存在着联系,对一切生命予以尊重,关心它们的命运。他认为"动物和我们一样渴求幸福,承受痛苦和畏惧死亡"②,人类作为"思考型"动物,应该"如体验自己的生命体验其他生命"。因为只有人具有爱、奉献、同情、共同追求这些能想象的德行,"能够认识到敬畏生命,能够认识到休戚与共,能够摆脱其余生物苦陷其中的无知。"③因此,他经常祈祷:"亲爱的上帝,请保护和赐福于所有生灵,使它们免遭灾祸并安宁地休息。"④这种理论与只涉及人的伦理学相比具有更广泛的适应性和活

---

① ［德］阿尔贝特・史怀泽:《敬畏生命》,陈泽环译,上海社会科学出版社1995年版,第9页。
② ［德］阿尔贝特・史怀泽:《敬畏生命》,陈泽环译,上海社会科学出版社1995年版,第89页。
③ ［德］阿尔贝特・史怀泽:《敬畏生命》,陈泽环译,上海社会科学出版社1995年版,第57页。
④ ［德］阿尔贝特・史怀泽:《敬畏生命》,陈泽环译,上海社会科学出版社1995年版,第1页。

力。"由于敬畏生命的伦理学,我们与宇宙建立了一种精神关系。我们由此而体验到的内心生活,给予我们创造一种精神的、伦理的文化的意志和能力,这种文化将使我们以一种比过去更高的方式生存和活动于世。由于敬畏生命的伦理学,我们成了另一种人。"①

在史怀泽之后,泰勒在《尊重自然》一书中对生物中心论做了较为全面的论证,构建了逻辑严密、论证严谨的理论体系。他指出,人类和各种有感受性的动物、无感受性的植物和动物一样,是地球生命共同体中的普通一员,都有自身的善和固有的价值,都应该受到尊重,这是"最根本的道德态度"。泰勒为了敦促人类尊重自然、关爱自然,提出了规制人类行为的四个约束性原则,作为环境伦理学的道德规范和品格标准。一是不损害原则,即不毁灭其他生命个体和种群;二是不干涉原则,即人类不要试图操纵、控制、改变或"管理"生物,或介入其正常的生活;三是忠诚原则,即人类不能企图欺骗和背叛动物,诱捕野生动物;四是公平重置原则,即对被伤害的生物种群予以补偿,保持生态系统和生物群落的完整性和整体性。

生物中心论者提出了敬畏生命、尊重自然的主张,并确立了比较详细的处理人与自然伦理关系的规则、标准和方法(特别是泰勒)。但是,过于细化的规则也带来了一些缺陷。如施怀泽提出的主张,有道德的人"不打碎阳光下的冰晶,不摘树上的绿叶、不折断花枝,走路时小心谨慎以免踩死昆虫"②,难免有乌托邦之嫌。

① [德]阿尔贝特·史怀泽:《敬畏生命》,陈泽环译,上海社会科学出版社1995年版,第8页。
② [美]霍尔姆斯·罗尔斯顿:《环境伦理学》,杨通进译,中国社会科学出版社2000年版,第7页。

在泰勒的理论体系中,杀死一个人并不是一个比碾碎一个昆虫或拔掉一棵植物更大的道德错误;砍死一株野花的错误绝不亚于杀死一个人的错误。他甚至提出"从生命共同体及其现实利益的角度看,人在地球上的消失无疑是值得庆幸的'大好事'"①。这就完全泯灭了人的社会性,也脱离了社会发展实际,难以在理论上和实践中站住脚。

四、生态中心论

生态中心论者的代表人物有美国的奥尔多·利奥波德、蕾切尔·卡逊、霍尔姆斯·罗尔斯顿以及挪威的阿伦·奈斯等,大体可分为三个流派,即大地伦理学、生态整体主义和深层次生态学。

(一) 大地伦理学

大地伦理学是1933年由美国哲学家利奥波德首创的。大地伦理学认为,人类应当把道德关怀的重点和价值主体的范畴从生命个体扩展到自然界的整个生态系统。这种观点最早来自于利奥波德的"大地伦理"思想。利奥波德的大地伦理要求改变两个决定性的概念和规范:一,伦理学正当行为的概念必须扩大到对自然界本身的关心,从而协调人与大地的关系;二,道德上"权利"概念应当扩大到自然界的实体和过程,赋予它们永续存在的权利。大地伦理学的基本主张如下:

一是提出扩大伦理学的边界。利奥波德认为,人类按照自己的意愿将动物区分为好的或者坏的、有用的或者无用的思维

---

① 徐嵩龄:《环境伦理学进展:评论与阐释》,社会科学文献出版社1999年版,第35页。

模式完全是人类以自我为中心的功利主义的表现。人类应该"象山那样思考",从整体有机的角度将整个生态系统看作一个不同部分之间协作和竞争的"生物金字塔"或"土地金字塔",其组成部分包括"土壤、水、植物和动物,或者把他们概括起来:土地"①。

二是改变人在自然中的地位。从人是大地的征服者,转变为人是其中的普通一员和公民。这意味着人类应当尊重他的生物同伴,而且也以同样的态度尊重大地社会。

三是确立新的伦理价值尺度。人类必须抛弃那种合理的土地利用只是经济利用的观点,要尊重生命和自然界,既要承认它们永续生存的权利,又要承担保护大地的责任和义务。大地伦理学强调生态系统的整体性、和谐性,认为生态共同体的价值要高于物种个体的价值,整体价值优先于个体价值。这种观点超越了强调人类个体尊严、权利、自由和发展的人本主义思想,革除了动物权利论和生物中心论过分强调单个生命体利益的弊病,具有重要理论意义。也就是因为此,利奥波德的著作《沙乡年鉴》被誉为"现代环境主义运动的一本新圣经",他本人也被尊称为"当之无愧的自然保护之父"。但是他以保持生态群落的整体性为由牺牲某些生物个体的观点,实质上是以整体的利益和价值抹杀了个体的利益和价值,因而有学者批评其主张为"环境法西斯主义"。

(二)生态整体主义

生态整体主义主张由美国罗尔斯顿提出,主要思想体现在

---

① [美]奥尔多·利奥波德:《沙乡年鉴》,侯文蕙译,吉林人民出版社 1997 年版,第 193 页。

其著作《哲学走向荒野》和《环境伦理学》中。罗尔斯顿认为,环境伦理学的中心问题是关于自然价值的评价问题。他提出,自然物的价值具体表现为自然物的生命支撑价值、经济价值、消遣价值、科学价值、审美价值、历史文化价值、基因多样性价值等多重价值,这些价值总体上又可以分为对人类的非工具性价值和工具性价值两类。非工具性价值也即自然价值,是指不需要人的参与和评价而生成的自在和自为的价值,主要表现为自然物对整个生态系统的支撑和承载价值。工具性价值又分为三种形式:以人化自然的方式而产生的自然的工具价值;以自然化人的方式产生的自然价值;以体验和感受自然的方式而产生的自然的工具价值。在实践中,罗尔斯顿认为人类作为处于进化顶级的存在物和生活在自然世界和文化世界中的"两栖"动物,不应该提出"孤傲的人类中心论的价值观",而应该看到他之外和之下的其他存在物的价值,进而"产生一种对自然界具有贵族气派的责任感"[①],尊重生态系统的整体价值和"共同体中的善",减少对自然造成的伤害。

生态整体主义并不否定人类的生存权和不逾越生态承受能力、不危及整个生态系统的发展权,甚至并不完全否定人类对自然的控制和改造。生态整体主义强调的是把人类的物质欲望、经济的增长、对自然的改造和扰乱限制在能为生态系统所承受、吸收、降解和恢复的范围内。这种限制为的是生态系统的整体利益,而生态系统的整体利益与人类的长远利益和根本利益是一致的。人类不可能脱离生态系统生存,生态系统总崩溃之时

---

① [美]霍尔姆斯·罗尔斯顿:《环境伦理学》,杨通进译,中国社会科学出版社2000年版,第459页。

就是地球人灭亡之日。数千年征服和蹂躏自然的历史,以及数十年来以人类为中心的环境保护已经充分证明:如果不能超越自身利益而以整个生态系统的利益为终极尺度,人类不可能真正有效地保护生态并重建生态平衡,不可能恢复与自然和谐相处的美好关系;只要是以人为本、以人为目的、以人为中心,人类就必然倾向于把自身的短期利益和地方、民族、国家等局部利益置于生态整体利益之上,必然倾向于为自己的物欲、私利和危害自然的行径寻找种种自欺欺人的理由和借口,生态危机也就必然随之而来,并且越来越紧迫。

从生态危机和生态整体观的角度来看,人类几千年来所犯的最致命的错误,就是以自己为中心、以自己的利益为尺度,没有清楚而深刻地认识到与人类长久存在密切相关的生态系统的整体利益和整体价值。这个错误导致了无数可怕的、难以挽救的灾难。今后,如果人类还要继续以自己的意愿为唯一判断标准,则必将犯更多、更可怕的错误,直至自己走向灭亡。生态整体主义倡导人类跳出数千年来的旧思路,努力去认识生态系统,进而将认识到的生态系统的整体利益作为衡量人类的一切观念、行为、生活方式和发展模式的基本标准,为防止人类重蹈覆辙、为人类缓解乃至最终消除生态危机提供了一个重要的思维方式和思想根源。①

(三)深层次生态学

深层生态学是西方生态哲学提出的一个与浅层生态学相比较的概念。由挪威著名哲学家阿伦·奈斯在 1973 年提出。1973年,奈斯首次提出"深层生态学"与"浅层生态学"的区分。以后经

————

① 参见王诺:《生态整体主义辩》,《读书》2004 年第 2 期。

德韦尔、塞申斯、福克斯和奈斯本人的努力,深层生态学成为一种对环境主义运动具有重要影响的哲学。① 深层生态学思想十分丰富,而且动态多变。奈斯指出:"深层生态学还没有一个完整的哲学体系,这意味着致力于运动的哲学家门应该尝试将其尽可能地明晰化,探讨深层生态学的内在逻辑体系是有价值的。"②由此,奈斯在总结和分析各个深层生态学者理论的基础上,推演出深层生态学的理论体系。

深层次生态学的理论基础,是源于佛教理论、基督教理论、哲学理论(如斯宾诺沙或怀特海的哲学)的自我实现和生态中心主义。奈斯认为,人类不是与大自然分离的、独立的个体,而是大自然的一部分,是与大自然密不可分的。自我实现的过程是人类不断扩大自我认同范围和缩小人类与其他存在物差异,达到和谐共生的生态自我的过程。奈斯指出:"生命个体存在物自我实现的水平越高,就需要越多的其他生命存在物达到自我实现,即'共生'——'自己活着,也让他人活着'。"换言之,"除非我们都活着,否则没有人活着,'人'不仅是我、个体的人,而是所有人,包括鲸、熊、整个森林系统、山川河流,以及极小的土壤中的微生物等等。"③奈斯所主张的"生态中心主义平等"的平等既不同于动物权利论意义上的平等,也不同于其他非人类中心主义狭隘意义上的平等。奈斯所主张的平等是一种在整个生物圈中彻底的、完全的生态中心主义上的平等。他强调,"在深层生态运动里,我们实

① 参见孟献丽、冯颜利:《奈斯深层生态学探析》,《国外社会科学》2011 年第 1 期。
② Arne Naess, *The Selected Works of Arne Naess*, Edited by Harold Glasser & Alan Drengson, Springer, Vol.10, 2005, p.137.
③ Bill Devall and George Sessions, *Deep Ecology:Living as if Nature Mattered*, Peregrine Smith Books, 1985, pp.66−67.

行的是生物中心主义或生态中心主义,对我们而言,整个星球、生物圈、盖亚系统是一个统一的整体,这其中的每个生命存在物都有平等的内在价值。"①

深层生态学的理论内核,以自我实现和生态中心主义平等这两个最高准则为基础,提出八条深层生态学的基本原则。一是地球生生不息的生命,包含人类及其他生物,都具有自身的价值,这些价值不能以人类实用的观点去衡量。二是生命的丰富性和多样性,均有其自身存在的意义。三是人类没有权力去抹杀大自然的丰富性和多样性,除非它威胁到人类本身的基本需要。四是人类生命和文化的繁衍,必须配合人口压力的减少,其他生命的衍生也是如此。五是目前人类对其他生命干扰过度,而且急剧恶化。六是政策必须做必要修改,因为旧的政策一直影响目前的经济、科技,及其他的意识形态。七是意识形态的改变,并非指物质生活水准的提高,而是生活品质的提升。八是凡是接受上述说法的人,有责任不论直接或间接,促进现状的进步和改善。

从总体来看,深层生态主义者认为,浅层生态学是人类中心主义的,只关心人类的利益;深层生态学是非人类中心主义和整体主义的,关心的是整个自然界的利益。浅层生态学专注于环境退化的症候,如污染、资源耗竭等等;深层生态学要追问环境危机的根源,包括社会的、文化的和人性的。在实践上,浅层生态学主张改良现有的价值观念和社会制度;深层生态学则主张跳出现有社会经济、政治、技术框架的藩篱,实现人类价值观念、伦理态度、社会

---

① Arne Naess, *The Selected Works of Arne Naess*, Edited by Harold Glasser, with Assistance from Alan Drengson, Springer-verlag Gmbh, Vol.10, 2005, p.18.

结构和发展模式的根本变革。深层生态学要求从制度变革、文化重建和文明秩序重构的角度彻底解决环境问题,具有积极意义。但是他们很多激进的主张,没有考虑发展中国家的生存要求和发展利益。另外,其观点过于概括和一般化,缺乏特殊性和区域性的考察,削弱了操作性和科学性。

综上所述,中国传统文化、世界宗教文化、近代以来西方文化中都有着丰富的环境道德和环境道德教育思想,这些应该也必然成为我们开展环境道德教育的重要历史资源。正如 2013 年 8 月 19 日,习近平同志在全国宣传思想工作会议上所强调的:"对我国传统文化,对国外的东西,要坚持古为今用、洋为中用、去粗取精、去伪存真,经过科学的扬弃后使之为我所用。"[①]当前的环境道德教育亦是如此。中华文化源远流长,积淀着中华民族最深层的精神追求,代表着中华民族独特的精神标识,为中华民族生生不息、发展壮大提供了丰厚滋养,而蕴含其中的环境道德资源是我们开展环境道德教育的宝贵精神资源,"仁民爱物"、"知命畏天"、"适时而动"等环境伦理原则,生产领域"取物有节"、休闲领域"乐山乐水"、消费领域"宁俭勿奢"等伦理规范,时至今日仍产生着积极的影响。因此,我们"要继承和弘扬我国人民在长期实践中培育和形成的传统美德,在去粗取精、去伪存真的基础上,坚持古为今用、推陈出新,努力实现中华传统美德的创造性转化、创新性发展,引导人们向往和追求讲道德、尊道德、守道德的生活"[②]。"我们不仅要了解中国的历史文化,还要睁眼看世界,了解世界上不同民族的

---

① 《习近平在全国宣传思想工作会议上强调:胸怀大局把握大势着眼大事;努力把宣传思想工作做得更好》,《人民日报》2013 年 8 月 21 日。

② 《习近平主持中央政治局集体学习时强调:提高软实力实现中国梦》,《人民日报》海外版 2014 年 1 月 1 日。

历史文化,去其糟粕,取其精华,从中获得启发,为我所用。"①对于外国文化,我们应有鉴别地加以对待,有扬弃地予以吸收,努力用人类创造的一切精神财富来以文化人、以文育人。

---

① 《习近平在中央党校建校 80 周年庆祝大会暨 2013 年春季学期开学典礼上的讲话》,《人民日报》2013 年 3 月 3 日。